全国电力行业"十四五"规划教材

高等教育电气与自动化类专业系列

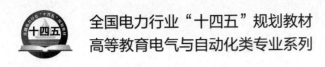

QIANRUSHI XITONGZHONG DE DIANXING
MOJI XINHAO CHULI JISHU

嵌入式系统中的典型模拟信号处理技术

李维波 编 著

中国电力出版社
CHINA ELECTRIC POWER PRESS

内 容 提 要

本书为全国电力行业"十四五"规划教材。嵌入式系统是以应用为中心，软件、硬件可剪裁。本书主要内容包括嵌入式系统基础、传感器技术、信号调理技术、A/D 与 D/A 变换技术、信号抗干扰技术、隔离技术和工程应用实例。

本书仅可以作为高等院校电气工程、测控技术与仪器、电子工程、机电一体化等专业的教材，也可供从事嵌入式开发的工程技术人员使用。

图书在版编目（CIP）数据

嵌入式系统中的典型模拟信号处理技术/李维波编著. —北京：中国电力出版社，2022.8
"十四五"普通高等教育本科系列教材
ISBN 978-7-5198-5255-9

Ⅰ.①嵌…　Ⅱ.①李…　Ⅲ.①微型计算机－模拟信号－信号处理－高等学校－教材　Ⅳ.①TN911.71

中国版本图书馆 CIP 数据核字（2020）第 267280 号

出版发行：中国电力出版社
地　　址：北京市东城区北京站西街 19 号（邮政编码 100005）
网　　址：http://www.cepp.sgcc.com.cn
责任编辑：罗晓莉（010-63412547）
责任校对：黄　蓓　王海南
装帧设计：赵姗姗
责任印制：吴　迪

印　　刷：望都天宇星书刊印刷有限公司
版　　次：2022 年 8 月第一版
印　　次：2022 年 8 月北京第一次印刷
开　　本：787 毫米×1092 毫米　16 开本
印　　张：15
字　　数：372 千字
定　　价：45.00 元

前　言

　　随着信息化、智能化、网络化的发展，嵌入式系统（Embedded System）技术获得广阔的发展空间。尤其是各种各样的新型嵌入式系统/设备，在应用数量上已经远远超过了通用计算机。在军用和民用领域中，使用嵌入式技术的水下机器人、工业机器人、服务机器人、数字车床和智能工具等，正在逐渐改变着传统的作战模式、工业生产方式、服务手段和范围。

　　嵌入式系统的发展过程，大致包括以下几个阶段。

　　第一阶段，各种模拟信号处理和微控制单元（Microcontroller Unit，MCU）之间相互独立，这已成为历史。

　　第二阶段，MCU集成了模数转换器（Analog-to-Digital Converter，ADC）、数字模拟转换器（Digital to Analog Converter，DAC）和其他一些模拟单元，目前嵌入式系统基本上都处于这个阶段。

　　第三阶段，模拟信号处理中的放大、滤波、ADC、DAC和其他模拟单元，以及网络系统，将和MCU融为一体，构成一个系统级芯片（System-on-a-Chip，SoC），即将模拟和数字开发工作将集中在同一芯片，致使嵌入式系统的开发理念发生了重大变化。

　　实践表明，嵌入式系统设计主要涉及两个方面：其一，将自然界的信息经传感器转换为电信号后，通过一系列模拟信号处理再转换为数字信息；其二，开发处理这些信息的数字算法。由于嵌入式系统是以应用为中心，软件硬件可裁剪的，适应于应用系统可对功能、成本、体积、能耗、可靠性等综合性严格要求的专用计算机系统。它由硬件和软件两部分组成。其中硬件是身体，软件是灵魂。硬件包括处理器、微处理器、存储器、外部设备、I/O端口和图形控制器等，软件部分包括操作系统软件（要求实时和多任务）和应用程序编程。几乎所有的嵌入式产品，都需要相应的硬件电路。

　　因此，开发嵌入式系统，必须设计合理的外围硬件电路。尤其是随着嵌入式系统进一步的系统工程化、功能多样化、网络化、内核精简化、成本低廉化、节能化、交互友好化，嵌入式产品必将对外围电路，特别是处理模拟信号的电路提出更高的要求，如合理性、可靠性和体积等方面，所有这些都将需要高集成度、高性能、高效率和低功耗的外围模拟电路设计及其器件选配，还要尽量降低系统内外对敏感模拟电路的干扰与影响。所有这些都会促成读者，迫切需要选用一本对其进行技术指导的教材或者参考资料。不过，目前讲述应用于嵌入式系统的模拟信号处理方面的教材或者参考资料较少，要么分布在不同的教材，要么散见于参考资料中，缺乏系统性和完整性，既不便选用，也不利于学习。

　　作者正是出于以上这些方面的考虑，特编写《嵌入式系统中的典型模拟信号处理技术》这本教材，旨在帮助工程师从为数众多的模拟元件中，选择出适当的元件，以便设计出适合项目/课题要求的电路后，再将其设计成PCB（Printed Circuit Board），接着才是调试。由于模拟信号自身的特殊性和元件的可配置性差，这个过程既要不断地重复，而且又要经历较长时间，才能达到设计目标。鉴于嵌入式系统是模拟和数字的统一体，为了最大限度地避免模拟技术的滞后成为影响嵌入式系统发展进程的障碍，而做一些尝试性工作，恳请同行批评指正！

技术源于积累，成功源于执着。作者把在从事嵌入式系统开发与应用过程中所获得的有关模拟信号处理电路的入门基础、经验技巧、设计案例和心得体会等重要内容加以归类、凝炼和拓展而撰写本书，理论分析清晰、切中要害，例程完整、实例典型、图例丰富、技术实用、内容翔实，虽独立成篇，却又相互关联。本书始终坚持以理论联系实际、有效培养读者灵活应用基础知识、提高分析问题、解决问题的能力为宗旨。作为一本理论联系实际的实用教程，它具有如下特色。

（1）实践性强，有的放矢。由于嵌入式系统中的模拟信号处理技术是实践性强、涉及面广的交叉性学科技术，绝对不能离开相关的工程实际。为此，作者特植根于长期所从事的嵌入式系统技术的相关开发与研究实践活动中，在撰写过程中坚持贯彻理论与实践结合、基础与应用结合、教学与科研结合的原则，摒弃生涩的理论，避免读不懂的过程。书中所采用的实例电路全为作者原创科研成果，既有完整的理论分析，也包含宝贵的应用技巧和设计心得。

（2）精心组织，方便阅读。在叙述方法上，始终站在"弱弱的嫩手"的角度，以清晰的脉络、简洁的语言、丰富的图例，力求做到由浅入深、循序渐进。在剖析思路方面，力争坚持两个统一，即将工作于嵌入式系统中的模拟信号处理技术的基本理论知识与工程实际应用有机结合，将"是什么""如何干"和"结果如何"辩证统一起来，让读者在轻松的阅读过程中获得共鸣、收获快乐。

作者根据自己多年的科研历程发现，决定设计成败的关键往往还不是会不会使用相关ARM等芯片，而是由于对有关基本电路的分析方法的生疏与不了解所致。因此，全书注重知识铺垫，避免一些读者朋友产生刚开始不知道从哪里学习，如何开始的困惑。作者会对运算放大器、电路方面的基础内容进行讲授，再剖析应用于嵌入式系统中的常用模拟信号处理电路的原理、电路结构、工艺技巧和使用方法等。

（3）针对性强，例程完整。全书始终面向嵌入式系统的工程应用，从实际出发，"弱化理论论述，强调分析设计"，力图摆脱传统技术类书籍的枯燥的表达方式。作者在精炼讲解应用于嵌入式系统中的常用模拟信号处理技术的基本原理之后，结合自己的工程经历，详细分析在实际应用时有关它们的信号处理与变换技术、接口技术、隔离技术和电磁兼容技术等方面的设计技巧、分析方法和调试流程。除此之外，本书还有针对性地讲解在工程应用中遇到的部分关键件的分析计算判据和选型方法等重要内容，本书大胆尝试将嵌入式技术与模拟信号处理技术融合起来进行讲解，由于水平有限，未必达到预期效果，敬请读者朋友不吝赐教！

本书能够较顺利的成稿，得到了武汉理工大学华逸飞、许智豪、范磊、张高明、徐聪、李巍、康兴、何凯彦、余万祥、王毅、黄壮、马志伟、赖本辉、张智超、罗浩波、罗鹏、万海容、阮正良、张忠田、邹振杰、杨进之、罗佳程、柯松、王潮、柯浩雄、金宇航、曹义等同志的帮助，也得到了审稿专家海军工程大学卜乐平教授的指导与帮助，在此，一并对大家的辛勤付出，表示最诚挚的谢意！

作　者

2021 年 7 月于馨香园

目　　录

第一章 嵌入式系统基础

嵌入式系统（Embedded System），是伴随先进的计算机技术、半导体技术、电子技术以及各种具体应用相结合的产物，是技术密集、资金密集、高度分散、不断创新的新型集成知识系统。它起源于微型机时代，近几年网络、通信、多媒体技术的发展为嵌入式系统应用开辟了广阔的天地，使嵌入式系统成为继 PC 和 Internet 之后，IT 界的热点技术，是当今非常热门的研究领域。

1.1 嵌入式系统简介

1.1.1 嵌入式系统的概念

嵌入式系统本身是一个外延极广的名词，凡是与产品结合在一起的具有嵌入式特点的控制系统都可以称为嵌入式系统，很难给它下一个准确的定义。在 PC 市场已趋于稳定的今天，嵌入式系统市场的发展速度却在加快。由于嵌入式系统所依托的软硬件技术得到了快速发展，因此，这几年嵌入式系统自身也获得了快速发展。业内对嵌入式系统的定义也越来越清晰，它集微处理器、大规模集成电路、软件技术和各种具体的行业应用技术于一体，不断引领未来技术的创新与发展。

国际电气和电子工程师协会（IEEE），对嵌入式系统有一个经典的定义：是控制、监视或辅助设备、机器和车间运行的装置（原文为 devices used to control，monitor，or assist the operation of equipment，machinery or plants）。这主要是从应用上加以定义的，从而表明嵌入式系统是软件和硬件的综合体，还可以涵盖机械等附属装置。

我国科学家对嵌入式系统的定义是：嵌入式系统是以应用为中心，以计算机技术为基础，并且软硬件可裁剪，适用于应用系统对功能、可靠性、成本、体积、功耗有严格要求的专用计算机系统。

概括地讲，嵌入式系统的 3 个基本要素如下。

（1）嵌入性。必须满足对象系统的环境要求。

（2）专用性。必须满足能够适应对软、硬件可裁剪性的应用需求，满足对象系统的最小软硬件配置约束。

（3）计算机系统。对象系统则是指嵌入式系统所嵌入的宿主系统，是能满足对象系统控制要求的计算机系统，必须配置与对象系统相适应的接口电路。

1.1.2 嵌入式系统的基本结构

如图 1-1 所示，绝大多数嵌入式系统的基本结构，都可以涵盖以下 4 个部分。

（1）嵌入式处理器。嵌入系统的"大脑"。

（2）外围硬件设备。嵌入系统的"四肢"，如存储器、输入/输出（I/O）、JTAG 等。

（3）嵌入式操作系统（可选）。

（4）应用程序。完成特定功能的某些应用软件。

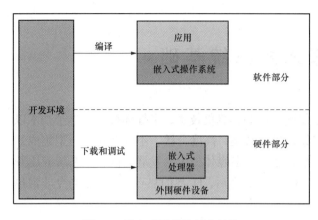

图 1-1 嵌入式系统的基本结构

为此，一个典型的嵌入式系统的组成框图，如图 1-2 所示，它包括以下部分。

（1）处理器。

（2）总线。

（3）典型外围电路，如复位电路、控制电路。

（4）典型外扩设备。

1）存储器，如 RAM、ROM；

2）锁存器、缓冲器；

3）ADC 转换器、DAC 转换器；

4）LCD 显示器、LED 指示器；

5）通信接口，如 CAN 模块、I^2C 模块、以太网模块、RS232 模块等。

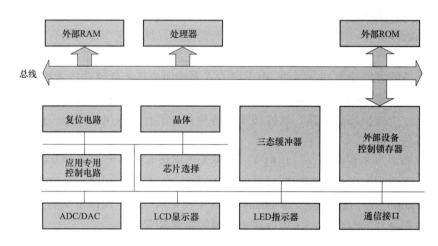

图 1-2 嵌入式系统的典型组成实例

需要提醒的是，在嵌入式系统中，对于处理器而言，可以通过外扩方式关联相关部件，因此，必须本着嵌入式系统设计中性价比最高的原则，即应该首先选择最适用（即内部功能模块最满足应用需求）的处理器，而不是确定了一个控制器之后再进行扩展。从硬件方面讲，嵌入式系统的核心部件是嵌入式处理器（Embedded Processor），目前它被分成以下 4 类。

（1）嵌入式微处理器（Embedded Microprocessor Unit，EMPU）。通常代表一个功能强大的 CPU，但不是为任何已有的特定计算目的而设计的芯片。

（2）嵌入式微控制器（Micro Controller Unit，MCU）。早期的微控制器是将一个计算机集成到一个芯片中，实现嵌入式应用，故称单片机（single chip microcomputer）。随后，为了更好地满足控制领域的嵌入式应用，单片机中不断扩展一些满足控制要求的电路单元。目前，单片机已广泛称作微控制器。

（3）嵌入式数字处理器（Digital Signal Processor，DSP）。数字信号处理器是一种具有特殊结构的微处理器。DSP 芯片的内部采用程序和数据分开的结构，具有专门的硬件乘法器，广泛采用流水线操作，提供特殊的 DSP 指令，可以用来快速地实现各种数字信号处理算法。

（4）嵌入式片上系统（System on Chip，SOC）。各种通用处理器内核将作为 SOC 设计公司的标准库，和许多其他嵌入式系统外设一样，成为超大规模集成电路（Very Large Scale Integration，VLSI）设计中一种标准的器件，用标准的超高速集成电路硬件描述语言（Very-High-Speed Integrated Circuit Hardware Description Language，VHDL）等语言描述，存储在器件库中。

1.1.3 嵌入式系统的特点

嵌入式系统与通用计算机系统、其他数字产品相比，具有自己的特点。

1. 嵌入式系统面向特定应用对象

嵌入式系统中的 CPU 与通用 CPU 的最大不同就是前者大多数是专门为特定应用设计的，具有低功耗、体积小、集成度高等特点，能够把通用 CPU 中许多由板卡完成的任务集成在芯片内部，从而有利于整个系统设计趋于小型化。

2. 嵌入式系统涉及创新性强的行业

嵌入式系统涉及计算机技术、半导体技术、电子技术、通信技术和软件技术等多个行业技术，是一个技术密集、资金密集、高度分散、不断创新的知识集成系统。在通用计算机行业中，占整个计算机行业 90%的个人电脑产业，绝大部分采用的是 X86 体系结构的 CPU，厂商集中在 Intel、AMD 等几家公司，操作系统方面微软居垄断地位。但这样的情况却不会在嵌入式系统领域出现。因为，这是一个充满竞争、机遇与创新的工业领域，没有哪个公司的操作系统和处理器能够独霸天下、傲视群雄、垄断市场。

3. 嵌入式系统要求高度可定制性的软硬件架构

嵌入式系统的硬件和软件，都必须具备高度可定制性，也只有这样，才能满足其广泛的工业和民用需求、适应其广阔的军事与工业应用需要，在产品价格性能等方面才具备竞争力。

4. 嵌入式系统能够适应较长生命周期的行业

嵌入式系统和具体应用需求相结合，有机融合在一起，其升级换代也是和具体产品同步进行的。因此嵌入式系统产品一旦进入市场，它的生命周期与产品的生命周期几乎一样长。

5. 嵌入式系统能够满足集成度高的繁复需求

一些基本的设备，如通用可编程输入输出端口（General Purpose Input Output，GPIO）、定时器、中断控制器，通常都集成在处理器当中。一些嵌入式处理器甚至包含内存，只需要在外部扩展简单的电路，就可以组成系统。因此，需要用户选择最适用（内部功能模块最满足应用需求）的处理器，即以嵌入式处理器为核心（内核+片内外设）+内存+外围硬件+辅助设备，因此，集成度特别高。

图 1-3 所示为带有总线扩展的嵌入式处理器的一种典型系统。嵌入式处理器带有外部总线的时候，可以在总线上扩展内存（如 SRAM、FLASH 等），还可以扩展类似内存的部件（可以映射到内存空间），如网络芯片、USB 芯片、A/D 转换器、D/A 转换器等。当然，有些嵌入式处理器，本身就集成有网络芯片、A/D 转换器、D/A 转换器、参考电压等部分。

如图 1-4 所示为无总线扩展的嵌入式处理器的一种典型系统。

正是由于嵌入式系统硬件结构的集成度特别高，才使其具有多样性和复杂性，也就决定了嵌入式系统的设计与使用工程师，要比通用计算机工程师，要更多地关注硬件设计而不仅仅只是了解。

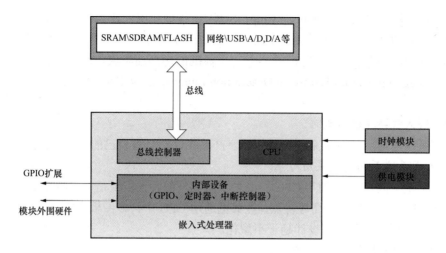

图 1-3　带有总线扩展的嵌入式处理器的一种典型系统

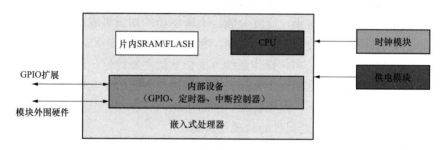

图 1-4　无总线扩展的嵌入式处理器的一种典型系统

1.2　嵌入式最小系统

如前所述，嵌入式系统是以应用为中心，软件硬件可裁剪，适应应用系统对功能、可靠性、成本、体积、功耗等综合性严格要求的专用计算机系统。

1.2.1　嵌入式最小系统的概念

所谓嵌入式最小系统，是指在尽可能减少上层应用的情况下，以某处理器为核心，能够使系统运转起来的最简单的硬件模块配置（处理器能够运行的最基本系统）。

嵌入式最小系统，是构建嵌入式系统的第一步。保证嵌入式处理器可以运作，然后才可以逐步增加系统的功能，如外围硬件扩展、软件及程序设计、操作系统移植、增加各种接口等，最终形成符合需求的完整系统。

作为一个典型的嵌入式最小系统，如图 1-5 所示，它需要包括以下几个器部件。

1. 处理器

对于任何一个嵌入式系统而言，处理器都是整个系统的核心，整个系统都需要靠处理器的指令工作起来。

2. 时钟系统

处理器运行时，是需要时钟周期的，一般来说处理器在一个或者几个周期内执行一条指令。时钟电路/单元的核心是晶振，它可以提供一定频率，处理器使用该频率的时候可能还需要进行倍频处理。简单的方法是利用微控制器内部的晶体振荡器，但有些场合（如减少功耗、需要严格同步等情况）需要使用外部振荡源提供时钟信号。

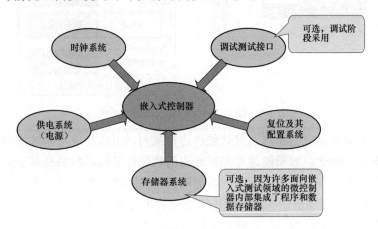

图 1-5　最小嵌入式系统的基本框图

3．供电系统（电路）

供电系统（电路）是为处理器提供能源的部件，是整个系统工作的基础，具有极其重要的地位，但却往往被忽略。如果供电系统（电路）处理得好，整个系统的故障往往减少了至少 60% 以上。在嵌入式系统中一般使用直流稳压电源。

4．复位及其配置系统

复位电路连接处理器的引脚，实现通过外部电平让处理器复位的目的。

5．调试与测试接口

调试与测试接口原不是系统运行必需的，但现代系统设计越来越强调可测性，调试、测试接口的设计也越来越受到重视。目前高级的嵌入式处理器中，内置有联合测试行动小组（Joint Test Action Group，JTAG）接口，可以控制芯片的运行并获取内部信息，为下载和调试程序提供了很大的方便。

6．存储器系统

一个嵌入式处理器要运行，其指令必须放入一定的存储空间内，运行的时候也需要空间来存储临时的数据，因此存储器系统是必不可少的。当然，如果选择的是片上有较大存储量的处理器时，存储器系统有时候也是可以省掉的。对于具有 JTAG 接口的处理器，可以将其与主机（PC）连接起来，通过 JTAG 将主机中的程序载入到嵌入式系统的内存中。

如图 1-6 所示为使用 JTAG 的嵌入式最小系统。使用 JTAG 的时候，可以将程序直接载入到目标机的 RAM 中，然后直接运行。因此 ROM/FLASH 在最小系统中已不是必需的了。

1.2.2　嵌入式系统的扩展

一般而言，嵌入式系统的构架可以分成 4 个部分：处理器、存储器、输入/输出（I/O）和软件（由于多数嵌入式设备的应用软件和操作系统都是紧密结合的，在这里对其不加区分，这也是嵌入式系统和 Windows 系统的最大区别）。

嵌入式系统是面向用户、面向产品、面向应用的，它必须与具体应用相结合才会具有生命力、才更具优势。因此可以这样理解上述三个面向的含义，即嵌入式系统是与应用紧密结合的，它具有很强的专用性，必须结合实际系统需求进行合理的裁剪利用。

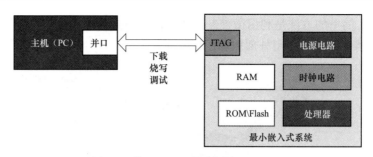

图 1-6　使用 JTAG 的嵌入式最小系统

嵌入式系统必须根据应用需求，对软硬件进行裁剪，以满足应用系统的功能、可靠性、成本、体积等要求。因此，如果能建立相对通用的软硬件基础，然后在其上开发出适应各种需要的系统，是一个比较好的发展模式。目前的嵌入式系统的核心往往是一个只有几千字节到几十千字节微内核，需要根据实际的使用进行功能扩展或者裁剪，但是由于微内核的存在，使得这种扩展能够非常顺利地进行，它包括以下几个方面。

（1）内存类芯片的外扩。如 SRAM、SDRAM、NOR FLASH、NAND FLASH 等芯片的酌情拓展。

（2）通信类芯片的外扩。如网络、USB、UART 接口、CAN 总线、I^2C 接口等应运而生。

（3）其他类芯片的外扩。如 A/D 转换器、D/A 转换器、传感器、LCD 显示器、LED 显示器等。

1.3　嵌入式系统的发展趋势

目前，嵌入式技术全面展开，已成为通信和消费类产品的共同发展方向。在通信领域，数字技术正在全面取代模拟技术。在广播电视领域，美国已开始由模拟电视向数字电视转变，欧洲的数字电视广播技术已在全球大多数国家推广。数字音频广播也已进入商品化试播阶段。而软件、集成电路和新型元器件在产业发展中的作用日益重要。今天嵌入式系统带来的工业年产值已超过了 1 万亿美元。所有这些产品，都离不开嵌入式系统技术，其核心技术就是采用 32 位以上芯片级的嵌入式技术。在个人领域中，嵌入式产品将主要是个人商用，作为个人移动的数据处理和通信软件。手写文字输入、语音拨号上网、收发电子邮件以及彩色图形、图像已取得初步成效。据调查，目前国际上已有两百多种嵌入式操作系统，而各种各样的开发工具、应用于嵌入式开发的仪器设备更是不可胜数。

数字时代使得嵌入式产品获得了巨大的发展契机，为嵌入式市场展现了美好的前景，同时也对嵌入式生产厂商提出了新的挑战，从中可以看出未来嵌入式系统的几大发展趋势。

（1）嵌入式开发是一项系统工程，因此要求嵌入式系统厂商，不仅要提供嵌入式软硬件系统本身，同时还需要提供强大的硬件开发工具和软件包支持。目前很多厂商已经充分考虑到这一点，在主推系统的同时，将开发环境也作为重点推广。比如三星在推广 Arm7、Arm9 芯片的同时还提供开发板和板级支持包，而 WindowCE 在主推系统时也提供 Embedded VC++ 作为开发工具，还有 Vxworks 的 Tonado 开发环境，DeltaOS 的 Limda 编译环境等都是这一趋势的典型体现。当然，这也是市场竞争的结果。

（2）网络化、信息化的要求，随着因特网技术的成熟、带宽的提高，以往单一功能的设备如电话、手机、冰箱、微波炉等功能不再单一，结构更加复杂。这就要求芯片设计厂商在芯片上集成更多的功能，为了满足应用功能的升级，设计师们一方面采用更强大的嵌入式处理器如 32 位、64 位精简指令集计算机（Reduced Instruction Set Computer，RISC）芯片或数字信号处理器增强处理能力，同时增加功能接口，如 USB，扩展总线类型，如 CAN BUS，加强对多媒体、图形等的处理，逐步实施片上系统的概念。软件方面采用实时多任务编程技术和交叉开发工具技术来控制功能复杂性，简化应用程序设计、保障软件质量和缩短开发周期。

（3）网络互联成为必然趋势。未来的嵌入式设备为了适应网络发展的要求，必然要求硬件上提供各种网络通信接口。传统的单片机对于网络支持不足，而新一代的嵌入式处理器已经开始内部植嵌网络接口，除了支持 TCP/IP 协议，还有的支持 IEEE1394、USB、CAN、Bluetooth 通信接口中的一种或者几种，同时也需要提供相应的通信组网协议软件和物理层驱动软件。软件方面，系统内核支持网络模块，甚至可以在设备上嵌入 Web 浏览器，真正实现随时随地用各种设备上网。

（4）精简系统内核、算法，降低功耗和软硬件成本。未来的嵌入式产品是软硬件紧密结合的设备，为了降低功耗和成本，需要设计者尽量精简系统内核，只保留和系统功能紧密相关的软硬件，利用最低的资源实现最适当的功能，这就要求设计者选用最佳的编程模型和不断改进算法，优化编译器性能。因此，既要软件人员具有丰富的硬件知识，又需要发展先进嵌入式软件技术，如 Java、Web 和 WAP 等。

（5）提供友好的多媒体人机界面。嵌入式设备能与用户亲密接触，最重要的因素就是它能提供非常友好的用户界面。图像界面、灵活的控制方式，使得人们感觉嵌入式设备，就好比是一个熟悉的老朋友。这方面的要求使得嵌入式软件设计者要在图形界面、多媒体技术方面痛下苦功。手写文字输入、语音拨号上网、收发电子邮件以及彩色图形、图像，都会使用户获得自由的感受。一些先进的掌上电脑（Personal Digital Assistant，PDA），在显示屏幕上已实现汉字写入、短消息语音发布，但一般的嵌入式设备与这个要求还有相当大的差距。

第二章 传 感 器 技 术

利用传感装置将被监控对象中的物理参量（如温度、压力、流量、液位、速度）转换为电量（如电压、电流），再将这些代表实际物理参量的电量，传送到输入装置中，进而按比例转换为计算机系统可识别的数字量，并且在相应的显示装置中以数字、图形或曲线的方式显示出来，从而使得操作人员能够直观而迅速地了解被监控对象的变化过程。除此之外，计算机系统还可以将采集到的数据存储起来，随时进行分析、统计和显示并制作成各种报表。这已经作为当今工业控制的主流系统，取代常规的模拟检测、调节、显示、记录等仪器设备和很大部分操作管理的人工职能，并具有较高级复杂的计算方法和处理方法，以完成各种过程控制、操作管理等任务。

2.1 典型测控系统

2.1.1 测控系统的含义

测控系统是现代检测技术与现代控制技术发展的必然和现实的需要，以计算机为核心，以传感器检测为基础，以"监测"和"控制"为目的，以信息传输为途径，以信息处理为手段，测控一体化的系统，都可以统称为测控系统。这种系统对被控对象的控制是依据对被控对象的测量结果决定的。

如图 2-1 所示就是一种基于计算机系统的典型测控系统的基本组成框图，它由以下五个部分构成，计算机系统可以由嵌入式处理器充当。

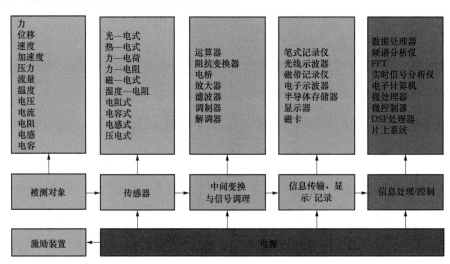

图 2-1 典型测控系统的基本组成框图

1. 传感器

从被测对象感受信号，获取生产过程的参数（如温度、压力、流量、液位等），同时产生一个与被测物理量成某种函数关系（一般为正比）的电信号输出。

2. 中间变换与信息调理

传感器信号在进入计算机系统的接口之前，首先要将敏感元件的输出变量做进一步变换，变换成更适于处理的变量或者标准形式。通常是把传感器的 0%～100%量程转换成 4～20mA 电流或 1～5V 电压，即信号预处理、信号调理、A/D 转换、D/A 转换等，以满足模拟传感器与数字采集系统之间的接口要求，即信号隔离、信号的预处理和去除无用信号等。

3. 信息传输、显示/记录

当检测系统的几个功能环节被分隔开时，必须从一个地方向另一个地方传输数据，便于测控系统之间信息交互。如果被测量的信息要想传给人，以完成监视、控制或分析的目的，则必须将信息变成人的感官能接受的形式，如数字显示和打印记录等。

4. 信息处理/控制

为了完成对测控系统提出的任务，要求用某种方式去控制以某种物理量表示的信号。这里所说的控制的意思是在保持变量物理性质不变的条件下，根据某种固定的规律，仅仅改变变量的数值。若系统仅用于生产过程的监测，当安全参数达到极限值时产生显示声、光报警等输出；如果除监测以外，还参与一些开关量的控制。计算机可以产生一连串脉冲，通过继电器接点闭合或产生某个电平的跳变去启动或停止某个马达，也可通过 D/A 转换产生一个正比于某设定值的电压或电流去驱动执行机构，执行机构在收到控制信号之后，通常还要反馈一个测量信号给计算机，以便检查控制命令是否被执行，如通过对阀门或伺服机构等执行机构进行调节，对泵和马达进行控制，也有断电、闭锁等顺序控制等。

5. 电源

电源模块是所有测控系统中十分重要的一个器部件，因为供电电源的精度和稳定性直接影响传感器及其测量电路输出信号质量。一个好的电源模块要求具有较宽的输入电压，能对外部电压有较大的容限，以保证外部供电装置出现较大波动时不会损坏系统，同时要有稳定的输出电压以及一定带负载能力，以保证整个系统能够稳定地工作。常用数字电路的电源，可选三端集成稳压器。传感器电路对供电电压精度要求高，温度稳定性要好，最好采用基准电压源。市场上有 1.25～10V 的产品，如 AD580、AD584 等。它可外接电阻任意调节输出电压，但输出电压的稳定性由电阻的稳定性决定，因此，要选高稳定性电阻。一般这些产品的最大输出电流为 10mA，可外加电流放大器进行扩流。

2.1.2 测控系统的特点

现在充分利用计算机技术，广泛集成无线通信、计算机视觉、传感器网络、全球定位、虚拟仪器、智能检测理论方法等新技术，使得测控系统具有以下显著特点。

1. 测控设备的软件化

通过计算机的测控软件，实现测控系统的自动极性判断、自动量程切换、自动报警、过载保护、非线性补偿、多功能测试和自动巡回检测等功能。软测量可以简化系统硬件结构、简化硬件、缩小体积、降低功耗、提高可靠性和"软测量"等综合功能。

2. 测控过程的智能化

在测控系统中，由于各种计算机成为测控系统的核心，特别是各种运算复杂但易于计算机处理的智能测控理论方法的有效介入，使测控系统趋向智能化的步伐加快。

3．测控配置的灵活性

测控系统在配置方面，以软件为核心，其生产、修改、复制都较容易，功能实现方便，因此，测控系统实现组态化、标准化、分布式，相对硬件为主的传统测控系统更为灵活。

4．测控操作的实时性

随着计算机主频的快速提升和电子技术的迅猛发展，以及各种在线自诊断、自校准和决策等快速测控算法的不断涌现，测控系统的采集、传输、处理、控制高速化、实时性大幅度提高，从而为测控系统在高速、远程以至为超实时领域的广泛应用奠定了坚实基础。

5．测控界面的可视性

随着虚拟仪器技术的发展、可视化图形编程软件的完善、图像图形化的结合、三维技术的应用、虚拟现实的结合，使测控系统的人机交互功能，更加趋向人性化、实时性、可视化的特点。

6．测控管理的一体化

随着企业信息化步伐的加快，一个企业从合同订单开始，到产品包装出厂，全程期间的生产计划管理、产品设计信息管理、制造加工设备控制等，既涉及对生产加工设备状态信息的在线测量，也涉及对加工生产设备行为的控制，还涉及对生产流程信息的全程跟踪管理，因此，测控系统向着测量、控制、管理的一体化方向发展，而且步伐不断加快。

7．测控体系的立体化

建立在以全球卫星定位、无线通信、雷达探测等技术基础上的测控系统，具有全方位的立体化网络测控功能，如卫星发射过程中的大型测控系统从既定区域不断向立体化、全球化甚至星球化方向发展。

2.1.3　测控系统的功用

运行实践表明，绝大多数的测控系统可以完成如下任务。

1．测量

在生产过程中，被测参量分为非电量与电量。常见的非电量参数有位移、液位、压力、转速、扭矩、流量、温度等，常见的电量参数有电压、电流、功率、电阻、电容、电感等。非电量参数可以通过各种类型的传感器转换成电量输出。

测量过程通过传感器获取被测物理量的电信号或控制过程的状态信息，通过串行或并行接口接收数字信息。在测量过程中，计算机周期性地对被测信号进行采集，把电信号通过 A/D 转换成等效的数字量。有时，对输入信号还必须进行线性化处理、平方根处理等信号处理。如果在测量信号上叠加有噪声，还应当通过滤波（如模拟滤波和数字滤波）进行平滑处理，以保证信号的正确性。为了检查生产装置是否处于安全工作状态，对大多数测量值还必须检查是否超过上、下限值，如果超过，则应发出报警信号，超限报警是过程测控系统的一项重要任务。

2．驱动

对生产装置的控制，通常是通过对执行机构进行调节或控制来达到预期目的。计算机可以直接产生驱动脉冲信号通过功率接口电路（如光耦、继电器、变压器、开关器件等），去驱动执行机构，达到所需要的位置，也可通过 A/D 产生一个正比于某设定值的电压或电流，借助功率接口，去驱动执行机构，执行机构在收到控制信号之后。通常还要反馈一个测量信号给计算机，以便检查控制命令是否已被执行。

3. 控制

利用计算机测控系统,可以非常方便地实现各种控制方案。在工业过程测控系统中常用的控制方案有直接数字控制、顺序控制和监督控制三种类型。大多数生产过程的控制需要其中一种或几种控制方案的组合。

4. 人机交互

测控系统必须为操作员提供关于被控过程和测控系统本身运行情况的全部信息,为操作员直观地进行操作提供各种手段,例如改变设定值、手动调节各种执行机构、在发生报警的情况下进行处理等。因此,它应当能显示各种信息和画面,打印各种记录,通过专用键盘对被控过程进行操作等。

此外,测控系统还必须为管理人员和工程师提供各种信息,例如生产装置每天的工作记录以及历史情况的记录,各种分析报表等,以便掌握生产过程的状况和做出改进生产状况的各种决策。

5. 通信

现今运行于工业过程中的测控系统,一般都采用分组分散式结构,即由多台计算机组成计算机网络,共同完成上述的各种任务。因此,各级计算机之间必须能实时地交换信息。此外,有时生产过程控制系统还需要与其他计算机系统,如全系统的状态信息、控制变量、健康数据等综合信息管理系统之间进行数据通信与信息交互。

2.1.4 测控系统的发展趋势

测控系统是一个综合系统,网络技术进步并全面介入,实现了微机化仪器的联网,高档测量仪器设备以及测量信息的地区性、全国性乃至全球性资源共享,远程数据采集与测控,远程设备故障诊断,各等级计量标准跨地域实施,直接的数字化溯源比对,水、电等费用的自动抄表等,测控网络的功能显著增强,应用领域及范围明显扩大,测控系统的功能远远大于系统中各独立个体功能的总和。日臻先进的科学技术,为测控系统迅速发展提供了技术保障,开放化、微型化、网络化、智能化、虚拟化和标准化,已经成为测控技术未来发展的趋势。

1. 微型化

向微机电系统(Micro-Electro-Mechanical System,MEMS)方向发展,微传感器就是微机电系统最重要的组成部分,微机电、微开关、微谐振器、微阀门和微泵等微制动器的出现就是其未来发展的重要方向,它将微机电系统器件与集成电路等功能芯片,集成一体,外形越来越小型化,功能却更加强大。

2. 网络化

以 Internet 为代表的计算机信息网络的快速发展和技术的逐渐完善,突破了地域和事件上的限制,使测控系统不仅将现场的智能仪表和装置作为节点,通过网络将节点连同控制室内的仪器仪表和控制装置,连成有机的测控系统,而且可使联网的任何仪器设备实现其自身功能的同时,还能为其他仪器设备所利用。测控系统的这种网络化特点,测控技术与网络技术的结合,向有线测控网络、工业总线、广域网、无线测控网络、自组织网、物联网、混合测控网络方面发展,使组建网络化、分布式的测控系统变得十分方便快捷。随着现代网络信息技术的迅猛发展及许多相关技术的不断完善,网络信息系统的规模越来越大。现代测控技术在通信、国防、气象和航空航天等领域也得到广泛、有效的运用。

3. 智能化

测控系统中所应用的设备都是智能化的,具有方便快捷、灵活、功能多样等特点,使得现代测控能力得到很大的提高。随着人工智能技术的不断引进和发展以及微电子技术的发展,智能化的仪器设备越来越高科技化,其计算能力将得到很大的加强。

4. 数字化

数字化的测控特点,在现代测控技术中起着非常重要的作用。数字化在测控领域中的主要应用体现在多个方面:传感器的数字化控制,控制器到远程终端设备的数字化控制,信号处理、通信等过程的数字化控制,等等。

5. 标准化

无论从技术角度,还是从市场角度看,开放化测控技术都是现代测控技术的发展趋势,也将成为市场应用的主流。它可以让我们直接接触到开放标准下的先进测控技术,并融入这种技术标准之中,标准化、开放化将减少新技术的重新开发,节省开发成本。

2.2 传 感 器

2.2.1 传感器的含义

传感器(Transducer/sensor),国际电工技术委员会(International Electro-technical Commission,IEC)的定义为:传感器是测量系统中的一种前置部件,它将输入变量转换成可供测量的信号。国家标准(GB 7665—87)的定义是:传感器是能感受规定的被测量件并按照一定的规律(数学函数法则)转换成可用信号的器件或装置,也叫变换器、换能器或探测器。

2.2.2 传感器的组成

传感器是包含承载体和电路连接的敏感元件,它的主要特征是能够感知和检测某一形态的信息,并将其转换成另一形态的信息。传感器系统则是组合有某种信息处理(模拟或数字)能力的系统。传感器是传感系统的一个重要组成部分,它是被测量信号输入的第一道关口,它能够把某种形式的能量转换成另一种形式的能量。传感器一般由敏感元件、转换元件和转换电路 3 部分组成,如图 2-2 所示。

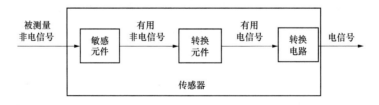

图 2-2 传感器的基本组成

1. 敏感元件

敏感元件是在传感器中能直接感受或响应被测量的那一部分,它的功能是直接感受被测量(如物理量、化学量、生物量等)并输出与之成确定关系的另一类物理量,例如温度传感器的敏感元件的输入是温度,它的输出则应为温度以外的某类物理量,如电压或者电流信号。简单讲,敏感元件是将被测量转换为特定的非电量(如应变、位移等)的元件。

2. 转换元件

敏感元件的输出就是转换元件的输入，转换元件是传感器中将敏感元件的输出转换为电参量的那一部分，即它能将敏感元件感受（或响应）到的被测量转换成能够传输和（或）测量的电信号的元件。也就是说，敏感元件的输出经常需要将之转换为电参量如电压、电流、电阻、电容、电感、频率和脉冲等，以便进一步处理。简单讲，转换元件是将非电量转换为电参数（电阻、电感、电容、电势等）的元件。

3. 转换电路

转换电路可以将转换元件输出的电参量，转换成其他电参量输出或其他所需形式的信息进行传输。它通常由电源（如交流、直流供电系统）、相关功能电路等组成。如果转换元件输出信号很微弱且含有电噪声，或者不是易于处理的电压或电流信号，则需要由转换电路将其调理（如进行放大、滤波处理）为便于传输、转换和显示的形式（一般为电压或电流信号），即转换电路的功能就是把转换元件输出变换为易于处理、显示、记录、控制的信号的电路部分。简单讲，转换电路是将电参数变换为电参量（电压或电流）的特定电路。

2.2.3 传感器的典型类型

由于工作原理、测量方法和被测对象的不同，传感器的分类方法也有所不同，大概有以下几种典型的分类方法，现简述如下。

（1）传感器按基本感知功能，可以分为热敏元件、光敏元件、气敏元件、力敏元件、磁敏元件、湿敏元件、声敏元件、放射线敏感元件、色敏元件和味敏元件等。

（2）传感器按用途（输入量类型），可以分为力传感器、加速度传感器、位移传感器、温度传感器、流量传感器、电压传感器和电流传感器等。

（3）传感器按工作时的物理基础，可以分为电气式传感器、光学式传感器和机械式传感器等。

（4）传感器按能量关系，可以分为无源传感器和有源传感器。无源传感器能将被测量（大多为非电量）直接或间接的作用引起该元件的某一电参数（如电阻、电容、电感、电阻率、介电常数等）的变化，即它能够将非电能量转换为电能量，因此也称为能量转换型传感器。要想获得电压和电流等电量的变化值，它所配用的转换电路通常是信号放大器，例如压电式传感器、热电式传感器（热电偶）、电磁式传感器和电动式传感器等，这些传感器不需要工作电源。有源传感器本身不能换能，被测非电参量仅对传感器中的能量起控制或调节作用，因此必须具有测量电路和辅助电源（如电源），故又称为能量控制型传感器，它通常使用电桥和谐振电路，如电阻式、电容式和电感式等参数型传感器。

（5）传感器按测量方式，可以分为接触式传感器和非接触式传感器。接触式传感器与被测物体接触，如电阻应变式传感器、压电式传感器和热电偶温度传感器。非接触式传感器与被测物体不接触，如光电式传感器、红外线传感器、涡流式传感器和超声波传感器等。

（6）传感器按输出信号的形式，可以分为模拟式传感器和数字式传感器。模拟式传感器的输出信号是连续变化的模拟量，如霍尔电流传感器和霍尔电压传感器。数字式传感器的输出信号是数字量，如光栅、光电编码器、接近开关等。不过，需要提醒读者朋友的是，被测量的信号量直接或间接转换成频率信号或短周期信号输出一类的传感器也称为数字式传感器。另外，当一个被测量的信号达到某个特定的阈值时，传感器相应地输出一个设定的低电平或高电平信号的传感器，也称为数字式传感器，不过它有一个专有名词，称作开关式传感器。

典型传感器及其输出信号，见表 2-1。

表 2-1　　　　　　　　　　　　　　　　典型传感器及其输出信号

被测量	传感器	有源/无源	输出量
温度	热电偶	无源	电压
	PN 结	有源	电压/电流
	RTD		电阻
	热敏电阻		电阻
力/压力	应变计	有源	电阻
	压电传感器	无源	电压
加速度	加速度计	有源	电容
位置	线性差动变压器	有源	交流电压
光强度	光电二极管	无源	电流

2.2.4　传感器的指标参数

由于传感器的种类繁多，在嵌入式系统中，究竟如何选择合适的传感器，估计是任何一个初入该行业的读者朋友，都会关注的问题。为方便传感器选型，现将它的相关指标/参数进行小结，见表 2-2。

表 2-2　　　　　　　　　　　　　　　　传感器的相关指标/参数

基本指标/参数	环境指标/参数	可靠性指标/参数	其他指标/参数
量程有关：量程范围、过载能力等	温度有关：工作温度范围、温度误差、温度漂移、温度系数、热滞后等	工作寿命、平均无故障时间、保险期、疲劳性能、绝缘电阻、耐压、抗浪涌能力等	使用有关：供电方式（直流、交流、频率、波形等）、功率、各项分布参数值、电压范围、电压稳定度、外形尺寸、重量、壳体材质、结构特点、安装方式、馈线电缆、可维修性等
精度有关：精度、误差、线性度、滞后、重复性、灵敏度误差、稳定性等	抗冲击有关：允许各个方向抗冲击振动的频率、振幅及其加速度、冲击振动所引入的误差		
灵敏度有关：灵敏度、分辨力、满量程输出等	其他环境参数：抗潮湿、抗核辐射、抗腐蚀、抗电磁干扰能力等		
动态性能有关：固定频率、阻尼比、时间常数、频率响应范围、频率特性、临界频率、临界速度、稳定时间等			

2.2.5　传感器的选型原则

选择传感器时，可以参考下面的选型原则。

（1）看传感器的准确度、灵敏度和分辨率，能否满足装置对准确度的要求，需要提醒的是，灵敏度越高的传感器，噪声也越容易混入。

（2）看传感器的线性度、稳定性和重复性，是否满足装置对可靠性的要求。需要提醒的是，线性范围越宽，传感器的工作量程越大。影响稳定性的因素是时间和环境，常用时漂和温漂来反映。

（3）看传感器的静、动态性能，是否满足装置对速度的要求，需要提醒的是，响应特性对测试结果有直接影响，它必须在所测频率范围内尽量保持不失真。

总之，鉴于传感器的种类繁多，一种传感器可以测量几种不同的被测量，而同一种被测量可以采用几种不同类型的传感器来测量，加之被测量的要求千差万别，因此，必须熟悉常用传感器的工作原理、结构性能、测量电路和使用性能等多方面内容，才能选对合适的传感器。

2.3 典型传感原理

2.3.1 光—电转换

当入射光照射到 PN 结上时，使 PN 结的正向压降发生变化，利用这个特性制作光敏二极管和光敏三极管，使光转换为电压变量。同样，当光照射到半导体材料上时，使电阻发生变化，它将光转换为半导体材料的电阻（或电导）变量。

1. 光敏二极管

如图 2-3（a）所示为光敏二极管的示意符号，它也称光电二极管。如图 2-3（b）所示为光敏二极管的实物。如图 2-3（c）所示为与运放组合电路 1，它是将光敏二极管输出电压转化为电压输出的反相放大器电路。如图 2-3（d）所示为与运放组合电路 2，它是将光敏二极管输出电压转化为电压输出的同相放大器电路。

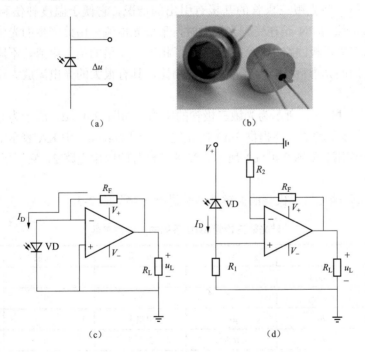

图 2-3　光敏二极管的符号及其应用电路
（a）符号；（b）实物；（c）与运放组合电路 1；（d）与运放组合电路 2

光敏二极管与半导体二极管在结构上是类似的，其管芯是一个具有光敏特征的 PN 结，且它的 PN 结面积比一般的 PN 结要大，是专门为接收入射光而设计的。它具有单向导电性，因此工作时需加上反向电压。无光照时，有很小的饱和反向漏电流，即暗电流，此时光敏二极管截止。当受到光照时，饱和反向漏电流大大增加，形成光电流，它随入射光强度的变化而变化。当光线照射 PN 结时，可以使 PN 结中产生电子-空穴对，使少数载流子的密度增加。这些载流子在反向电压下漂移，使反向电流增加。换句话讲，在没有光照射时它的反向电阻很大，反向电流很小；当有光照射时，反向电阻减小，反向电流增大。因此可以利用光照强弱来改变电路中的电流。常见的典型光敏二极管产品有 2CU、2DU 等系列。

对于光敏二极管与运放组合电路 1 而言，负载电阻 R_L 的端电压 u_L 的表达式为：

$$u_L = I_D \times R_F \qquad (2\text{-}1)$$

式中：I_D 为流过光敏二极管的电流；R_F 为运放组合电路 1 的反馈电阻。

对于光敏二极管与运放组合电路 2 而言，负载电阻 R_L 的端电压 u_L 的表达式为：

$$u_L = I_D \times R_1 \times \left(1 + \frac{R_F}{R_2}\right) \qquad (2\text{-}2)$$

式中：I_D 为流过光敏二极管的电流；R_1 为采样电阻；R_2 和 R_F 为运放组合电路 2 的外围电阻，它们用于调整放大器的增益。

2. 光敏三极管

如图 2-4（a）所示为光敏三极管的示意符号，光敏三极管和普通三极管相似，也有电流放大作用，只是它的集电极电流不仅受基极电路和电流的控制，同时也受光辐射的控制。通常基极不引出，但一些光敏三极管的基极有引出的情况，它便于温度补偿和充当附加控制端。当具有光敏特性的 PN 结在受到光辐射时，形成光电流，由此产生的光生电流由基极进入发射极，从而在集电极回路中得到一个放大了相当于 β 倍的信号电流。不同材料制成的光敏三极管具有不同的光谱特性，与光敏二极管相比，具有很大的光电流放大作用，即很高的灵敏度。

如图 2-4（b）和（c）所示为光敏三极管的实物。如图 2-4（d）所示为光敏三极管的应用电路 1，它为直接驱动式，能提供 3mA 的光电流，图 2-4（d）中 KA 表示继电器线圈，二极管 D 用于续流作用。如图 2-4（e）所示为光敏三极管的应用电路 2，它用于驱动三极管 T，旨在放大驱动电流。

现将 3DU 系列硅光敏三极管的关键性参数进行小结见表 2-3。

表 2-3　　　　　　　　　　硅光敏三极管 3DU 系列的关键性参数

参数名称	符号	单位	最小值	中间值	最大值
击穿电压	$V_{(BR)CE}$	V		30	
最高工作电压	$V_{(Rm)CE}$	V		10	
暗电流	I_D	μA	0.001		0.1
光电流	I_L	mA		1.5	
上升时间	T_r	μs		3	
下降时间	T_f	μs		3	
峰值波长		nm		8800	
输出功率	P_O	mW	18	20	25

光敏二极管、光敏三极管是电子电路中广泛采用的光敏器件。光敏二极管和普通二极管一样具有一个 PN 结，不同之处是在光敏二极管的外壳上有一个透明的窗口以接收光线照射，

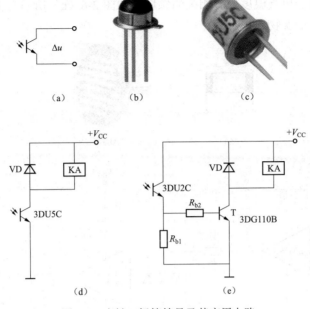

图 2-4　光敏三极管符号及其应用电路

（a）符号；（b）实物 1；（c）实物 2；（d）应用电路 1；（e）应用电路 2

实现光电转换，在电路图中文字符号一般为 VD。光敏三极管除具有光电转换的功能外，还具有放大功能，在电路图中文字符号一般为 VT。光敏三极管因输入信号为光信号，所以通常只有集电极和发射极两个引脚线。同光敏二极管一样，光敏三极管外壳也有一个透明窗口，以接收光线照射。

3. 光敏电阻

如图 2-5（a）所示为光敏电阻器的示意符号，光敏电阻器是利用半导体的光电导效应制成的一种电阻值随入射光的强弱而改变的电阻器，又称为光电导探测器；入射光强，电阻减小，入射光弱，电阻增大。还有另外一种光敏电阻器，当入射光弱，电阻减小，入射光强，电阻增大。如图 2-5（b）所示为光敏电阻器的实物。如图 2-5（c）所示为一种简单的光电开关电路，其工作原理是：当光照度下降到设置值时，由于光敏电阻阻值上升，超过比较器的参考电压，导致比较器输出低电平，光耦 HCPL-2201 不开通，输出低电平，经过反相器输出高电平。反之，当光照度增加到设置值时，由于光敏电阻阻值下降，低于比较器的参考电压，导致比较器输出高电平，光耦 HCPL-2201 开通，输出高电平，经过反相器后输出低电平，从而实现对外电路的控制。

2.3.2　热—电转换

将半导体材料或导体加热或冷却，使它的电阻发生变化，应用这个效应制作热敏电阻，它将热转换为电阻变量。如图 2-6（a）所示为热敏电阻（thermistor）的示意符号。

1. PTC

PTC 是 Positive Temperature Coefficient 的缩写，意思是正温度系数，泛指正温度系数很大的半导体材料或元器件。通常提到的 PTC 是指正温度系数的热敏电阻，简称 PTC 热敏电阻。PTC 热敏电阻是一种典型具有温度敏感性的半导体电阻，超过一定的温度（居里温度）时，它的电阻值随着温度的升高呈阶跃性的增高，它应用于电池、安防、医疗、科研、工业电机、航天航空等电子电气温度控制相关的领域。如图 2-6（b）所示为正温度系数的热敏电阻（自恢复保险丝）的实物。

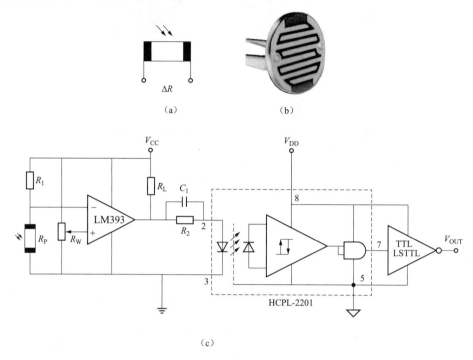

图 2-5　光敏电阻器及其应用电路原理

（a）符号；（b）实物；（c）光控开关应用电路

2．NTC

NTC 是 Negative Temperature Coefficient 的缩写，意思是负温度系数，泛指负温度系数很大的半导体材料或元器件，所谓 NTC 是指负温度系数的热敏电阻器。它是以锰、钴、镍和铜等金属氧化物为主要材料，采用陶瓷工艺制造而成的。这些金属氧化物材料都具有半导体性质，因为在导电方式上完全类似锗、硅等半导体材料。温度低时，这些氧化物材料的载流子（电子和孔穴）数目少，其电阻值较高；随着温度的升高，载流子数目增加，电阻值降低。NTC 热敏电阻器在室温下的变化范围在 $100\sim1\mathrm{M}\Omega$ 之间，温度系数介于$-2\%\sim-6.5\%$。NTC 热敏电阻器，可广泛用于测温、控温、温度补偿等方面。图 2-6（c）所示为负温度系数的热敏电阻的实物。

图 2-6　热敏电阻示意符号、PTC 和 NTC 实物图

（a）符号；（b）实物 1；（c）实物 2

2.3.3 力—电阻转换

1. 压力电阻效应

压力电阻效应即半导体材料的电阻率随机械应力的变化而变化的效应。可制成各种力矩计、半导体话筒、压力传感器等,简称压敏电阻。主要品种有硅力敏电阻器、硒碲合金力敏电阻器,相对而言,合金电阻器具有更高灵敏度。如图 2-7(a)所示为压敏电阻的示意符号。

2. 电阻应变片

电阻应变片是用于测量应变的元件。它能将机械构件上应变的变化转换为电阻的变化。电阻应变片的测量原理为:金属丝的电阻值除了与材料的性质有关之外,还与金属丝的长度,横截面积有关。将金属丝粘贴在构件上,当构件受力变形时,金属丝的长度和横截面积也随着构件一起变化,进而发生电阻变化。电阻应变片是由 $\Phi = 0.02 \sim 0.05mm$ 的康铜丝或镍铬丝绕成栅状(或用很薄的金属箔腐蚀成栅状)夹在两层绝缘薄片中(基底)制成。用镀银铜线与应变片丝栅连接,作为电阻片引线。

如图 2-7(b)所示为电阻应变片实物。如图 2-7(c)所示为电阻应变式传感器的组成示意图,图 2-7(c)中弹性敏感元件能够感受被测量、产生变形,它是传感器组成中的敏感元件。图 2-7(c)中的应变片是传感器组成中的转换元件(传感元件),它将应变转换为电阻值的变化,即将非电量变换为电量。

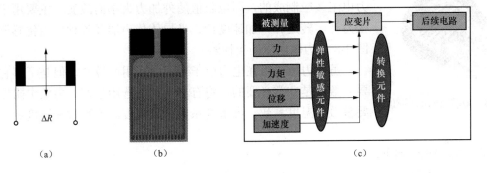

(a) (b) (c)

图 2-7 压敏电阻

(a)示意符号;(b)电阻应变片实物;(c)电阻应变式传感器组成

电阻应变式传感器的基本原理,是通过弹性敏感元件将被测量的变化转换成弹性变形,这个变形在应变片的作用下转换为电阻值的变化,再经过信号调节转换电路变成电压或电流信号的变化。通过测量电压或电流信号的变化,来确认传感器输出电阻的变化,从而进一步依赖电阻变化与应变之间的关系,以及应变和被测量之间的关系来求得被测量的变化。通过不同的弹性敏感元件可以将不同的被测量转换为应变的形式,从而实现不同的测量目的。

为了正确使用电阻应变片,需要理解它的主要参数。现将它们小结如下。

(1)应变片电阻值(R_0)。指未安装的应变片,在不受外力的情况下,于室温条件测定的电阻值,也称原始阻值。应变片电阻值趋于标准化。

(2)绝缘电阻。绝缘电阻是指敏感栅与基底间的电阻值,一般应大于 $10G\Omega$。

(3)灵敏系数(K)。灵敏系数指应变片安装于试件表面,在其轴线方向的单向应力作用下,应变片的阻值相对变化与试件表面上安装应变片区域的轴向应变之比。灵敏系数的准确性,直接影响测量精度,其误差大小是衡量应变片质量优劣的主要标志。灵敏系数要求尽量大且稳定。

（4）允许电流。允许电流是指不因电流产生热量而影响测量精度，应变片允许通过的最大电流。

（5）应变极限。在温度一定时，要求指示应变值和真实应变值的相对差值不超过一定数值时的最大真实应变数值，该差值一般规定为10%。当指示应变值大于真实应变值的10%时，该真实应变值称为应变片的极限应变。

（6）机械滞后。对粘贴的应变片，在温度一定时，增加或减少机械应变过程中，同一机械应变量下指示应变的最大差值。

（7）零漂。指已粘贴好的应变片，在温度一定和无机械应变时，指示应变随时间的变化量。

（8）蠕变。已粘贴好的应变片，在温度一定并承受一定的机械应变时，指示应变值随时间的变化量。

有关电阻应变式传感器的应用实例，将放在本书后面章节，此处不做赘述。

3. 力敏电阻

力敏电阻是一种电阻值随压力变化而变化的电阻，国外称为压电电阻器。力敏电阻是一

种能将机械力转换为电信号的特殊元件，它是利用半导体材料的压力电阻效应制成的，即电阻值随外加力大小而改变，主要用于各种张力计、转矩计、加速度计、半导体传声器及各种压力传感器中。图2-8为力敏电阻的实物图。

虽然力敏电阻在电力电子装置中应用面较窄，但是了解它的主要参数还是非常必要的，将有利于正确选用它们。力敏电阻器的主要参数有温度系数、灵敏度系数、灵敏度温度系数和温度零点漂移

图2-8　力敏电阻的实物图

系数等。

现将它们小结如下：

（1）温度系数。

力敏电阻器的电阻值的变化与温度有关，温度变化1℃，电阻值变化的百分数称为温度系数。

（2）灵敏度系数。

灵敏度系数是指力敏电阻器的形变与电阻值的变化关系，形变与电阻值的变化关系满足下面的表达式：

$$\frac{\Delta R}{R} = k \times \frac{\Delta l}{l} \tag{2-3}$$

式中：k 为灵敏度系数；ΔR 为电阻值的变化量；Δl 为电阻形变的变化量。

（3）灵敏度温度系数。

当温度升高时，力敏电阻器的灵敏度下降，温度每升高1℃，灵敏度系数下降的百分比，被称为灵敏度温度系数。

（4）温度零点漂移系数。

在环境温度范围内，环境温度每变化1℃时，引起的零点输出变化与额定输出的百分比，被称为温度零点漂移系数。

2.3.4　力—电荷转换

1. 压电效应

某些电介质在沿一定方向上受到外力的作用而变形时，其内部会产生极化现象，同时在它的两个相对表面上出现正负相反的电荷。当外力去掉后，它又会恢复到不带电的状态，这种现象称为正压电效应。当作用力的方向改变时，电荷的极性也随之改变。相反，当在电介质的极化方向上施加电场，这些电介质也会发生变形，电场去掉后，电介质的变形随之消失，这种现象称为逆压电效应。如图 2-9（a）所示为压电效应的示意符号。

2. 压电传感器

压电传感器是依据电介质压电效应而研制的一类重要传感器，它是一种自发电式和机电转换式传感器，其敏感元件由压电材料制成。压电材料受力后表面产生电荷，此电荷经电荷放大器和测量电路放大和变换阻抗后就成为正比于所受外力的电参量输出。压电传感器用于测量力和能变换为力的非电物理量，其优点是频带宽、灵敏度高、信噪比高、结构简单、工作可靠和重量轻等。但是，它也存在着一些不足，如某些压电材料需要防潮措施，而且输出的直流响应差。研究与实践表明，可以通过采用高输入阻抗电路或电荷放大器来克服这些缺陷，如运放 LF355、LF356、LF347（四运放）、CA3130 和 CA3140 等。如图 2-9（b）和（c）所示分别为压电拉力传感器和压电加速度传感器的实物图。

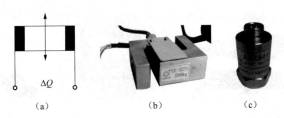

（a）　　　　　　　　（b）　　　　　　　　（c）

图 2-9　压电效应示意符号、压电拉力传感器和压电加速度传感器实物图

（a）示意符号；（b）压电拉力传感器；（c）压电加速度传感器

2.3.5　磁—电转换

电磁感应是指因为磁通量变化产生感应电动势的现象。电磁感应现象的发现，是电磁学领域中最伟大的成就之一。它不仅揭示了电与磁之间的内在联系，而且为电与磁之间的相互转化奠定了基础，为人类获取巨大而廉价的电能开辟了道路。事实证明，电磁感应在电工、电子技术、电气化、自动化方面的广泛应用对推动社会生产力和科学技术的发展发挥了重要的作用。磁电式传感器就是利用电磁感应原理，能够将运动速度输入转换成感应电势输出的一种传感器，如测量线速度或角速度的磁电式传感器。它们不需要辅助电源，就能把被测对象的机械能转换成易于测量的电信号，属于无源传感器范畴。

磁电式传感器一般分为两种。

（1）磁电感应式。主要用于振动测量，主要有动铁式振动传感器、圈式振动速度传感器等。

（2）霍尔式。置于磁场中的导体（或半导体），当有电流流过时，在垂直于电流和磁场的方向会产生电动势（霍尔电势），原因是电荷受到洛伦兹力的作用。霍尔传感器可以用于位移、转速、电压和电流等参量的测量。

磁电式传感器直接输出感应电势，且传感器通常具有较高的灵敏度，一般不需要高增益放大器，但磁电式传感器是速度传感器，若要获取被测位移或加速度信号，则需要配用积分或微分电路。

根据法拉第电磁感应原理，块状金属导体置于变化的磁场中或在磁场中做切割磁力线运动时（与金属是否块状无关，且切割不变化的磁场时无涡流），导体内将产生呈涡旋状的感应电流，此电流叫电涡流，以上现象称为电涡流效应。而根据电涡流效应制成的传感器称为电涡流式传感器。

电涡流式传感器的原理是通过电涡流效应的原理，准确测量被测体（必须是金属导体）与探头端面的相对位置，其特点是长期工作可靠性好、灵敏度高、抗干扰能力强、非接触测量、响应速度快、不受油污和水等介质的影响，常被用于测量大型旋转机械的轴位移、轴振动、轴转速等参数，可以快速分析出设备的工作状况和故障原因。电涡流传感器以其独特的优点，被广泛应用于电力、石油、化工、冶金等行业，非常方便地实时、在线测量汽轮机、水轮机、发电机、鼓风机、压缩机、齿轮箱等大型旋转机械轴的径向振动、轴向位移、鉴相器、轴转速、胀差、偏心、油膜厚度等重要参量，便于转子动力学研究和零件尺寸检验等。

如图 2-10（a）、（b）和（c）所示分别为磁电式速度传感器、磁电式振动传感器和电涡流式传感器实物。

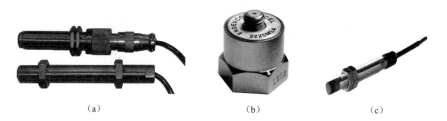

（a）　　　　　　　　　（b）　　　　　　　　　（c）

图 2-10　三中典型磁电式传感器实物图

（a）磁电式速度传感器；（b）磁电式振动传感器；（c）电涡流式传感器

2.3.6　湿度—电阻转换

研究表明，有些材料吸收空气中的水分而导致本身电阻值发生变化，称这种材料为湿敏材料。利用这种特性材料可以制作湿度传感器，它能够将湿度的变化转化为电阻的变化，从而实现湿度-电阻的转换。

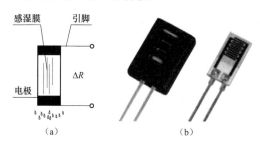

图 2-11　湿敏电阻

（a）示意符号；（b）实物

湿敏电阻就是利用湿敏材料，吸收空气中的水分而导致本身电阻值发生变化，这一原理而制成的，其示意符号如图 2-11（a）所示。工业上流行的湿敏电阻主要有氯化锂湿敏电阻，有机高分子膜湿敏电阻。湿敏电阻的特点是在基片上覆盖一层用感湿材料制成的膜，当空气中的水蒸气吸附在感湿膜上时，元件的电阻率和电阻值都发生变化，利用这一特性即可测量湿度。如图 2-11（b）所示为一种湿敏电阻实物。

典型转换原理及其在传感器中的应用情况见表 2-4。

表 2-4   典型转换原理及其在传感器中的综合应用

转换原理	典型传感器	应用
光—电转换	光敏二极管、光敏三极管光、光敏电阻、光电接近开关	各种遥控接收器、烟雾报警、门控开关、光亮开关等
热—电转换	PTC 和 NTC	电池，安防，医疗、科研、工业电机、航天航空等电子电气温度控制
力—电阻转换	力矩计、压力传感器、电阻应变片、力敏电阻、张力计、转矩计、加速度计	半导体话筒、半导体传声器，测量加速度、转矩、应力、受力形变等
力—电荷转换	压电拉力传感器、压电加速度传感器	测试拉力、压力、加速度、振动等
磁—电转换	霍尔电压传感器、霍尔电流传感器、霍尔位移传感器、霍尔转速传感器、电涡流线性传感器、电涡流接近开关、磁电式速度传感器、磁电式振动传感器	测量电压、电流、位移、速度、加速度、振动等
湿度—电阻转换	湿度传感器	测量湿度

　　本书主要介绍应用于嵌入式系统中应用较多、需求量大的先进传感器及其检测技术，包括传感器的工作原理、应用特点、检测电路的设计与实现，而对如何提高现有传感器本身的技术性能、设计开发新的传感器等方面的内容，则不做深入研究。

第三章 信号调理技术

信号调理电路是对信号进行操作，将其转换成适合后续测控单元接口的信号，包括放大、调整、电桥、信号变换、电气隔离、阻抗变换、调制解调、线性化和滤波电路以及激励传感器的驱动电路等。信号调理电路，是实现传感器的灵敏度、线性度、输出阻抗、失调、漂移、时延等性能参数的关键环节。涉及模拟信号和数字信号，相应电路为模拟电路和数字电路，当然以模拟电路居多。

3.1 运 算 放 大 器

3.1.1 概述

在测控系统中，绝大多数情况下，都是利用传感器和变送器，对生产过程或其他设备或周围环境的各种模拟量参数（如温度、压力、流量、成分、液位、速度、距离等）实时获取的。如果测试现场存在大量电磁干扰，加之传感器的输出信号往往很微弱，或波形不适当，或信号形式不适合，是不能直接用于工业系统的状态显示和控制的。于是，常规的做法就是，利用信号调理电路，对传感器的输出信号进行预处理，除了使传感器输出信号（包括电压、动态范围、信号源内阻、带宽等参数指标）适合于转换为离散数据流外，还需要进行变换处理，以满足模拟传感器与数字采集系统之间的接口要求，即：

（1）信号隔离，确保输入与输出电气隔离。

（2）信号的预处理，以满足数字采集系统的接口需求。

（3）滤波处理，去除无用信号。

研究与工程实践均表明，要设计好信号调理电路，就需要正确认识与使用好集成运算放大器（以下简称运放），它具有很好的共模抑制比、高增益、低噪声、高输入阻抗、性能稳定、可靠性高、寿命长、体积小、重量轻、耗电量少等优良特性，尤其是当它配以不同的反馈网络和不同的反馈方式，就可轻易地构成功能和特性完全不同的电路，如反相放大器、同相放大器、积分器、微分器、滤波器、比较器、阻抗转换器、振荡器和滤波器等，它们对于完成信号放大、信号运算（加、减、乘、除、对数、反对数、平方、开方等）、信号处理（滤波、电平转换和调制等）以及波形的产生和变换等功能，起着非常重要的作用，因此得到了广泛的应用。

3.1.2 基本原理

运算放大器（Operational Amplifier，OP、OPA、OPAMP，简称运放），是一种直流耦合，差模（差动模式）输入、单端输出的高增益电压放大器。运放最初被设计用于进行加、减、微分、积分等模拟运算，并因此而得名。但是，随着科学的飞速发展，运放逐渐成为一种典型的集成器件，被广泛用于精密的交流和直流放大器、有源滤波器、振荡器及电压比较器等重要电路中。

图 3-1（a）表示运放的最基本的符号，它包括一个正输入端（OP_P）、一个负输入端（OP_N）

和一个输出端（OP_O）。不过，设计实践发现，在工程实践中，很多时候大家会忽略了运放的地线的问题。为此，笔者特在介绍运放时，增加了一个端口，即运放的地线端或脚。换句话讲，当运放被用于为后续电路或者负载提供电流（如恒流源电路）的功率运放时，就更有利于全面理解地线的问题。所以，本书在图 3-1（a）中专门增加了一条地线，为方便醒目起见，故意将它加粗，这对于读者在绘制印刷电路板（PCB 板）时，特别有帮助，因为制作 PCB 板时，通常都需要设置电源层和地线层。图 3-1（a）中 u_+ 和 u_- 分别表示运放的同相输入端电压和反相输入端电压，i_+ 和 i_- 分别表示运放同相输入端电流和反相输入端电流。图 3-1（b）表示应用戴维南定理，运放的等效电路，图 3-1（b）中 u_S、u_{id} 和 u_O 分别表示运放的电源电压、差模输入电压和输出电压，R_S 和 R_L 分别表示电源内阻和负载电阻。

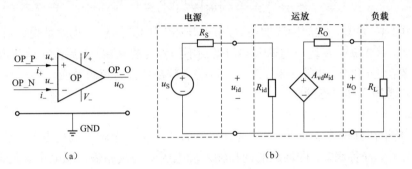

图 3-1 运放符号和等效电路

（a）运放符号；（b）运放等效电路

一个理想运放的重要参数见表 3-1。

表 3-1 理想运放的重要参数

名　称	符　号	特征取值	作　用
开环电压增益	A_{vd}	→∞	理想运放的主要特点
差分输入电阻	R_{id}	→∞	
共模输入电阻	R_{ic}	→∞	
开环输出电阻	R_O	→0	
频带宽度	BW	→∞	对运放后续功能电路非常重要
共模抑制比	CMMR	→∞	
电源电压抑制比	SVR	→∞	
输入失调电压	V_{iO}	→0	
输入失调电流	I_{iO}	→0	
输入偏置电流	I_{iB}	→0	
等效输入噪声电压	e_n	→0	
等效输入噪声电流	i_n	→0	

分析运放等效电路图 3-1（b），可以得到它的输出电压 u_O 的表达式为：

$$u_O = \frac{R_L}{R_L + R_O} A_{vd} u_{id} \tag{3-1}$$

同理，可以得到它的差分输入电压 u_{id} 的表达式为：

$$u_{id} = \frac{R_{id}}{R_{id} + R_S} u_S \tag{3-2}$$

联立式（3-1）和式（3-2），可以得到运放闭环增益 A_{id} 的表达式为：

$$A_{id} = \frac{u_O}{u_S} = \frac{R_{id}}{R_{id} + R_S} A_{vd} \frac{R_L}{R_L + R_O} \tag{3-3}$$

由于 $R_{id} < R_{id} + R_S$ 、 $R_L < R_L + R_O$ ，因此，得到式（3-4）：

$$A_{id} = \left| \frac{u_O}{u_S} \right| < \left| A_{vd} \right| \tag{3-4}$$

分析式（3-4）可知，运放闭环增益 A_{id} 小于开环电压增益 A_{vd} ，也就是说，当信号经由运放传给负载时，首先就会在运放的输入端口受到不同程度的衰减，然后再在运放内部放大 A_{vd} 倍，最后还要在运放的输出端口部分衰减，这些衰减被统称为负载效应。

3.1.3 "虚短"和"虚断"

1. 虚短

"虚短"是指在分析运放处于线性状态时，可以把它的两个输入端视为等电位，这一特性被称为虚假短路，简称虚短，即运放的同相输入端电压 u_+ 与反相输入端电压 u_- 近似相等，即：

$$u_+ \approx u_- \tag{3-5}$$

对式（3-5）的通俗化理解就是：由于运放的开环电压增益 A_{vd} 很大，一般通用型运放的开环电压增益都在 80dB 以上，而运放的输出电压取决于电源电压，都是有限的。假设运放由+15V 电源供电，它的输出端的电压大多介于 10~14V 之间（除非采用特殊的高电压运放）。因此，运放的差模输入电压 u_{id} 不足 1mV，两输入端近似为等电位，相当于"短路"。开环电压增益 A_{vd} 越大，运放两输入端的电压越接近相等。

2. 虚断

"虚断"是指在分析运放处于线性状态时，可以把两输入端视为等效开路，这一特性称为虚假开路，简称虚断，即运放的同相输入端电流 i_+ 与反相输入端电流 i_- 近似为零，即：

$$\begin{cases} i_+ \approx 0 \\ i_- \approx 0 \end{cases} \tag{3-6}$$

对式（3-6）的通俗化理解就是：由于运放的差模输入电阻 R_{id} 很大，一般通用型运放的差模输入电阻都在 1MΩ 以上。因此流入运放输入端的电流往往不足 1pA，远放小于输入端外电路的电流（对于输出微安级的光电二极管除外，它的后续电路必须选择 pA 级的运放），所以，通常把运放的两个输入端视为开路，且差模输入电阻 R_{id} 越大，两个输入端越接近开路。

3.1.4 单端输入

所谓单端输入方式，是指一端接输入信号，另一端接地（或通过电阻接地），它包括同相输入和反相输入两种输入方式。

1. 同相输入

如图 3-2 所示的同相放大器中，利用"虚短"和"虚断"，得到下面的表达式：

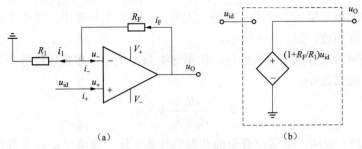

图 3-2 同相放大器的符号与等效电路

(a) 符号; (b) 等效电路

$$\begin{cases} u_{id} = u_+ \\ u_- = u_O - R_F i_F \\ u_- = R_1 i_1 \\ u_+ = u_- \end{cases} \tag{3-7}$$

$$\begin{cases} i_1 = i_F - i_- = \dfrac{u_-}{R_1} \\ i_- = i_+ = 0 \end{cases} \tag{3-8}$$

由式(3-8)得到:

$$i_1 = i_F = \frac{u_-}{R_1} \tag{3-9}$$

联立式(3-8)和式(3-9)并化简得到:

$$i_F = \frac{u_O}{R_1 + R_F} \tag{3-10}$$

将式(3-10)代入到式(3-8),化简得到:

$$u_O = \frac{R_1 + R_F}{R_1} u_{id} = \left(1 + \frac{R_F}{R_1}\right) u_{id} \tag{3-11}$$

式(3-11)即为同相放大器的输出电压 u_O 的表达式。同相放大器的等效电路如图 3-2(b)所示,它可以理解为:从输入端看进去它是一个开路,即它的输入阻抗非常大接近于无穷大;从输出端看进去是短路,即输出阻抗极小。

2. 跟随器

在如图 3-2 所示的同相放大器中,如果将电阻 R_1 理解为开路或者无穷大,那么式(3-11)就可以变化为:

$$u_O = u_{id} \tag{3-12}$$

式(3-12)即为跟随器输出电压 u_O 的表达式,如图 3-3(a)所示,它表示有用信号 u_{id} 被毫无失真地传递给下一级处理电路。

如图 3-3(b)所示,它可以理解为,

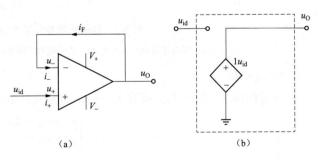

图 3-3 跟随器的符号及其等效电路

(a) 符号; (b) 等效电路

从输入端看进去它是一个开路,从输出端看进去它是短路,且其起着阻抗转换器的作用。由此说明，跟随器的输入阻抗非常大，接近于无穷大，输出阻抗极小，接近于短路。利用跟随器将信号源与负载相连，如图 3-4 所示。

如果不用跟随器而直接接负载的话，如图 3-4（a）所示，根据电压分压器公式得知，负载的端电压的表达式为：

$$u_\mathrm{L} = \frac{R_\mathrm{L}}{R_\mathrm{S}+R_\mathrm{L}}u_\mathrm{S} < u_\mathrm{S} \tag{3-13}$$

分析式（3-13）说明，负载没有全部获得信号源电压，即信号 u_S 在负载端有所衰减。如果将信号源输出端接跟随器情况就大不一样了，如图 3-4（b）所示，由于跟随器从输入端看进去它是一个开路，就不会从信号源那里获得电流，因此，负载的端电压的表达式为：

$$u_\mathrm{S} = u_+ = u_- = u_\mathrm{L} \tag{3-14}$$

分析式（3-14）说明，负载全部获得信号源电压 u_S，该跟随器在信号源与负载之间起到了缓冲器的作用，因此，有时候跟随器又被称为缓冲器。需要引起重视的是，跟随器具有以下重要的作用。

（1）输入缓冲。解决与信号源之间的阻抗匹配问题。

（2）中间隔离。避免前后级电路相互之间的影响。

（3）输出缓冲驱动。提高电路的负载驱动能力。

要正确使用跟随器，还必须注意电压反馈型运放和电流反馈型运放在跟随器构成方面是不一样的。由于电压反馈型运放具有低摆率，它适用于低速、高精度场合，而电流反馈型运放具有高摆率，它适用于高速、低精度场合。用作缓冲器时，电流反馈型运放不能将输出端和反相输入端直接相连，而是要通过电阻连接，该电阻用以限制输出端的正、负过冲脉冲的幅度，如图 3-4（c）所示。

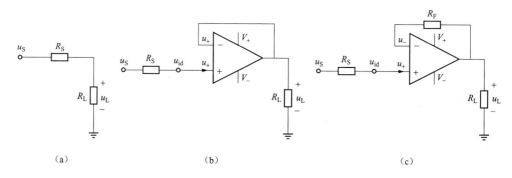

图 3-4　利用跟随器将信号源与负载相连

（a）直接接负载；（b）电压反馈型运放跟随器；（c）电流反馈型运放跟随器

3. 反相输入

分析如图 3-5 所示的反相放大器中，得到式（3-15）：

$$\begin{cases} u_- = u_\mathrm{O} - R_\mathrm{F}i_\mathrm{F} \\ u_+ = 0 \\ u_- = u_+ \\ i_1 = \dfrac{u_- - u_\mathrm{id}}{R_1} \end{cases} \tag{3-15}$$

$$\begin{cases} i_1 = i_F - i_- = \dfrac{u_- - u_{id}}{R_1} \\ i_- = i_+ = 0 \end{cases} \tag{3-16}$$

联立式（3-15）和式（3-16）得到：

$$i_1 = i_F = \frac{u_- - u_{id}}{R_1} = \frac{-u_{id}}{R_1} \tag{3-17}$$

联立式（3-15）和式（3-17）并化简得到：

$$u_O = -\frac{R_F}{R_1} u_{id} \tag{3-18}$$

式（3-18）即为反相放大器输出电压 u_O 的表达式。反相放大器的等效电路如图 3-5（b）所示，它可以理解为，其输入阻抗就是电阻 R_1，它并不是一个开路（这是根本不同于同相放大器之处），从输出端看进去是短路。由此说明：反相放大器的输入阻抗不是非常大（注意：远远小于同相放大器的输入阻抗）；与同相放大器相同，反相放大器的输出阻抗也极小，接近于短路。

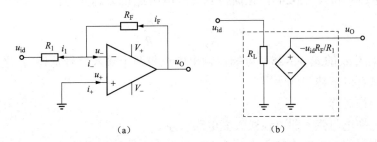

（a） （b）

图 3-5 反相放大器符号及其等效电路

（a）符号；（b）等效电路

3.1.5 双端（差动/差分）输入

1. 工作原理

所谓双端输入方式，又称差动/差分输入，如图 3-6 所示，是指输入信号 u_{i1} 和 u_{i2} 同时加在反相端、同相端上，可以得到式（3-19）：

$$\begin{cases} i_{i1} = \dfrac{u_{i1} - u_-}{R_1} \\ i_2 = \dfrac{u_- - u_O}{R_2} \\ i_{i1} = i_2 \end{cases} \tag{3-19}$$

$$\begin{cases} i_{i2} = \dfrac{u_{i2} - u_+}{R_3} \\ i_4 = \dfrac{u_+}{R_4} \\ i_{i2} = i_4 \end{cases} \tag{3-20}$$

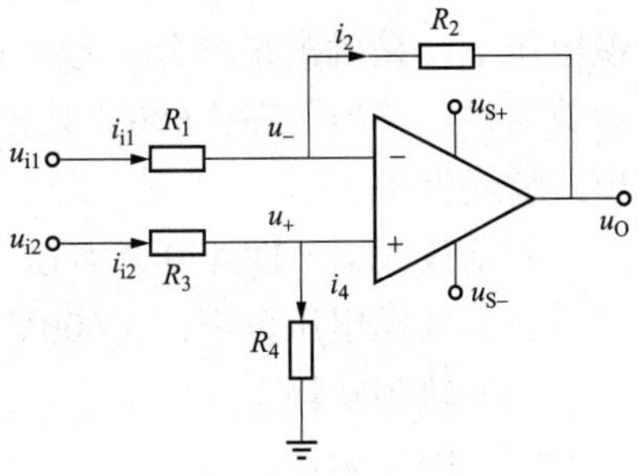

图 3-6 双端（差动）输入方式

由式（3-19），得到 u_- 的表达式为：

$$u_- = \frac{R_1 u_O + R_2 u_{i1}}{R_1 + R_2} \qquad (3\text{-}21)$$

由式（3-20），得到 u_+ 的表达式为：

$$u_+ = \frac{R_4 u_{i2}}{R_3 + R_4} \qquad (3\text{-}22)$$

根据"虚短"，得到 $u_- = u_+$，联立式（3-21）和式（3-22），化简得到输出电压 u_O 的表达式为：

$$u_O = \frac{R_1 + R_2}{R_3 + R_4} \times \frac{R_4}{R_1} \times u_{i2} - \frac{R_2}{R_1} \times u_{i1} \qquad (3\text{-}23)$$

假设满足下面的条件：

$$\begin{cases} R_1 = R_3 \\ R_2 = R_4 \end{cases} \qquad (3\text{-}24)$$

联立式（3-23）和式（3-24），化简得到输出电压 u_O 的表达式为：

$$u_O = (u_{i2} - u_{i1}) \times \frac{R_2}{R_1} \qquad (3\text{-}25)$$

分析输出电压 u_O 的式（3-25）可知，输出电压与两个输入信号 u_{i2} 和 u_{i1} 之差成正比。双端输入放大器具有以下特点。

（1）电路结构对称。

（2）通过更换电阻值，即可轻松改变电路增益。

（3）定值电阻值的配对比较困难，不太容易做到电路绝对对称。

（4）共模抑制比不高（1%误差的精密电阻大致可以做到 25dB 左右的共模抑制比）。

（5）输入阻抗不高（受到构成该电路的运放的外部电阻影响较大）。

在工程实践中，需要选择精密电阻，方能确保满足通用条件：$R_1 = R_3$，$R_2 = R_4$。因此大大限制它的应用范围，所以，一般应用于做减法运算且对输入阻抗要求不高的场合。特别地，在电力电子装置中，一般选择 0.1%精度级别（E192 电阻系列）的电阻，方可满足现场精密测控的需求。

2. AD8479 介绍

差动放大器 AD8479 是超高共模电压精密的典型代表，因为它可以在最高±600V 的高共模电压下，精确测量差分信号。在不要求电流隔离的应用中，AD8479 可以取代昂贵的隔离运放器件。该器件在±600V 共模电压范围内工作，并对输入提供最高±600V 的共模或差分模式瞬变保护。

差动放大器 AD8479 具有以下特性。

（1）共模电压范围：±600V。

（2）轨到轨输出。

（3）固定增益：1。

（4）宽电源范围：±2.5～±18V。

（5）电源电流：550μA（典型值）。

（6）优秀的交流规格参数：

1）CMRR：90dB（最小值）。

2）带宽：130kHz。

（7）高精度直流性能：

1）增益非线性度：5ppm（最大值）。

2）失调电压漂移：10μV/℃（最大值）。

3）增益漂移：5ppm/℃（最大值）。

（8）低失调电压：在电源为 V_S＝±15V 时，失调电压≤1mV。

（9）额定温度范围为：−40～+125℃。

（10）采用 8 管脚 SOIC 封装，节省空间。

其他参数，请读者朋友参见差动放大器 AD8479 的参数手册。如图 3-7 所示为差动放大器 AD8479 的等效原理框图，差动放大器的管脚及其定义见表 3-2。

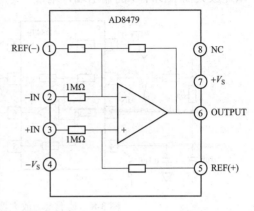

图 3-7　差动放大器 AD8479 的等效原理框图

表 3-2　　　　　　　　　　　　**差动放大器 AD8479 的管脚定义**

引　脚　编　号	引　脚　名　称	说　　　　明
1	REF（−）	负基准电压输入脚
2	−IN	反相输入脚
3	+IN	同相输入脚
4	−V_S	负电源电压端
5	REF（+）	正基准电压输入脚
6	OUTPUT	输出脚
7	+V_S	正电源电压端
8	NC	悬空不连接

如图 3-8 所示，利用差动放大器 AD8479，测量分流器的端电压 V_{OUT1}，其表达式为：

$$V_{OUT1} = I_S \times R_S \tag{3-26}$$

实际测试表明，在放大器 AD8479 的输入引脚（引脚 2 和引脚 3）上，插入较大电阻值的分流电阻（又称分流器）R_S，会使输入电阻网络不平衡，从而引起共模误差。误差的幅度取决于共模电压和分流电阻的大小 R_S。

表 3-3 显示了分流电阻 R_S 为 20Ω 到 2000Ω 时，600V 直流共模电压产生的误差电压示例。假设所选分流电阻 R_S，使放大器 AD8479 输出的摆幅为 ±10V，当电阻值提高时，误差电压会变得更大。

表 3-3　　　　　　　　　　　　**大值分流电阻 R_S 造成的误差（未补偿时）**

R_S（Ω）	误差 V_{OUT}（V）	指示的误差（mA）
20	0.012	0.6
1000	0.583	0.6
2000	1.164	0.6

　　要在高共模电压环境下，测量低电流或接近 0 的微弱电流，可在分流电阻 R_S 的低阻抗侧，增加一个阻值与分流电阻 R_S 相等的外部电阻 R_C，如图 3-8 所示。为了提高输出波形质量，可以在放大器 AD8479 的输出端，增加一个二阶巴特沃斯压控低通滤波器，其参数见表 3-4。

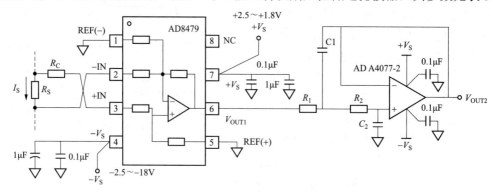

图 3-8　基于差动放大器 AD8479 获取被测电流的原理图

表 3-4　　　　　　　　　　巴特沃斯二阶压控低通滤波器参数及其实测结果

截止频率	R_1（kΩ）	R_2（kΩ）	C_1（nF）	C_2（nF）	输出噪声（p-p）（mV）
50 kHz	2.94±1%	1.58±1%	2.2±10%	1±10%	2.9
5 kHz	2.94±1%	1.58±1%	22±10%	10±10%	0.9
500 Hz	2.94±1%	1.58±1%	220±10%	0.1±10%	0.296
50 Hz	2.7±10%	1.58±10%	2.2±20%	0.1±20%	0.095
无滤波器					4.7

3.2　仪　用　运　放

3.2.1　工作原理

　　如图 3-9 所示为仪用运放的原理图，它由三个运放（A_1，A_2 和 A_3）组成，前两个为同相放大器，因此输入阻抗极高，第三个为差动放大器。由于它采用了对称电路的结构，而且被测信号直接加入到同相输入端上，从而保证了较强的共模信号的抑制能力。

　　由"虚断"得知：

$$\begin{cases} u_1 = u_{in1} \\ u_2 = u_{in2} \end{cases} \tag{3-27}$$

　　由"虚短"得知：

$$i_1 = i_2 = i_3 \tag{3-28}$$

　　根据图 3-9，分别计算电流 $i_1 = i_2 = i_3$，其计算表达式为：

$$\begin{cases} i_1 = \dfrac{u_{O1} - u_1}{R_1} \\ i_2 = \dfrac{u_1 - u_2}{R_2} \\ i_3 = \dfrac{u_2 - u_{O2}}{R_3} \end{cases} \tag{3-29}$$

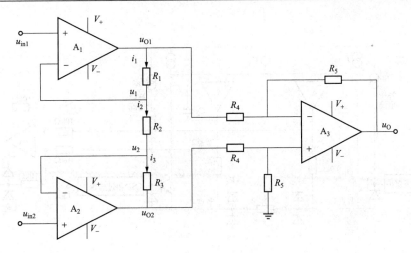

图 3-9 仪用运放的原理图

联立式（3-27）～式（3-29），化简得到运放 A_1 和 A_2 的输出电压 u_{O1}、u_{O2} 分别为：

$$\begin{cases} u_{O1} = \dfrac{R_1 + R_2}{R_2} u_{in1} - \dfrac{R_1}{R_2} u_{in2} \\[3mm] u_{O2} = \dfrac{R_2 + R_3}{R_2} u_{in2} - \dfrac{R_3}{R_2} u_{in1} \end{cases} \tag{3-30}$$

将式（3-30）代入到差动放大器 A_3 中，即可得到仪用运放输出电压 u_O 的表达式：

$$u_O = (u_{O2} - u_{O1}) \frac{R_5}{R_4} = \frac{R_1 + R_2 + R_3}{R_2}(u_{in2} - u_{in1}) \frac{R_5}{R_4} \tag{3-31}$$

如果式（3-31）中的几个电阻值 R_1、R_2 和 R_3 都是固定的话，那么 $(R_1 + R_2 + R_3)/R_2$ 就是固定值，此值也就确定了差值（$u_{in2} - u_{in1}$）的增益。由此可见，输出与输入之间呈线性关系。如果电阻 R_1 与 R_3 相等，那么输出电压 u_O 的式（3-31）可以简化为更为一般的表达式，即：

$$u_O = (u_{in2} - u_{in1}) \frac{R_5}{R_4}\left(1 + \frac{2R_1}{R_2}\right) \tag{3-32}$$

如果将电阻 R_2 修改为可以方便调节的电位器，那么就能非常方便地改变仪用放大器的增益。由于本电路中前两个运放均为同相输入，具有双端输入、双端输出形式，这两个前置放大器提供高输入阻抗、低噪声和放大器增益，第三个运放为差分组态，实现减法运算，差动放大器抑制共模噪声，所以本电路具有如下显著特点：高输入阻抗（输入端两个跟随器）、高共模抑制比（运放 A3 组成差分减法电路）、方便调节增益。

3.2.2 AD8422 介绍

仪用放大器 AD8422 是精密、低功耗、低噪声、轨到轨放大器的杰出代表，是仪用运放 AD620 发展到第三代的产品。仪用放大器 AD8422 的等效原理图，如图 3-10 所示，它具有如下典型特点。

（1）低功耗：静态电流：330μA（最大值）。

（2）轨到轨输出运放。

（3）低噪声、低失真，作为测量惠斯登电桥的理想选择：

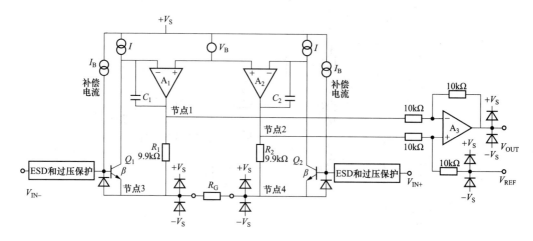

图 3-10　仪用放大器 AD8422 的等效原理图

1）1kHz 时最大输入电压噪声为 $8\text{nV}/\sqrt{\text{Hz}}$ 。

2）RTI（折合到输入端）噪声：$0.15\mu V_{\text{p-p}}$（$G=100$）。

3）2kΩ 负载时的非线性度：0.5ppm（$G=1$）。

（4）出色的交流特性：

1）10kHz 时的 CMRR：80dB（最小值，$G=1$）；

2）带宽：2.2MHz（$G=1$）。

（5）高精度直流性能（AD8422BRZ）：

1）CMRR：150dB（最小值，$G=1000$）；

2）增益误差：0.04%（最大值，$G=1000$）；

3）输入失调漂移：$0.3\mu V/℃$（最大值）；

4）输入偏置电流：0.5nA（最大值）。

（6）宽电源范围：

1）单电源：4.6～36V 供电；

2）双电源：±2.3～±18V。

（7）输入过压保护：40V 电源反向保护。

（8）增益范围：$G=1～1000$。

（9）额定工作温度范围：−40～+85℃，可在高达 125℃时保证典型性能曲线。

（10）提供 8 引脚 MSOP 和 8 引脚 SOIC 两种封装。

有关仪用放大器 AD8422 的更详细参数，请读者朋友阅读其参数手册。仪用放大器 AD8422 的输出电压 V_{OUT} 的表达式为：

$$V_{\text{OUT}} = (V_{\text{IN+}} - V_{\text{IN-}})G + V_{\text{REF}} \tag{3-33}$$

式中：G 为仪用放大器 AD8422 的增益，可以表示为：

$$G = 1 + \frac{19.8\text{k}\Omega}{R_{\text{G}}} \tag{3-34}$$

利用精度为 1%的增益电阻 R_{G}，基于仪用放大器 AD8422，获得的增益参数见表 3-5。

表 3-5	利用 1%的增益电阻 R_G 获得的增益		
1%标准表 R_G 值（Ω）	计算得到的增益	1%标准表 R_G 值（Ω）	计算得到的增益
19.6k	2.010	200	100.0
4.99k	4.968	100	199.0
2.21k	9.959	39.2	506.1
1.05k	19.86	20	991.0
402	50.25		

　　为了确保仪用放大器 AD8422 能够健康、可靠工作，必须使用稳定的直流电压为它供电。电源引脚上的噪声会对器件性能产生不利影响。如图 3-11 所示，尽可能靠近各电源引脚放置一个 0.1μF 的瓷片电容。因为高频时旁路电容引线的长度至关重要，所以建议使用表面贴装电容。旁路接地走线中的寄生电感会对旁路电容的低阻抗产生不利影响。离该器件较远的位置，可以使用一个 10μF 的钽电容。

　　在有较强射频干扰信号的应用场合中，使用该放大器时，一般都存在射频抑制的问题。这种干扰可能会表现为较小的直流失调电压。其解决方法，就是通过在仪用放大器的输入端放置低通 RC 网络，以滤除高频干扰信号即可。如图 3-12 所示为差模与共模滤波器，它们的参数分别为：

$$f_{差模} = \frac{1}{2\pi R(2C_D + C_C)} \tag{3-35}$$

$$f_{共模} = \frac{1}{2\pi R C_C} \tag{3-36}$$

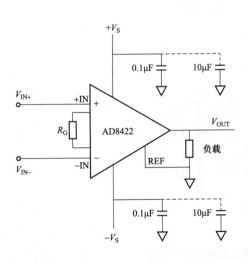

图 3-11　放大器 AD8422 电源去耦电路

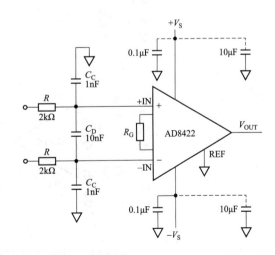

图 3-12　射频干扰抑制措施

　　电容 C_D 影响差模信号，电容 C_C 影响共模信号。选择电阻 R 和电容 C_C 值，将射频干扰信号减至最小。正输入端 $R×C_C$ 与负输入端 $R×C_C$ 不匹配，会降低放大器 AD8422 的共模抑制性能。建议选取电容 C_D 的值，要比电容 C_C 大得多，至少大一个数量级，即 $C_D \geq 10C_C$，才能有效降低由于不匹配带来的负面影响，从而改善放大器输出性能。当然，选择较大电阻会增加噪声。因此，需权衡考虑高频时的噪声和输入阻抗与射频抗扰度，以便选择合适的电阻和电容值。射频干扰滤波器与输入保护可以采用相同的电阻。

如图 3-13（a）所示，对于持续时间较短的过压事件，可能仅需使用瞬变保护器，如金属氧化物压敏电阻（MOV）。对于持续时间较长的事件，则使用与输入串联的电阻，并搭配二极管，如图 3-13（b）～（d）所示。为了避免降低偏置电流性能，建议使用低泄漏二极管，如 BAV199 或 FJH1100。这些二极管可避免放大器的输入端电压超过最大额定值，并且电阻可限制进入二极管的电流。由于大多数外部二极管均可轻松处理 100mA 或更高的电流值，无须使用阻值很高的电阻。因此，保护电阻对噪声性能的影响可以降至最低。

当然，使用串联电阻，是以牺牲部分噪声性能为代价的。在过压情况下，放大器 AD8422 器件内部可将输入电流限制为放大器的安全值。虽然放大器 AD8422 的输入必须保持在"绝对最大额定值"部分定义的数值以内，建议将放大器 AD8422 的输入电流 I_{IN} 限制在 1～2mA 为宜。当然，保护电阻上的压降值提升了系统能够耐受的最大电压。

对于正输入最大电压限制为：

$$V_{max} = (40V + 负电源) + I_{IN} \times R_P \qquad (3-37)$$

对于负输入电压限制为：

$$V_{min} = (正电源 - 40V) - I_{IN} \times R_P \qquad (3-38)$$

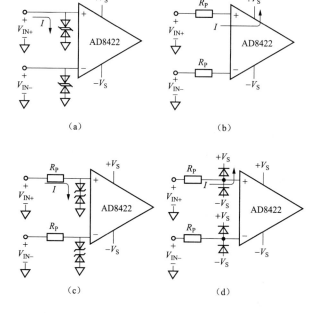

图 3-13　仪用放大器 AD8422 的输入防护措施

（a）暂态防护；（b）持续防护；（c）低噪声持续防护（1）；（d）低噪声持续防护（2）

还需要提醒的是，必须为放大器 AD8422 的输入偏置电流，使用其他仪用运放，也要按照此方法，提供一个对地的返回路径，其解决方法如图 3-14 所示，无电流返回路径时，使用浮动电流源（如热电偶）建立电流返回路径。

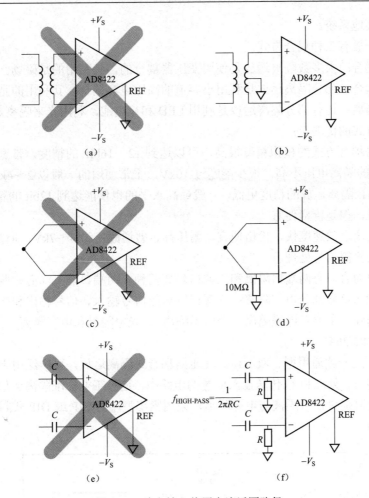

图 3-14　建立输入偏置电流返回路径

（a）与变压器的错误接口；（b）与变压器的正确接口；（c）与热电偶的错误接口；

（d）与热电偶的正确接口；（e）与电容的错误接口；（f）与电容的正确接口

3.3　隔　离　运　放

3.3.1　概述

测试现场的电磁环境一般比较恶劣，嵌入式系统对信号的传输精度要求又高，这时可以考虑在传感器输出信号进入测控系统之前采取必要的隔离措施，以保证系统的可靠性，隔离运算放大器（简称隔离运放）便应运而生，它是一种特殊的测量放大电路，可与各种工业传感器配合使用。隔离运放的输入端信号电路与输出端信号电路之间、输入端电源电路与输出端电源电路之间没有直接电路耦合，而是通过特殊的隔离器件（如变压器、电容和光耦等）隔开，因此，弱信号在传输过程中没有公共的接地端，抗干扰能力强。

使用隔离运放的目的：

（1）隔离危险（高）电压；

（2）隔离危险（大）电流；

（3）隔离接地系统。

隔离运放一般有三种耦合方式：

（1）磁场耦合：大多数隔离运放是使用变压器耦合的，其利用的是磁场；

（2）电场耦合：部分隔离运放是利用小容值的高压电容耦合，其利用的是电场；

（3）光电隔离：还有部分隔离运放是利用 LED 和光电池，利用光来隔离。

三种隔离方式的优缺点：

（1）变压器耦合方式的模拟精度很高，可以达到 12～16bit 的精度，带宽可以达到几百 kHz，但是它们的隔离电压不高，很少能超过 10kV，平常使用的一般以 2～4kV 居多。

（2）电容耦合隔离运放的精度更低，一般最高水平的也仅能达到 12bit 的精度，带宽也不高，耐压也较低，但是价格便宜。

（3）光电隔离运放速度快，价格便宜，耐压高，普通耐压为 4～7kV，但是线性度不好，不适用于精密的模拟信号处理。

就隔离对象而言，有两端口隔离和三端口隔离两种。两端口隔离（简称两端隔离）指输入信号部分和输出信号部分电气隔离；三端口隔离指信号输入、信号输出和电源三个部分彼此隔离。隔离的媒介主要有电磁隔离（变压器隔离）、光电隔离和电容隔离。

3.3.2　AD202/204

AD202/204 是一款通用型、双端口、变压器耦合式隔离运放，可广泛用于必须在无电流连接的情况下测量、处理和/或传送输入信号的电路中。这种工业标准隔离运放，具有完整的隔离功能，可同时提供信号隔离与电源隔离，采用紧凑型塑封 SIP 或 DIP 式封装，其原理框图如图 3-15 所示。

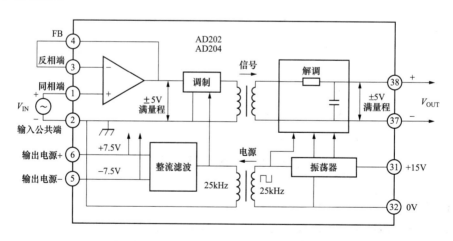

图 3-15　隔离运放 AD202/204 原理框图

分析隔离运放 AD202/204 的原理框图可知：

（1）含有信号隔离用和电源隔离用两个变压器，使其输入端与输出端严格电气隔开，因此，它直接采用+15V 直流电源供电，利用内部变压器耦合，可在隔离运放的输入级与输出级之间提供整体电流隔离，它为输入端提供±7.5V 双极性电源。

（2）能够将输入运放接成跟随器电路形式，但是它并不囿于这种形式，也就是说，它也可以接成反相放大器、同相放大器、差动放大器等多种电路形式，设计师可以根据需要，灵活选取，非常方便，也就为设计师提供了多种选择余地。

隔离运放 AD202/204 功能完备，无须用户提供外部 DC-DC 转换器。因此，设计人员可以将必要的电路开销降至最低，从而降低整体设计与器件成本。隔离运放 AD202/204 设计注重提供最大的灵性性和易用性，包括在输入级提供非专用运算放大器。其中隔离运放 AD202 的带宽为 2kHz，隔离运放 AD204 的带宽为 5kHz。现将它的一些重要参数列举如下。

（1）输入信号范围：双极性±5V。

（2）高精度：最大非线性度（K 级）为±0.025%。

（3）高共模抑制比：130dB（增益=100V/V）。

（4）可调增益范围：1～100V/V。

（5）高共模电压隔离能力：±2000V（峰值、连续，K 级，信号和电源）。

（6）隔离电源输出：±7.5V、2mA 的带载能力。

其他有关隔离运放 AD202/204 的更详细参数，请读者朋友参见其数据手册。如图 3-16（a）所示为利用它构建的跟随器的原理图，必须区分输入信号和输出信号，为了降低输入干扰，可以在输入端，增加 RC 低通滤波器，图 3-16（a）中所示滤波器的截止频率 f_C 为：

$$f_C = \frac{1}{2\pi RC} = \frac{10^3}{2\pi \times 2 \times 0.01} \approx 7962\text{Hz} \tag{3-39}$$

也可以利用隔离运放 AD202/204，构建的同相放大器，如图 3-16（b）所示。为了进一步降低放大器输出端的电磁噪声，采用两级低通滤波器，第一级低通滤波器设置在输入端，其截止频率 f_{C1} 为：

$$f_{C1} = \frac{1}{2\pi RC} = \frac{10^6}{2\pi \times R_K \times 1} \tag{3-40}$$

第二级低通滤波器为二阶压控低通滤波器，设置在输出端，其截止频率 f_{C2} 为：

$$f_{C2} = \frac{1}{2\pi RC} = \frac{10^3}{2\pi \times 470 \times 0.15} \approx 2.3\text{Hz} \tag{3-41}$$

同相放大器的输出电压 V_{OUT} 的表达式为：

$$V_{OUT} = v_S \left(1 + \frac{R_{G1}}{R_{G2}}\right) \tag{3-42}$$

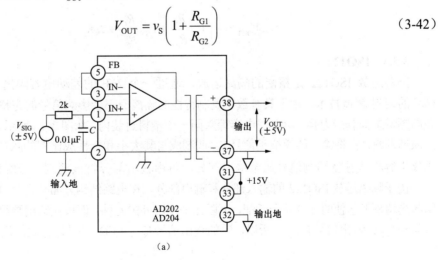

（a）

图 3-16　典型接口电路（一）

（a）跟随器原理图

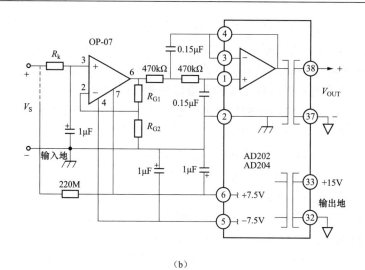

(b)

图 3-16   典型接口电路（二）

（b）同相放大器原理图

如图 3-17 所示为利用隔离运放 AD202/204 构建的加法器电路图，其输出电压 V_{OUT} 为：

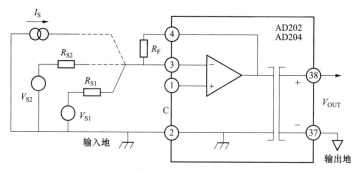

图 3-17   加法电路

$$V_{OUT} = -\left(V_{S1}\frac{R_F}{R_{S1}} + V_{S2}\frac{R_F}{R_{S2}} + I_S R_F \right) \tag{3-43}$$

3.3.3   ISO122

隔离运放 ISO122 是精密的隔离运放，通过一个 2pF 的差动电容隔离栅，采用新颖工作循环的调制-解调技术。由于具有数字调制特性的隔离栅不会影响信号的完整性，因此可靠性高和高频瞬态抑制能力强。两个栅电容埋入同一个塑料封装内，如图 3-18 所示为隔离运放 ISO122 的原理框图，它将输入的模拟量信号 V_{IN} 调制成与其大小和极性成比例的脉宽调制信号，并通过隔离电容将该脉宽调制信号送至输出部分，再由输出部分将该调制信号解调为模拟量。

由于隔离运放 ISO122 的输入部分和输出部分，在电路结构方面是完全对称的，制造时又采用激光调整工艺使两部分完全匹配，可以几乎不用外围元件，即可在输出端得到高精度的复现输入信号 V_{IN} 的输出信号 V_{OUT}，所以，它的输出信号 V_{OUT} 与输入信号 V_{IN} 之间满足下面的关系式：

$$V_{OUT} = V_{IN} \tag{3-44}$$

分析如图 3-18 所示的隔离运放 ISO122 的原理框可知，它的输入和输出电路部分的电源各自独立，有效隔断来自地线的干扰。需要提醒读者的是：

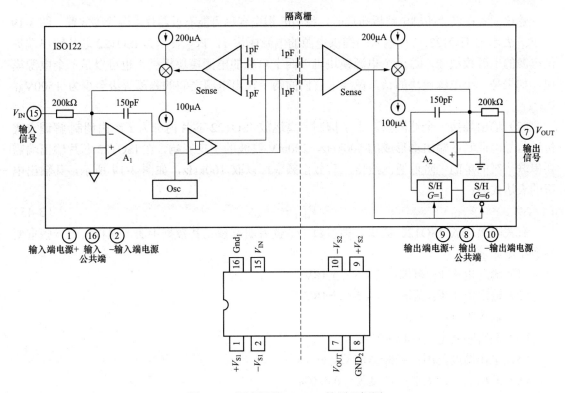

图 3-18　隔离运放 ISO122 的原理框图

（1）采用两套双极性电源。为了抑制来自电源的噪声，隔离运放 ISO122 的输入端和输出端分别采用各自独立双极性电源，且隔离电源通过两个 1μF 钽电容和一个滤波电感构成 π 型滤波器，再送入 ISO122 芯片中，如图 3-19 所示。

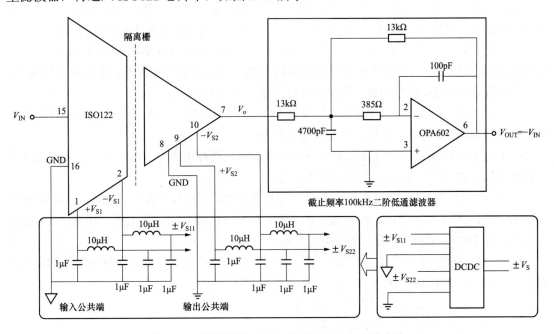

图 3-19　隔离运放 ISO122 的信号和电源滤波电路

建议读者在设计印刷电路板布局时，将 1μF 钽电容尽可能靠近芯片电源管脚放置，图 3-19 中 V_{S11} 表示为 ISO122 芯片输入端提供电源的电源模块 1，V_{S22} 表示为 ISO122 芯片输出端提供电源的电源模块 2，这两个电源模块可以两个单独的电源模块提供，也可以是一个电源模块，如果是一个电源模块的话，就要求它们的两个输出电源之间的隔离等级至少为 $1500V_{AC}$ 以上。

（2）输出端接一个滤波器。为了抑制隔离运放 ISO122 芯片内部为了经由调制/解调方式传递信号确证其在输出端形成的 500kHz、200mV 纹波的不良影响，在 ISO122 芯片输出端需要串联一级简单的二阶低通滤波器，其截止频率可以取 100kHz，如图 3-19 所示，其输出电压的表达式为：

$$V_{OUT} = -V_{IN} \tag{3-45}$$

有关隔离运放 ISO122 的更详细参数，请读者朋友参见其数据手册，现将它的一些重要参数小结如下。

（1）输入电压 V_{S1} 范围：±4.5～±18V。

（2）输出电压 V_{S2} 范围：±4.5～±18V。

（3）输入阻抗：200kΩ。

（4）额定隔离电压：1500V AC。

（5）工作温度范围：–25～+85℃。

（6）高精度：最大非线性度为 ±0.020%。

（7）信号带宽：50kHz。

（8）低的静态电流：输入端电源 V_{S1} 为 ±5.0mA、输出端电源 V_{S2} 为 ±5.5mA。

3.3.4　ISO100

隔离运放 ISO100 是光耦隔离运放，它将 LED 产生的耦合光负反馈回输入端，同时向前传输到输出端，实现了高精确度、线性化和长时间的温度稳定性。精细匹配光耦和对放大器采用激光修正，确保了其卓越的统调性能和低失调误差，它的原理框图如图 3-20 所示，图中示意了电压源 V_{IN}（图中电阻 R_{IN} 表示电源回路包括电源内阻、导线电阻等在内的总电阻）和电流源 I_{IN} 两种信号，两个精密电流源通过不同的接线方式可实现单极性、双极性工作模式。

现将隔离运放 ISO100 的各个管脚的接线方法，简述如下。

（1）对于输入端而言，当管脚 16 与管脚 15 短接时，芯片工作在双极性状态，当管脚 16 与管脚 18 短接且接地时，芯片工作在单极性状态。

（2）对于输出端而言，当管脚 8 与管脚 7 短接时，芯片工作在双极性状态，当管脚 8 与管脚 9 短接且接地时，芯片工作在单极性状态。

另外，隔离运放 ISO100 可作为一个电流-电压转换器，其输入与输出端之间具有最小 750V（2500V 实验电压）隔离电压，有效地断开了输入端与输出端之间公共电流的联系，具有超低漏电流，在 240V、60Hz 时最大漏电流为 0.3μA。

隔离运放 ISO100 的交直流性能突出，并具有多功能特性，使得其在解决复杂的隔离问题时非常方便。芯片 ISO100 有能力工作在许多模式下，如：

（1）单极性和双极性的同相放大器模式；

（2）单极性和双极性的反相放大器模式；

（3）两个精密电流源可实现双极性工作模式。

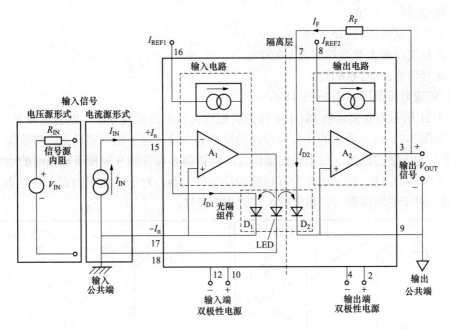

图 3-20 隔离运放 ISO100 的原理框图

因为在这些不需要单电源工作的场合，用芯片 ISO100 设计电路时，几乎可以不用外围元件，其输出电压 V_{OUT} 就可以非常容易地由输入电流和反馈电阻的乘积（$I_{IN} \times R_F$）确定，并且它的增益可通过改变反馈电阻值来实现。在图 3-20 所示的芯片 ISO100 的原理框图中，运放 A_1 和运放 A_2 均被看作理想运放。根据运放"虚断"原理，得到下面的表达式：

$$\begin{cases} I_{IN} = I_{D1} \\ I_F = I_{D2} \end{cases} \tag{3-46}$$

根据运放"虚短"原理，得到式（3-47）：

$$V_{OUT} = I_F R_F \tag{3-47}$$

由 ISO100 的工作机理，可以得到一个重要式（3-48）：

$$I_{D1} = I_{D2} \tag{3-48}$$

联立式（3-46）～式（3-48），化简得到隔离运放 ISO100 输出电压的表达式：

$$V_{OUT} = I_{IN} R_F = \frac{V_{IN}}{R_{IN}} R_F \tag{3-49}$$

有关隔离运放 ISO100 的更详细参数，请读者朋友参见其数据手册，现将它的一些重要参数罗列如下。

（1）输入电压范围：−10～+15V。

（2）共模电压范围：±10V。

（3）输入阻抗：0.1Ω。

（4）输出阻抗：1.2kΩ。

（5）额定隔离电压：750V（2500V 实验电压）。

（6）漏电流：≤0.3μA。

（7）工作温度范围：−25～+85℃。

（8）高精度：最大非线性度为±0.02%。

（9）信号带宽：DC-60kHz。

（10）电源电压范围：±7～±18V。

如图 3-21 所示为隔离运放 ISO100 作为反相放大器时的接线方法，现简述如下。

（1）如图 3-21（a）所示的作为单极性的反相放大器，对于输入端而言，将管脚 16 与管脚 18 短接于输入端的地线，对于输出端而言，将管脚 8 与管脚 9 短接于输出端的地线。

（2）如图 3-21（b）所示的作为双极性的反相放大器，对于输入端而言，将管脚 16 与管脚 15 短接，对于输出端而言，将管脚 8 与管脚 7 短接。

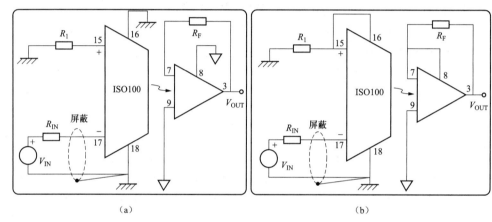

（a）　　　　　　　　　　　　　　　　（b）

图 3-21　隔离运放 ISO100 作为反相放大器时的接线方法

（a）单极性；（b）双极性

（3）作为反相放大器时，隔离运放 ISO100 的输出电压 V_{OUT} 的表达式为：

$$V_{OUT} = -\frac{V_{IN}}{R_{IN}}R_F \tag{3-50}$$

不过，需要提醒的是，为了降低漏电流的影响，要求输入信号幅值必须满足：

$$V_{IN} \gg R_{IN} \cdot 10\mu A \tag{3-51}$$

式中：R_{IN} 为信号源内阻。

如图 3-22 所示为隔离运放 ISO100 作为同相放大器时的接线方法，现简述如下：

（1）如图 3-22（a）所示的作为单极性的同相放大器，对于输入端而言，将管脚 16 与管脚 18 短接于输入端的地线，对于输出端而言，当管脚 8 与管脚 9 短接于输出端的地线。

（2）如图 3-22（b）所示的作为双极性的同相放大器，对于输入端而言，将管脚 16 与管脚 15 短接，对于输出端而言，将管脚 8 与管脚 7 短接。

（3）作为同相放大器时，隔离运放 ISO100 输出电压 V_{OUT} 的表达式为：

$$\begin{cases} V_{OUT} = \dfrac{V_{IN}}{R_{IN}}R_F & \text{电压源信号形式} \\ V_{OUT} = I_{IN}R_F & \text{电流源信号形式} \end{cases} \tag{3-52}$$

式中：R_{IN} 为信号源内阻。

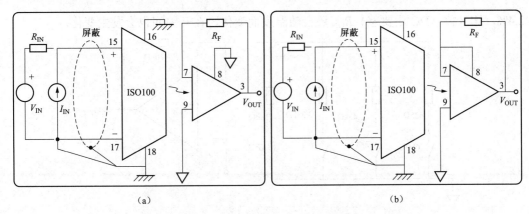

图 3-22 隔离运放 ISO100 作为同相放大器时的接线方法

（a）单极性；（b）双极性

3.4 软件可编程增益放大器

3.4.1 概述

具有宽动态范围的多数数据采集系统都需要以某种方法来调整模/数转换器（ADC）的输入信号电平。ADC 满量程输入电压范围通常介于 $1\sim10V$ 之间。为了实现转换器的额定精度，最大输入信号应非常接近其满量程电压。然而，传感器的输出电压范围非常宽。小传感器电压需要高增益，但对于大输出，高增益会导致放大器或 ADC 饱和。因此，需要某种增益可预测、可控制的器件。此类器件的增益由直流电压控制，或者说更常见的情况是由数字输入控制。这种器件被称为"可变增益放大器（Variable Gain Amplifier，VGA）"或"可编程增益放大器（Programmable Gain Amplifier，PGA）"。

对于电压控制 VGA，通常是使增益（用 dB 表示）与线性控制电压成比例。数字控制 VGA 可能配置用于获得几个可选的"十倍频程增益"，如 10、100、1000 等，或配置用于获得"二进制增益"，如 1、2、4、8 等。许多情况下，增益范围（用 dB 表示）分为相等的步进，具体由 5 至 8 位控制字决定。

为了弄清可变增益的好处，我们不妨假设一个具有两个增益设置（1 和 2）的理想 VGA。系统的动态范围增加 6dB。通过将增益增加到最大值 4，动态范围会增加 12dB。如果 ADC 的 LSB 等于 10mV 输入电压，则该 ADC 无法分辨更小的信号，但是，当 VGA 的增益增加至 2 时，则可以分辨 5mV 的输入信号。因此，处理器可以将 VGA 增益信息与 ADC 数字输出相结合，从而使其分辨率提高 1 位。本质上，这与增加 ADC 的分辨率是一样的。事实上，目前有一些 ADC 通过片内的 VGA 来增加其动态范围，如 AD7730 芯片。

3.4.2 导通电阻的影响

一个 VGA 设计的基本问题在于对增益精确编程。机电继电器具有极小的导通电阻 R_{ON}，但并不适合增益切换，原因是速度慢、尺寸大且价格昂贵。CMOS 开关虽然尺寸小，但其 R_{ON} 会受电压/温度影响，而且还存在杂散电容，可能会影响 VGA 交流参数。为了了解 R_{ON} 对性能的影响，我们来考虑如图 3-23 所示的不良设计，该同相运算放大器，有 4 个不同的增益设置电阻，各通过一个开关接地，R_{ON} 为 $100\sim500\Omega$。即使当 R_{ON} 低至 25Ω 时，16 增益误差为 2.4%，比 8 位 ADC 还要差！R_{ON} 还会随温度而变化，在开关间也会发生变化。

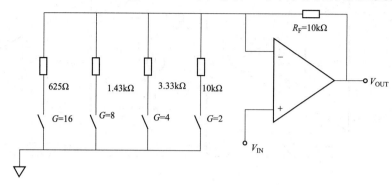

图 3-23　较差的 VGA 设计实例

最好使用对 R_{ON} 不敏感的电路，如图 3-24（a）所示，图中开关与运算放大器的反相输入端串联。由于运算放大器的输入阻抗非常大，因而开关 R_{ON} 影响降低最小，而此时的增益完全由外部电阻决定。需要提醒的是，如果运算放大器偏置电流较高，R_{ON} 可能会增加较小的失调误差。在图 3-24（b）中所示，使用了一个噪声较低的运算放大器 AD797（也可以使用其他任何电压反馈型运算放大器）、一个四通道开关 ADG412 和多个精密电阻。选择 ADG412 的原因是其 R_{ON} 为 35Ω。选择这些电阻是为了产生 1、10、100 和 1000 的十倍频程增益，但是，如果需要其他增益，可以通过更改电阻值即可。理想情况下，应该使用一个调整电阻网络，以获得初始增益精度和低温漂特性。图 3-24 所示的 20pF 的反馈电容，能够确保放大器的稳定性，并在切换增益时保持输出电压不变。开关的控制信号，会先将第一个开关关闭几纳秒，然后再开启第二个开关。在此期间，运算放大器为开环，如果没有此电容，输出会开始摆动。相反，该电容会在开关期间保持输出电压不变。由于两个开关同时断开的时间非常短，因此只需要 20pF 即可，当然，对于较慢的开关，则需要较大的电容。

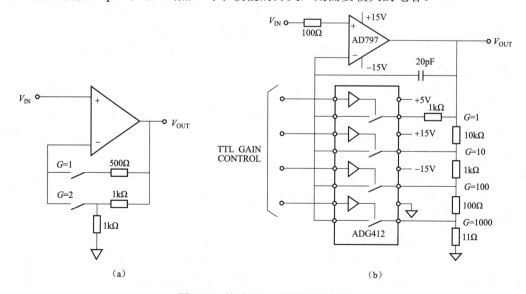

图 3-24　构建 VGA 应用实例电路

（a）改良的 VGA 电路设计实例；（b）基于 ADG412 构建的 VGA 电路实例

3.4.3 AD526

VGA 放大器 AD526 是软件可编程增益放大器的典型代表，它能够提供 1、2、4、8、16 共计五种增益。如图 3-25 所示为放大器 AD526 的等效电路图，它配有放大器、电阻网络和 TTL 兼容型锁存输入信号，无须外部器件。低增益误差和低非线性度使 AD526，非常适合工作作于要求可编程增益的精密仪器应用场合。当增益为 16 时，小信号带宽为 350kHz。此外，该器件具有出色的直流精度，内置 FET 输入级使得偏置电流低至 50pA。利用 ADI 的激光调整技术，可保证最大输入失调电压为 0.5mV（C 级），增益误差低至 0.01%（当 G＝1、2、4，C 级时）。

现将 VGA 放大器 AD526 的典型特点小结如下。

（1）数字可编程二进制增益范围：1～16。

（2）双芯片级联模式可实现 1～256 的二进制增益。

（3）增益误差：

1）0.01%（最大值，增益＝1、2、4，C 级）；

2）0.02%（最大值，增益＝8、16，C 级）。

（4）0.5ppm/℃温度漂移。

（5）低非线性度：±0.005% FSR（最大值，J 级）。

（6）快速建立时间：

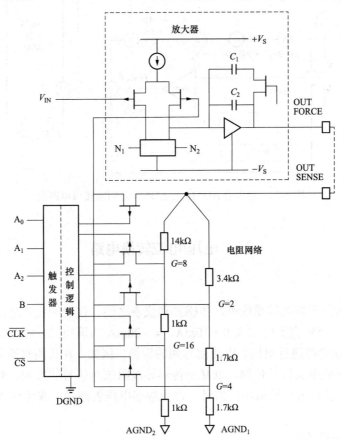

图 3-25　放大器 AD526 的等效电路图

1）10V 信号变化：4.5μs（0.01%，增益=16）；

2）增益变化：5.6μs（0.01%，增益=16）。

（7）出色的直流精度：

1）失调电压：0.5mV（最大值，C 级）；

2）失调电压漂移：3μV/℃（C 级）。

（8）TTL 兼容型数字输入。

有关 VGA 放大器 AD526 的更详尽参数，请读者朋友阅读其参数手册。如图 3-26 所示为 VGA 放大器 AD526 与 12 位 A/D 转换器 AD574 之间的接口电路图，它采用单端接地方式，现将其简述如下。

（1）将转换器 AD574 的数字地管脚 15 与模拟地管脚 9 短接起来。

（2）将放大器 AD526 的模拟地管脚 5 和管脚 6 短接起来。

（3）将转换器 AD574 的管脚 9 与放大器 AD526 的管脚 5 和管脚 6 短接起来、转换器 AD574 的管脚 15 与放大器 AD526 的管脚 1 短接起来。

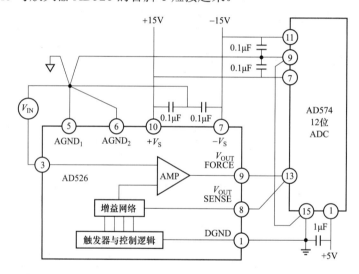

图 3-26　放大器 AD526 与 AD574 之间的接口电路图

3.5　电压/电流转换电路

3.5.1　概述

在成套仪表和计算机测控系统中，传感器和仪表之间、仪表和仪表之间的信号传送都采用标准信号，即 0～5V 直流电压或 0～10mA、4～20mA 直流电流。在传感器测量系统中，常用电压/电流转换电路进行电压、电流信号间的转换。例如，在远距离测量系统中，必须把监控电压信号转换成电流信号传输，以减小传输导线阻抗对信号的影响。对电流信号进行测量时，先需要将电流信号转换成电压信号，再由数字电压表测量，或经过 A/D 转换后，由计算机进行测控。

3.5.2　电压/电流转换

输出负载中的电流正比于输入电压的电路，称为电压/电流转换器。由于传输系数是电导，又称这种电路为转移电导放大器。输入电压恒定时，负载中的电流为恒定值，与负载无关，构成恒流源电路。

1. 浮地负载电压/电流转换电路

将负载接到反相放大器和同相放大器的反馈电路中，则构成如图 3-27（a）和（b）所示的一种较为简单的浮地负载电压/电流转换电路。

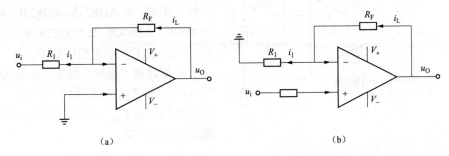

（a）   （b）

图 3-27 浮地负载电压/电流转换电路 1

（a）反相输入；（b）同相输入

根据运放的"虚短""虚断"，可导出这两种电路的负载电流 i_L 表达式均为：

$$i_L = \frac{u_i}{R_1} \tag{3-53}$$

分析式（3-53）可知，负载电流 i_L 与负载电阻 R_L 无关，只是取决于输入电压 u_i 和电阻 R_1。

根据运放的"虚短""虚断"，如图 3-28（a）所示电路中的负载电流 i_L 的表达式为：

$$i_L = \frac{V_4}{R_4} - \frac{u_i}{R_1} = -\frac{R_2 u_i}{R_1 R_4} - \frac{u_i}{R_1} = -\frac{u_i}{R_1}\left(1 + \frac{R_2}{R_4}\right) \tag{3-54}$$

图 3-28（b）所示电路中的负载电流 i_L 的表达式为：

$$i_L = \frac{V_4}{R_4} + \frac{u_i}{R_1} = \frac{R_2 + R_1}{R_1 R_4} u_i + \frac{u_i}{R_1} = \frac{u_i}{R_1}\left(1 + \frac{R_1 + R_2}{R_4}\right) \tag{3-55}$$

与式（3-53）对比发现，如图 3-28 所示负载电流 i_L，被分别放大了（$1 + R_2/R_4$）、（$1 + R_1/R_4 + R_2/R_4$）倍，且负载电流 I_L 与负载电阻 R_L 无关。

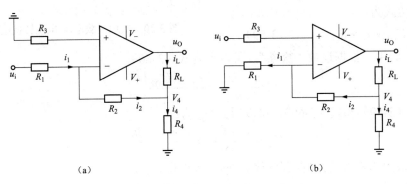

（a）   （b）

图 3-28 浮地负载电压/电流转换电路 2

（a）反相输入；（b）同相输入

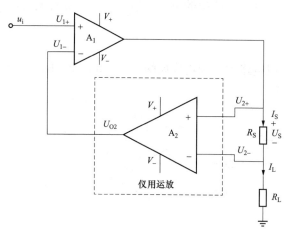

图 3-29 接地负载电压/电流转换电路 1

2. 接地负载电压/电流转换电路

如图 3-29 所示是一种接地负载电压/电流转换电路，其中运放 A_1 为低噪声精密运放，如 OP177、OP777、OP727、OP747、OP1177、OP2177 和 OP4177 等，A_2 为低噪声仪用运放，如 AD8235、AD8236、AD8428、AD8429、AD8426 和 AD8229 等。将图 3-29 所示电路的工作原理简述如下。

根据运放"虚短"得知，运放 A_1 的反相输入端即为运放 A_1 的输入电压 u_i，运放 A_2 的输出端电压 U_{O2}，即为运放 A_1 的反相输入端电压 U_{1-}，即：

$$U_{O2} = U_{1-} = u_i \tag{3-56}$$

根据仪用运放的原理，得知运放 A_2 的输出端的电压为：

$$U_{O2} = G \times (U_{2+} - U_{2-}) = G \times U_S = G \times I_S \times R_S \tag{3-57}$$

根据运放"虚断"可知，电流 I_S 与负载电流 I_L 相等，即 $I_L = I_S$，那么联立式（3-56）和式（3-57），可得到负载电流 I_L 的表达式为：

$$I_L = I_S = \frac{u_i}{G \times R_S} \tag{3-58}$$

分析式（3-58）得知，负载电流 I_L 与负载电阻 R_L 无关，只是取决于输入电压 u_i、电阻 R_S 和放大器增益 G。

如图 3-30 所示为另外一种接地负载电压/电流转换电路，运放 A_1 为低噪声差动运放，如 AD8271、AD8273、AD8274、AD8276、AD8277、AD8278 和 AD8279 等，A_2 为低噪声精密运放。现将图 3-30 所示电路的工作原理简述如下：

根据跟随器原理，运放 A_2 的输出电压 U_{O2} 的表达式为：

$$U_{O2} = I_L \times R_L \tag{3-59}$$

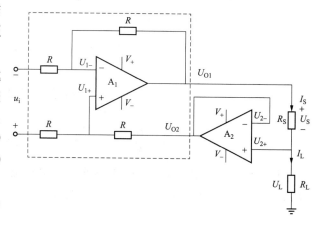

图 3-30 接地负载电压/电流转换电路 2

在运放 A_1 中，根据运放"虚断"，可以得到式（3-60）：

$$\frac{u_i - U_{1+}}{R} = \frac{U_{1+} - U_{O2}}{R} \tag{3-60}$$

联立式（3-59）和式（3-60），可以得到 U_{1+} 为：

$$U_{1+} = \frac{u_i + U_{O2}}{2} = \frac{u_i + I_L \times R_L}{2} \tag{3-61}$$

根据运放"虚断"，可以得到运放 A_1 的输出电压 U_{O1} 为：

$$U_{O1} = 2 \times U_{1+} = I_L \times (R_S + R_L) \tag{3-62}$$

联立式（3-61）和式（3-62），可以得到负载电流 I_L 为：

$$I_L = I_S = \frac{u_i}{R_S} \tag{3-63}$$

对比负载电流 I_L 的式（3-58）和式（3-63），它们相差一个放大器增益 G，因此，究竟选择哪个电路，则要视具体设计需求而定。

3.5.3 电流/电压转换

在进行信号转换时，为保证足够的转换精度和较宽的适应范围，要求电流/电压转换电路要有较低的输入阻抗和输出阻抗，而电压/电流转换电路要有较高的输入阻抗和输出阻抗。电流/电压转换电路，用于将输入电流信号转换为与之呈线性关系的电压信号。如图 3-31 所示，利用跨阻放大器（如 ADA4350），实现电流/电压转换。跨阻放大器的低输入偏置电流，可极大地降低前置放大器输出的直流误差，因此它非常适合于类似光电二极管前置放大器的应用场合。此外，跨阻放大器的高增益带宽积和低输入电容，可最大化光电二极管前置放大器的信号带宽。图 3-31 所示放大器的输出电压 V_{OUT} 为：

$$V_{OUT} = I_{PHOTO} \times (R_F \parallel C_F) = \frac{I_{PHOTO} \times R_F}{1 + sR_F C_F} \tag{3-64}$$

式中：I_{PHOTO} 为光电二极管的输出电流；R_F 为反馈电阻；C_F 为反馈电容。根据表达式（3-64），可以确定信号的带宽为 $1/(R_F \times C_F)$。一般而言，反馈电阻 R_F 的设置，应使最大可能输出电压与二极管的最大电流 I_{PHOTO} 相对应，以便使输出为满量程。反馈电容 C_F 的取值依据为：

$$C_F = \sqrt{\frac{C_S}{2\pi \times R_F \times f_{GBW}}} \tag{3-65}$$

式中：f_{GBW} 为放大器的增益带宽积。当然，在跨阻放大器 A 的设计中，过大的反馈电阻 R_F，比如 $R_F > 1\text{M}\Omega$ 时，就可能会引起以下两个方面的问题。

（1）如果反馈电阻 R_F 的寄生电容超过最优补偿值，信号带宽［信号带宽为 $1/(R_F \times C_F)$］可能会显著降低。

（2）如果要求的补偿电容值过低，如小于 1pF，则几乎无法选择反馈电容。

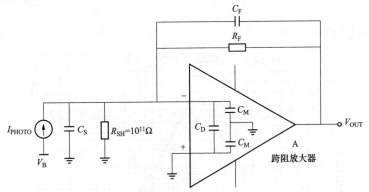

图 3-31 电流/电压转换电路

采用 T 形网络（由 R_{Fx}、R_2 和 R_1 电阻构建），利用较低的反馈电阻和阻性增益网络，来维持跨阻增益和信号带宽，如图 3-32 所示。放大器 A 的跨阻 V_{OUT}/I_{PHOTO} 与 T 形网络电阻之间的关系为：

$$Z_A = \frac{V_{OUT}}{I_{PHOTO}} = -Z_F \times \left(1 + \frac{R_2}{R_1} + \frac{R_2}{Z_F}\right) \tag{3-66}$$

式中：R_2 和 R_1 为 T 形网络的增益电阻。Z_F 表示 $R_{Fx} \parallel C_{Fx}$，其表达式为：

$$Z_F = R_{Fx} \parallel C_{Fx} = \frac{R_{Fx}}{1 + sR_{Fx}C_{Fx}} \qquad (3\text{-}67)$$

式中：R_{Fx} 和 C_{Fx} 分别为选定跨阻增益路径中的反馈电阻和电容。如果 $Z_F \gg R_2$，则跨阻方程，可以简化为：

$$Z_A = \frac{V_{OUT}}{I_{PHOTO}} \approx -\frac{R_{Fx}}{1 + sR_{Fx}C_{Fx}} \times \left(1 + \frac{R_2}{R_1}\right) \qquad (3\text{-}68)$$

对比分析式（3-66）和式（3-68），可以得到：

（1）与标准跨阻放大器设计相比，T 形网络使用小 $1/(1+R_1/R_2)$ 的反馈电阻值，便能获得相同的跨阻。这样就消除了与大反馈电阻相关的高寄生电容问题。为了保持相同的信号带宽，C_F 应增加（$1+R_1/R_2$）倍，从而消除补偿电容过小的问题。

（2）与标准跨阻放大器设计相比，T 形网络的噪声较大，因为主要电压噪声密度会被放大（$1+R_1/R_2$）倍。

如图 3-33 所示为放大器 ADA4350 配置为 1M 跨阻路径及其 T 形网络电路图。图 3-34 比较了有补偿电容和无补偿电容两种情况下，1M 跨阻路径与 T 形网络的性能对比情况。

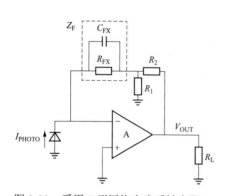

图 3-32　采用 T 形网络充当反馈电阻 R_F

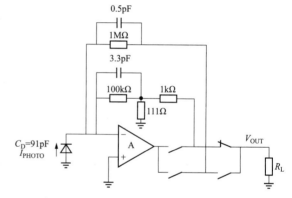

图 3-33　1M 跨阻路径与 T 形网络电路图

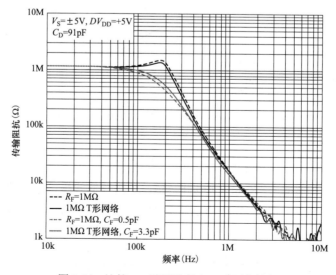

图 3-34　比较 1M 跨阻路径和 T 形网络性能

3.6 电压/频率转换电路

3.6.1 概述

电压/频率转换，是指把电压信号转换成与之成正比的频率信号。电压/频率转换过程，实质上是对信号进行频率调制，频率信息可远距离传递，并有优良的抗干扰能力，采用光电隔离和变压器隔离时不会损失精确度。电压/频率转换器接口简单，数据线只有一根线，可作为计算机的 I/O 线，或中断源，或计数输入，适用于转换速度要求不高的场合，但是，它的转换速度并不低于双积分型 A/D 转换器件，且价格较低，对外围器件性能要求不高。况且由于频率信号是数字信号，所以具有较强的抗干扰能力。

3.6.2 AD652 介绍

同步电压/频率转换器 AD652（Synchronous Voltage-to-Frequency Converter，SVFC）是一个功能强大的精密模数转换应用构建模块，100kHz 输出频率时的非线性误差典型值为 0.002%（最大值 0.005%）。它使用多种常用的电荷平衡技术来执行转换功能。它利用外部时钟定义满量程输出频率，而不是依赖于外部电容的稳定性。因此，传递函数更稳定、线性度更高，这对单通道和多通道系统都有很大好处。AD652 的模拟和数字部分设计允许采用单端电源供电，从而简化隔离电源的使用。

现将转换器 AD652 的典型特点小结如下。

（1）满量程频率（最高 2MHz）由外部系统时钟设置。

（2）极低的线性误差：0.005%（满量程范围内最大值为 1MHz），0.02%（满量程范围内最大值为 2MHz）。

（3）电压或电流输入，无须关键外部元件，使用简便。

（4）高精度 5V 基准电压源，双电源或单电源供电。

（5）低温度系数片内薄膜调整电阻，极大降低增益漂移：25ppm/℃（最大值）。

（6）转换器 AD652 按性能分为五种等级，JP 级和 KP 级采用 20 引脚 PLCC 封装，额定工作温度范围为 0～+70℃（商用温度范围）。AQ 级和 BQ 级采用 16 引脚 Cerdip 封装，额定工作温度范围为 –40～+85℃（工业温度范围）。AD652SQ 的工作温度范围为 –55～+125℃（扩展温度范围）。

关于转换器 AD652 的更详细参数，请读者朋友阅读其参数手册。如图 3-35（a）所示为转换器 AD652 的等效电路图，为了实现电气隔离和远距离传输，可以将它与光耦之间进行接口，如图 3-35（b）所示。

如图 3-36 所示为转换器 AD652 中各点波形图。转换器 AD652 的转换精度仅与片内参考电压源和 1mA 电流源的稳定性有关。若后接测量设备用 AD652 的外部时钟定时，外部时钟频率稳定性不影响测量结果，片内单稳电路的外接定时电容的不稳定也不影响转换精度。

如图 3-37 所示为转换器 AD652 在双电源供电时的压频转换电路。需要提醒的是，供电电源 ±6～±18V，当正电源 $+V_S$ 低于 9V 时，需要将芯片的管脚 13 短接到管脚 8（芯片的模拟地），并对正电源 $+V_S$ 增加一个上拉电阻，其取值依据为：

$$R_{\text{PULLUP}} = \frac{2 \times V_{\text{S}} - 5\text{V}}{500\mu\text{A}} \qquad (3\text{-}69)$$

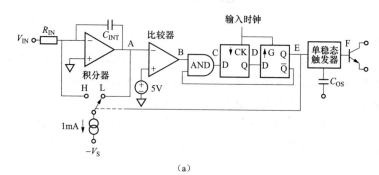

（a）

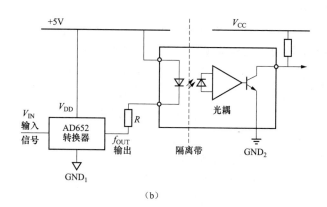

（b）

图 3-35　转换器 AD652 的等效电路和与光耦接口电路

（a）等效电路图；（b）与光耦接口电路图

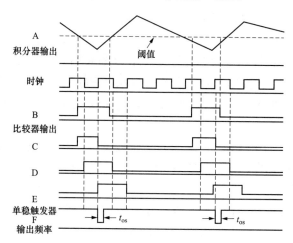

图 3-36　转换器 AD652 中各点的波形图

输出信号频率 f_{OUT} 的表达式为：

$$f_{\text{OUT}} = V_{\text{IN}} \frac{f_{\text{CLOCK}} \times f_{\text{CLOCK}}}{10\text{V}} \qquad (3\text{-}70)$$

式中：f_{CLOCK} 为外接时钟频率；V_{IN} 为输入信号。

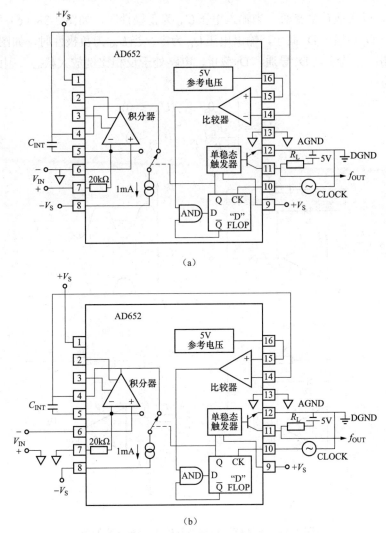

图 3-37 电压/频率转换电路（双电源供电）

（a）正极性输入；（b）负极性输入

3.7 交流/直流转换电路

3.7.1 概述

检测中有时需要知道传感器的交流输出信号的幅值或功率。例如磁电式振动速度传感器或电涡流式振动位移传感器，在其信号处理电路中都需进行交流-直流转换，即将交流振幅信号变为与之成正比的直流信号输出。根据被测信号的频率不同或要求测量精度不同，可采用不同转换方法。目前常用的交流/直流转换方法有线性检波电路（半波整流电路）、绝对值电路（全波整流电路）、有效值转换电路（方均根/直流转换电路）。

3.7.2 半波整流电路

最简单的半波整流电路，即为二极管检波电路。因二极管存在死区电压，当输入信号幅值较低时，会带来严重的非线性误差。如图 3-38（a）所示的是半波整流电路，将二极管置于运放反馈回路，以实现精密整流。当输入电压 U_{IN} 为正极性时，如图 3-38（c）所示，放大器输出 U_{O1} 为负，D_1 导通，D_2 截止，输出电压 U_O 为零；当 U_{IN} 为负极性时，如图 3-38（d）所示，放大器输出 U_{O1} 为正，D_2 导通，D_1 截止，电路处于反相比例放大状态，因此，输出电压 U_O 的表达式为：

$$U_O = \begin{cases} 0 & (U_{IN} \geqslant 0) \\ -\dfrac{R_F}{R_1}U_{IN} & (U_{IN} < 0) \end{cases} \tag{3-71}$$

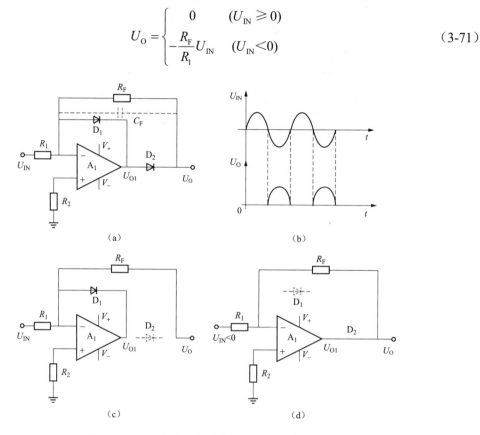

图 3-38　半波整流电路及其输入、输出波形图

（a）半波整流电路；（b）输入、输出波形；（c）U_{IN} 为正极性时等效回路；（d）U_{IN} 为负极性时等效回路

　　输出电压 U_O 的波形如图 3-38（b）所示。显然，只要运放的输出电压 $|U_O|$ 的值大于整流二极管的正向导通电压 V_F，二极管 D_1 和 D_2 中总有一个导通，另一个截止，此时电路能正常检波。电路能检波的最小输入电压 U_{IN} 为 V_F/A_O。A_O 为运算放大器的开环电压增益。可见二极管正向压降 V_F 的影响被削弱了 A_O 倍，使检波特性大大改善。如果需要输出的是负电压，只需要把电路中的两个二极管同时反接即可。

　　需要提醒的是：①在如图 3-38（a）所示的半波整流电路中，通过在反馈网络中添加一个电容 C_F（图中虚线所示），可以将半波整流器转换成一个简单的滤波器。该滤波器的截止频率 f_F 由电容 C_F 和电阻 R_F 的值设定［即 $f_F = 1/(2\pi R_F C_F)$］，另外，也可以在该电路之后放置一个有源滤波器；②通过同时反转两个二极管，可以将输出的极性转换为负。

3.7.3　全波整流电路

1. 利用二极管

全波整流电路，又称为绝对值转换电路。采用绝对值转换电路，可把输入信号转换为单极性信号，再用低通滤波器滤去交流成分，得到的直流信号称为绝对平均偏差。在半波整流电路的基础上，加一级加法器，构成简单的绝对值电路。如图 3-39（a）和（b）所示为简单的全波整流电路及其波形。

当输入电压 U_{IN} 为正极性时，放大器输出 U_{O1} 为负，D_1 截止，D_2 导通，输出电压 U_{O1} 为 $-U_{IN}$，如图 3-39（c）所示；当输入电压 U_{IN} 为负极性时，放大器输出 U_{O1} 为正，D_2 截止，D_1 导通，结果将使放大器输出 U_{O1} 保持于地电位，因为放大器的行为迫使其输入电压保持相同电平，即输出电压 U_{O1} 为零，如图 3-39（d）所示。因此，输出电压 U_{O1} 的表达式为：

$$U_{O1} = \begin{cases} -U_{IN} & (U_{IN}>0) \\ 0 & (U_{IN} \leq 0) \end{cases} \tag{3-72}$$

假设电阻 $R_2 = 2R_3$，A_2 组成加法器电路，它的输出电压 U_O 的表达式为：

$$U_O = \begin{cases} -2(-U_{IN}) + (-U_{IN}) = U_{IN} & (U_{IN}>0) \\ -U_{IN} & (U_{IN} \leq 0) \end{cases} \tag{3-73}$$

需要提醒的是，在如图 3-38（a）所示半波整流电路中，通过在反馈网络中添加一个电容 C_F（图 3-38（a）中虚线所示），可以将全波整流器的加法器部分转换成一个简单的滤波器。该滤波器的截止频率 f_F 由电容 C_F 和电阻 R_2 的值设定 [即 $f_F = 1/(2\pi R_2 C_F)$]。另外，也可以在该电路之后可以放置一个有源滤波器。

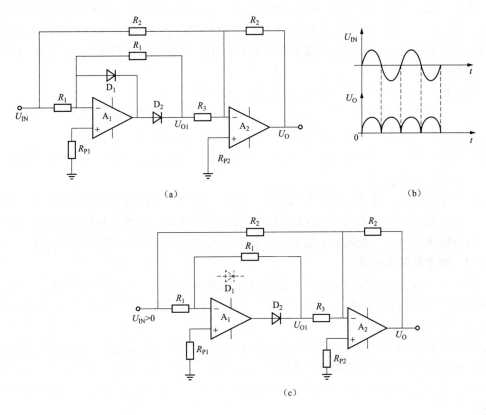

图 3-39 全波整流电路及其输入、输出波形图（一）

（a）全波整流；（b）输入、输出波形；（c）U_{IN} 为正极性时等效回路

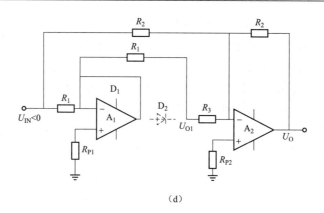

图 3-39 全波整流电路及其输入、输出波形图（二）

（d）U_{IN} 为负极性时等效回路

2. 利用单电源

前面讨论的是利用二极管的整流电路，接着就是利用运放的单电源供电，获取全波的整流电路，如图 3-40（a）所示，电路的第一级是一个半波整流器，将输入正弦波转换为单极性输出电压。以这种方式使用的放大器可能会存在一些问题。当输入电压 V_{IN} 为负值时，运放 A_1 的输出 V_{out1} 为 0；当 V_{IN} 的幅度在运放的输入端倍增时，该电压会超过电源电压，造成放大器永久损坏，因此，在它的输入端串联限流电阻 R_1。当 V_{IN} 为负值时，运放必须从饱和中恢复，这会延迟输出信号，因为放大器需要时间进入其线性区域。运放 AD8510/AD8512/AD8513 的过驱恢复速度极快，是瞬态信号整流的理想选择。正负恢复时间具有对称性对保持输出信号无失真也很重要。

现将如图 3-40（a）所示的全波整流电路的原理简述如下：

（1）当输入电压 V_{IN} 为负值时，运放 A_1 的输出 V_{out1} 为零（输出会跟随输入的变化，试图摆幅到负值以顺应输入，但电源将其限制在零），运放 A_2 的输出 V_{out2} 为 $-V_{IN}$。

（2）当输入电压 V_{IN} 为正值时，运放 A_1 的输出 V_{IN}（输出会跟随输入的变化），运放 A_2 的输出 V_{out2} 为 $-V_{IN}+2V_{IN}=V_{IN}$。

运放 A_1 的输出电压的 V_{out1} 波形和运放 A_2 的输出电压 V_{out2} 的波形，如图 3-40（b）所示。本例所选择的运放 AD8510/AD8512/AD8513，分别为单通道、双通道和四通道精密 JFET 放大器，具有低失调电压、低输入偏置电流、低输入电压噪声和低输入电流噪声特性。

3.7.4 有效值转换电路

交流信号有效值的测量方法较多。如果已知被测信号波形，可采用峰值检测法、绝对平均法分别测出交流信号的峰值或绝对平均值，再进行换算即可。若输入信号波形不确定，则可采用热功率法或硬件运算法。

交流电压波形的 RMS 值等于在负载上产生相同热功率的直流电压。常见的交流波形测量技术是利用某种二极管整流得到平均值。不同波形（正弦波、方波、三角波等）的平均值相差很大，唯有真（RMS）能够实现所有波形的等效性。常用波形 u_i 的通用交流参数见表 3-6 有效值。

RMS 是均方根的缩写形式，定义为任何波形的峰值平方和的平均值的平方根，即任何波形 u_i 的均方根 U_{RMS} 可以表示为：

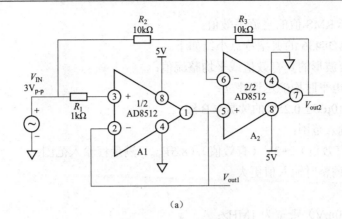

（a）

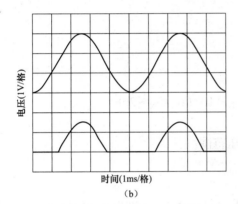

（b）

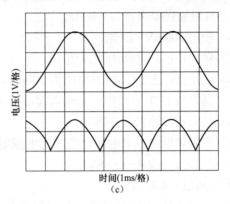

（c）

图 3-40　全波整流电路及输出波形

（a）全波整流电路；（b）V_{out1} 波形；（c）V_{out2} 波形

$$U_{RMS} = \sqrt{\frac{1}{T}\int_0^T u_i^2(t)\mathrm{d}t} \qquad (3\text{-}74)$$

表 3-6　　　　　　　　　　　　　　常用波形 u_i 的通用交流

波形类型 （1V 峰值）	波峰因数	RMS 值	依据一个 RMS 正弦波校准的 均值电路的读数	误差（%）
正弦波	1.414	0.707	0.707	0
方波	1.00	1.00	1.11	11.0
三角波	1.73	0.577	0.555	−3.8
噪声	3	0.333	0.295	
长方形波	2	0.5	0.278	−11.4
脉冲	10	0.1	0.011	−44
SCR				−89
DC=50%	2	0.495	0.354	−28
DC=25%	4.7	0.212	0.150	−30

　　转换器 AD8436 是新一代精密跨导线性、低功耗、真有效值转直流的典型器件，它可以

准确计算交流波形 RMS 值的直流等效值。

现将转换器 AD8436 的典型特点小结如下。

（1）提供交流波形的真有效值或平均整流值：

1）任意输入电平时均能迅速建立；

2）精度：±10μV±0.25% 的读数（B 级）。

（2）宽动态输入范围：

1）100μV（有效值）～3V（有效值）（$8.5V_{p-p}$）满量程输入范围；

2）采用外部调整时输入值更大。

（3）宽带宽：

1）−3dB（300mV）带宽为 1MHz；

2）1% 附加误差带宽为 65kHz。

（4）额定 300mV rms 输入。

（5）精确转换，波峰因数高达 10。

（6）低功耗：±2.4V 时典型值为 300μA。

（7）高阻抗 FET 单独供电的输入缓冲器 $R_{IN} \geq 10^{12}\Omega$，$C_{IN} \leq 2pF$。

（8）精密直流输出缓冲器。

（9）采用单电源或双电源供电，宽电源电压范围：

1）双通道：±2.4～±18V；

2）单通道：4.8～36V。

（10）工作温度范围有两种：A 级和 B 级为 −40～125℃，J 级为 0～70℃。

有关转换器 AD8436 的更详细参数，请读者朋友阅读其参数手册。如图 3-41 所示为转换器 AD8436 的等效图。它包括轨到轨场效应晶体管 FET 输入放大器；高动态范围、真零均方根计算内核；精密轨到轨输出放大器 M 几级高输入阻抗的电压缓冲器三部分。转换器 AD8436 的管脚描述见表 3-7。

表 3-7　　　　　　　　　　　　转换器 AD8436 的管脚描述

引 脚 编 号	引 脚 名 称	描　　　　　　述
1	DNC	不连接。用于工厂测试
2	RMS	RMS 内核的交流输入
3	IBUFOUT	FET 输入缓冲器输出引脚
4	IBUFIN−	FET 输入缓冲器反相输入引脚
5	IBUFIN+	FET 输入缓冲器同相输入引脚
6	IBUFGN	可选 10kΩ 精密增益电阻
7	DNC	不连接。用于工厂测试
8	OGND	内部 16kΩ 电流转电压电阻
9	OUT	RMS 内核电压或电流输出
10	VEE	负电源轨
11	IGND	半电源节点

续表

引 脚 编 号	引 脚 名 称	描 述
12	OBUFIN+	输出缓冲器同相输入引脚
13	OBUFIN−	输出缓冲器反相输入引脚
14	OBUFOUT	输出缓冲器输出引脚
15	OBUFV+	输出缓冲器电源引脚
16	IBUFV+	输入缓冲器电源引脚
17	VCC	RMS 内核的正电源轨
18	C_{CF}	波峰因数电容的连接
19	C_{AVG}	均值电容的连接
20	SUM	求和放大器输入引脚
EP	DNC	裸露焊盘连接到接地焊盘（可选）

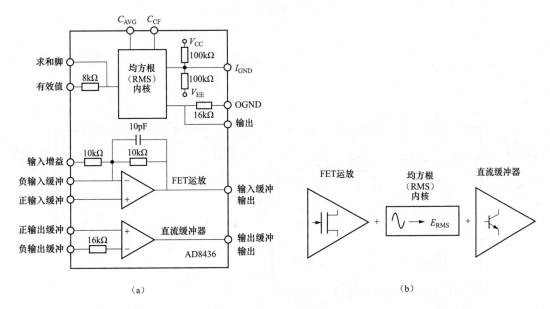

（a）   （b）

图 3-41 转换器 AD8436 的等效图

（a）内部框图；（b）三个独立电路

为实现 AD8436 的近似零输出失调电压特性，必须使用一个输入耦合电容。所选耦合电容值应支持预期的最低工作频率。根据经验，输入耦合电容可以等于均值电容或其值的一半，因为时间常数相似。对于 10μF 均值电容 C_{AVG}，采用 4.7μF 或 10μF 钽电容是不错的选择，波峰因数电容 CCF 采用 0.1μF 即可，如图 3-42 所示，为了最大限度降低漂移，采用电容（4.7μF 或 10μF）耦合输入信号。

如图 3-43 所示的基于高共模电压、可编程增益差动放大器 AD628，获取交流信号的典型应用电路，可编程增益差动放大器的增益为 1/10，然后把它应用到 RMS 转换器 AD8436，获得直流输出。

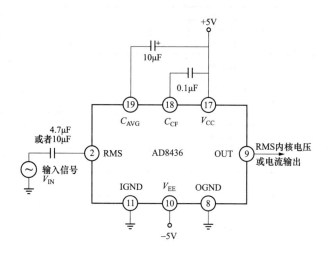

图 3-42　采用耦合电容

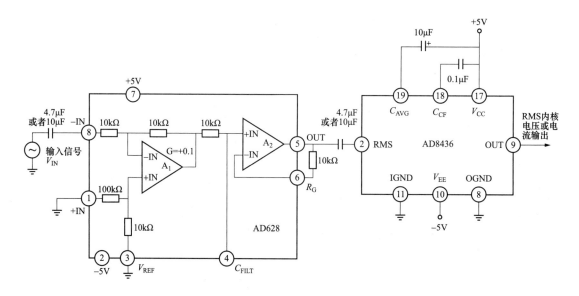

图 3-43　基于 AD628 和 AD8436 获取 RMS 的典型电路

　　如图 3-44（a）所示为一个电力线频率及以上的典型应用电路。均值电容、波峰因数电容和低通滤波器电容的建议值分别为 10μF、0.1μF 和 3.3μF。若要配置 AD8436 来将交流波形转换为平均整流值，如图 3-44（b）所示。如果不连接电容 C_{AVG}，输出端将出现一个非常精确的全波整流波形；如果将一个电容连接到引脚 C_{LPF}，交流输入就会被转换为平均整流值。实际应用中，为使内部环路保持稳定，引脚 C_{AVG} 至少应连接一个 470pF 的电容。若要使用两种工作模式，应在电容 C_{AVG} 与引脚 C_{AVG} 之间插入一个开关。

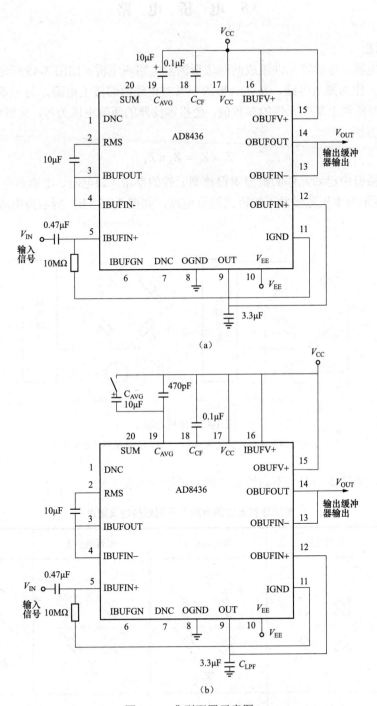

图 3-44 典型配置示意图

（a）RMS 配置电路图；（b）平均整流值的配置电路图

3.8 电 桥 电 路

3.8.1 概述

由电阻、电容、电感等元件组成的四边形测量电路叫电桥，如图 3-45 所示。人们常把四条边称为桥臂。作为测量电路，在四边形的一条对角线两端接上电源，另一条对角线两端接指零仪器。调节桥臂上某些元件的参数值，使指零仪器的两端电压为零，此时电桥达到平衡。利用电桥平衡方程：

$$Z_1 \times Z_3 = Z_2 \times Z_4 \tag{3-75}$$

即可根据桥臂中已知元件的数值求得被测元件的参量（如电阻、电感和电容）。其中，如图 3-45（a）所示为电压源激励下的桥式测量电路，如图 3-45（b）所示为电流源激励下的桥式测量电路。

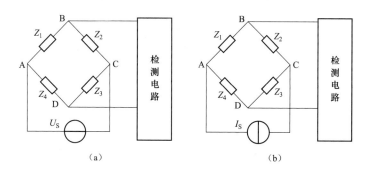

图 3-45 电桥电路

（a）电压源激励桥式测量电路；（b）电流源激励桥式测量电路

电压源和电流源激励下，不同桥式电路的灵敏度见表 3-8。

表 3-8   电压源和电流源激励下不同电桥的灵敏度

激励电源种类	单臂电桥	双臂电桥 1	双臂电桥 2	四臂电桥
电压源激励电桥电路	(图)	(图)	(图)	(图)
输出表达式	$\dfrac{U_S}{4} \dfrac{\dfrac{\Delta R}{R}}{1+\dfrac{1}{2}\dfrac{\Delta R}{R}}$	$\dfrac{U_S}{2} \dfrac{\dfrac{\Delta R}{R}}{1+\dfrac{1}{2}\dfrac{\Delta R}{R}}$	$\dfrac{U_S}{2} \dfrac{\Delta R}{R}$	$U_S \dfrac{\Delta R}{R}$
线性度误差	0.5%	0.5%	0	0

续表

激励电源种类	单臂电桥	双臂电桥 1	双臂电桥 2	四臂电桥
电流源激励电桥电路	(电路图)	(电路图)	(电路图)	(电路图)
输出表达式	$\dfrac{I_S \times R}{4}\dfrac{\Delta R}{R+\dfrac{\Delta R}{4}}$	$\dfrac{I_S}{2}\times \Delta R$	$\dfrac{I_S}{2}\times \Delta R$	$I_S \times \Delta R$
线性度误差	0.25%	0	0	0

分析表 3-8 得知：

（1）对于单臂电桥而言，不论采用电压源激励还是电流源激励，应变片的电阻变化率 $\Delta R/R$ 与检测电压 U_{BD} 不是线性关系；但是，采用电流源激励时，测量的线性度误差比电压源激励时的线性度误差小一半，因此，采用电流源激励比采用电压源激励的测量效果要好。

（2）对于第一种双臂电桥而言，采用电流源激励比采用电压源激励效果要好，其原因在于，前者获得的应变片的电阻变化率 $\Delta R/R$ 与检测电压 U_{BD} 是线性关系，然而后者却不是线性关系，且后者的线性度误差为 0.5%，前者的线性度误差为 0。

（3）对于第二种双臂电桥而言，不论采用电压源激励还是电流源激励，应变片的电阻变化率 $\Delta R/R$ 与检测电压 U_{BD} 均是线性关系，线性度误差均为 0。

（4）对于四臂电桥而言，不论采用电压源激励还是电流源激励，应变片的电阻变化率 $\Delta R/R$ 与检测电压 U_{BD} 均是线性关系，线性度误差均为 0。

总之，对于利用电桥测量微小电阻的应用场合而言，利用电流源激励要比利用电压源激励，更加准确，线性度更好。在前面讲解过温度测量的问题时，就提到过用电流源激励的问题，其原因也就在于此。

经常用到的几种典型的电阻型传感器见表 3-9。对比分析几种典型电阻型传感器的电阻情况得知：

（1）湿度传感器和热敏电阻的电阻最大，它的后续处理电路必须具有极高的输入阻抗，目的在于降低传感器电阻的影响。

（2）应变计、称重传感器和压力传感器的电阻最小，它的后续处理电路具有较高的输入阻抗即可。

表 3-9　　　　　　　　　　几种典型电阻型传感器对比

传 感 器 名 称	电 阻 范 围
应变计	120Ω，350Ω，3500Ω
称重传感器	350～3500Ω
压力传感器	350～3500Ω
湿度传感器	100kΩ～10MΩ
RTD	100Ω（如 PT100），1000Ω（如 PT1000）
热敏电阻	100Ω～10MΩ

3.8.2 典型应用实例

如图 3-46 所示为利用 A/D 转换器（本书第四章会详细介绍这方面的知识），结合比率测量法的电桥四线法，无级精确电源电压，即可得到高测量精度。A/D 转换器 AD7730 的供电电源用来激励电桥，其正负模拟输入 $+A_{IN}$、$-A_{IN}$ 和基准输入 $+V_{REF}$、$-V_{REF}$ 均为高阻抗，且采用差分电路。转换器 AD7730 可精确得到电桥电阻变化，电源电压误差和漂移及引线电阻造成的电桥激励电压变化均不造成测量误差。

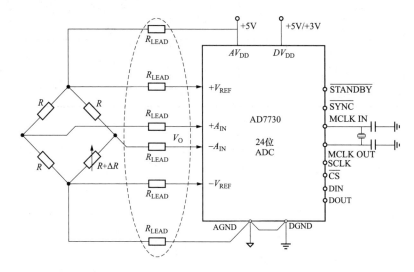

图 3-46   基于转换器 AD7730 的电桥测试电路

以单臂桥为例，在非比率方式下，测量电桥输出电压表达式为：

$$V_O = \frac{AV_{DD}}{4} \frac{\Delta R / R}{1 + \Delta R / (2R)} \tag{3-76}$$

式中：AV_{DD} 为转换器 AD7730 的模拟电源。输出电压 V_O 不仅与电阻的变化量 $\Delta R/R$ 有关，还与电桥激励电压，即转换器 AD7730 的模拟电源 AV_{DD} 有关。将式（3-76）变换为表达式（3-77）的形式：

$$\frac{u_O}{AV_{DD}} = \frac{1}{4} \times \frac{\Delta R / R}{1 + \Delta R / (2R)} \tag{3-77}$$

分析式（3-77）得知，采用比率测量方法，得到输出电压 V_O 与 AV_{DD} 之比，仅与电阻的变化量 $\Delta R/R$ 有关。后面将会介绍的转换器 AD7730 是具有 24 位的高分辨率和内部带可编程增益放大器（PGA）的 Σ-Δ 型 A/D 转换器（ADC），特别适于电桥式传感器的应用场合。这种 ADC 具有自校准和系统校准功能，能使由 ADC 引起的失调误差和增益误差降至最小。

如图 3-47 所示为基于同步电压/频率转换器 AD652，构建的采集桥式传感器输出信号的处理电路，能够处理双极性输入信号，且与光耦之间接口，便于远距离传输，且提高抗干扰能力。同步电压/频率转换器 AD652，可以作为激励桥式传感器的一种理想选择，因为它的缓冲 5V 参考电压可以用作桥式传感器的激励，它能够提供至少 10mA 的输出电流，从而消除增益比例漂移相关误差，足以带动超过 600Ω 以上桥臂电阻的桥式传感器。例如，如果桥臂电阻是 120Ω 或 350Ω，就必须外接上拉电阻（R_{PU}），它可以采用式（3-78）取值：

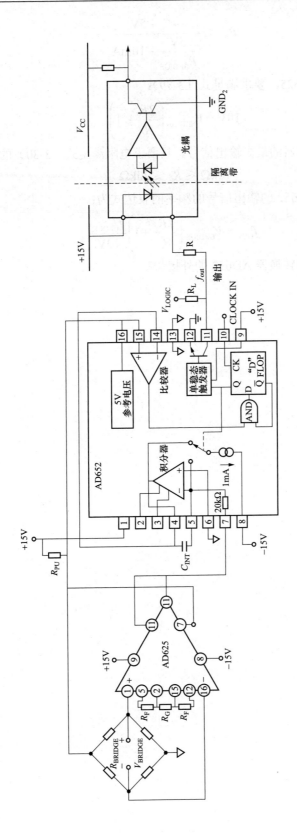

图 3-47 基于 AD652 与桥式传感器和光耦之间的接口电路

$$R_{PU} \leqslant \frac{+V_S - 5V}{\dfrac{5V}{R_{BRDIGE}} - 10mA} \tag{3-78}$$

对于仪用放大器 AD625，要求满足式（3-79）：

$$10V = V_{BRDIGE}\left(\frac{2R_F}{R_G} + 1\right) \tag{3-79}$$

式中：V_{BRDIGE} 为桥式传感器的最大输出信号。且要求电阻满足式（3-80）的约束条件：

$$10k\Omega \leqslant R_F \leqslant 20k\Omega \tag{3-80}$$

电压/频率转换器 AD652 的输出信号的频率的表达式为：

$$f_{OUT} = V_{BRDIGE}\left(\frac{2R_F}{R_G} + 1\right)\frac{f_{CLOCK}^2}{10V} \tag{3-81}$$

式中：f_{CLOCK} 为电压/频率转换器 AD652 的外接频率。

第四章　A/D 与 D/A 变换技术

嵌入式系统，是一个典型的数字系统。数字系统只能对输入的数字信号进行处理，其输出信号也是数字信号。但是在工业检测系统和日常生活中的许多物理量都是模拟量，比如温度、湿度、压力、速度等，这些模拟量可以通过传感器转换成与之对应的电压、电流等模拟电信号。为了实现数字系统对这些电模拟量的检测、运算和控制，就需要一个模拟量和数字量之间相互转换的过程。有些嵌入式处理器，本身就集成有 A/D 转换器、D/A 转换器等，由于本书重点是讲解应用于嵌入式系统的模拟信号处理技术，因此，为了使其具有更广的阅读受众面，特将 A/D 转换器、D/A 转换器专门拿出来讲。

4.1　A/D 变换器基本原理

4.1.1　概述

所谓模拟量，是指变量在一定范围内连续变化的量，也就是在一定范围内可以取任意值。比如米尺，从 0m 到 1m 之间，可以是任意值。什么是任意值，也就是可以是 1cm，也可以是 1.001cm，当然也可以 10.000……后边有无限个小数。总之，任何两个数字之间都有无限个中间值，所以称之为连续变化的量，也就是模拟量。

模拟控制系统，如图 4-1（a）所示，控制的是模拟量，即在时间上和数值上都是连续的。如电压、电流，由于模拟信号处理起来非常复杂，被控参数难于改变、控制精度不高，从而限制了其适应性。相比而言，数字控制系统，如图 4-1（b）所示，控制的是数字量，即在时间上和数值上都是离散的。如逻辑电路的开关量，数字信号处理起来相对简单、被控参数易于改变、控制精度较高，得到广泛的应用，适应性非常强。它们的区别小结见表 4-1。

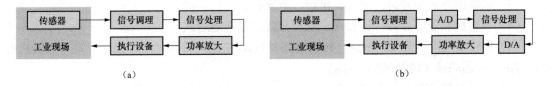

图 4-1　模拟与数字控制系统

（a）模拟控制系统；（b）数字控制系统

表 4-1 模拟与数字控制系统对比

系 统 性 能	模 拟 控 制 系 统	数 字 控 制 系 统
适应性	信号处理复杂	适应性强
可控性	不易改变控制参数	易于改变控制参数和模型
控制精度	低	高
后处理	数据记录、处理很不方便	数据记录、处理方便

4.1.2　A/D 变换器的含义

当数字控制系统用于数据采集和过程控制的时候,采集对象往往是连续变化的物理量(如温度、压力、声波等),但计算机能够处理的却是离散的数字量,因此需要对连续变化的物理量（模拟量）进行采样、保持,再把模拟量转换为数字量交给计算机处理、保存等。计算机的数字量有时需要转换为模拟量输出去控制某些执行元件,模/数转换与数/模转换,便是用于连接计算机与模拟电路的桥梁。为了将计算机与模拟电路连接起来,必须了解它们的接口与控制。

下面通过一个生活中经常遇到的刻度尺来说明这个问题。

平常用的米尺上被人为地做上了刻度符号,每两个刻度之间的间隔是 1mm,这个刻度实际上就是对模拟量的数字化,由于有一定的间隔,不是连续的,所以在专业领域里将其称为离散的。而 A/D 转换器就是起到把连续的信号用离散的数字表达出来的作用。因此就可

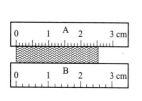 

以使用米尺这个"A/D 转换器"来测量连续的长度或者高度这些模拟量,如图 4-2所示。

图 4-2　米尺刻度示意图

由此可见,为了实现数字系统对这些模拟电信号进行检测、运算和控制,就需要一个模拟量与数字量之间相互转换的过程, 即常常需要将模拟量转换成数字量,简称为 A/D 转换,完成这种转换的电路称为模/数转换器（Analog to Digital Converter ADC）。

目前 A/D 转换器的分类方法较多,最为通用的有:

（1）按被转换的模拟量类型,可分为时间/数字、电压/数字、机械变量/数字等。应用最多的是电压/数字转换器。

（2）按转换方式可分为:直接转换、间接转换。所谓直接转换,是将模拟量转换成数字量。所谓间接转换,是将模拟量转换成中间量,再将中间量转换成数字量。

（3）按输出方式可分为:并行、串行、串并行。

（4）按转换原理可分为:计数式、双积分式、逐次逼近式。

（5）按转换速度可分为:低速（转换时间≥1s）、中速（转换时间≤1ms）、高速（转换时间≥1μs）和超高速（转换时间≤1ns）。

（6）按转换精度和分辨率可分为:3、4、8、10、12、14、16 位等。

一般的嵌入式系统也希望在精度上有所突破,人类数字化的浪潮推动了 A/D 转换器不断变革,而 A/D 转换器是人类实现数字化的先锋。A/D 转换器发展了 30 多年,经历了多次的技术革新,从并行、逐次逼近型、积分型 A/D 转换器,到近年来新发展起来的 Σ-Δ型和流水线型 A/D 转换器,它们各有优缺点,能适应不同的应用场合、满足不同的使用需求。

4.1.3　逐次逼近型 A/D 转换器

逐次逼近型 A/D 转换器是应用非常广泛的模/数转换方法,如图 4-3 所示,它包括 1 个比较器、1 个数模转换器、1 个逐次逼近寄存器（SAR）和 1 个时序及逻辑控制单元。它是将采样输入信号与已知电压不断进行比较,1 个时钟周期完成 1 位转换,n 位转换需要 n 个时钟周

期，转换完成，输出二进制数。这类
A/D 转换器的分辨率和采样速率是相
互矛盾的，分辨率低时采样速率较
高，要提高分辨率，采样速率就会受
到限制。

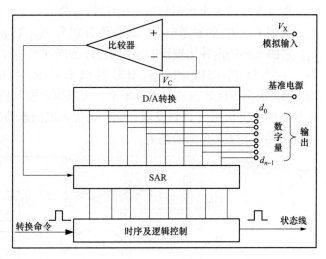

图 4-3　逐次逼近型 A/D 转换器原理框图

逐次逼近型 A/D 转换器的优点：
分辨率低于 12 位时，价格较低，采样
速率可达 1Msps。与其他 A/D 转换器
相比，功耗相当低。

逐次逼近型 A/D 转换器的缺点：
在高于 14 位分辨率情况下，价格较高；
传感器产生的信号在进行模/数转换之
前需要进行调理，包括放大和滤波，这
样会明显增加成本。

典型的逐次逼近型 A/D 转换器，有 ADS7822、ADS7822、ADS7950、ADS8365、ADS8504、
ADS8509、ADS8361、ADS8365、AD1674、AD574、TLC548、TLC549 等。

4.1.4　积分型 A/D 转换器

积分型 A/D 转换器，又称为双斜率或多斜率 A/D 转换器，它的应用也比较广泛。如图
4-4 所示，它包括 1 个带有输入切换开关的
模拟积分器、1 个比较器和 1 个计数器。通
过两次积分将输入的模拟电压转换成与其
平均值成正比的时间间隔。与此同时，在此
时间间隔内，利用计数器对时钟脉冲进行计
数，从而实现 A/D 转换。

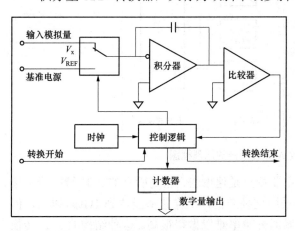

图 4-4　积分型 A/D 转换器原理框图

积分型 A/D 转换器的两次积分时间都
是利用同一个时钟发生器和计数器来确定，
因此所得到的数字表达式与时钟频率无关，
其转换精度只取决于参考电压 V_{REF}。此外，
由于输入端采用了积分器，所以对交流噪声
的干扰有很强的抑制能力。能够抑制高频噪
声和固定的低频干扰（如 50Hz 或 60Hz），适合在嘈杂的工业环境中使用。这类 A/D 转换器
主要应用于低速、精密测量等领域，如数字电压表。

积分型 A/D 转换器的优点：分辨率高，可达 22 位，功耗低、成本低。

积分型 A/D 转换器的缺点：转换速率低，转换速率在 12 位时为 100～300sps。

典型积分型 A/D 转换器芯片，如：ICL7106、ICL7107、ICL7109、ICL7126、ICL7135、
MC14433 等。

4.1.5　并行比较 A/D 转换器

如图 4-5 所示的是 3 位并行比较 A/D 转换器的原理框图。并行比较型 A/D 转换器，又称
为"闪烁型"转换器（Flash ADC）。

图 4-5 中的 8 个电阻将参考电压 V_{REF} 分成 8 个等级，其中 7 个等级的电压，分别作为 7 个比较器 $C_1\sim C_7$ 的参考电压，其数值分别为 $V_{REF}/15$、$3V_{REF}/15$、$\cdots$、$13V_{REF}/15$。输入电压为 V_1，它的大小决定各比较器的输出状态，如当 $0\leqslant V_1<V_{REF}/15$ 时，$C_7\sim C_1$ 的输出状态都为 0；当 $3V_{REF}/15\leqslant V_1<5V_{REF}/15$ 时，比较器 C_6 和 C_7 的输出电压 $U_{O6}=U_{O7}=1$，其余各比较器的状态均为 0。根据各比较器的参考电压值，可以确定输入模拟电压值与各比较器输出状态的关系。比较器的输出状态由 D 触发器存储，经优先编码器编码，得到数字量输出。优先编码器优先级别最高的是 I_7，最低的是 I_1。

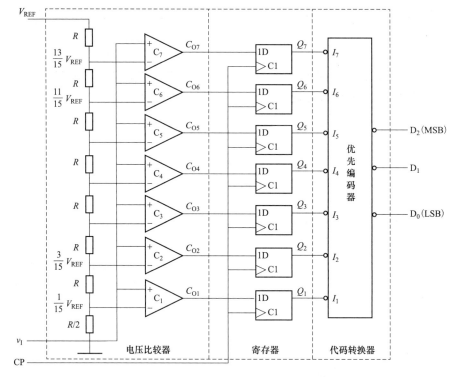

图 4-5　3 位并行比较 A/D 转换器的原理框图

并行比较 A/D 转换器，如 TLC5510，其主要特点是速度快，它是所有的 A/D 转换器中速度最快的，现代发展的高速 A/D 转换器大多采用这种结构，采样速率能达到 1Gsps 以上。但受到功率和体积的限制，并行比较 A/D 转换器的分辨率难以做得很高。这种结构的 A/D 转换器中所有位的转换同时完成，其转换时间主要取决于比较器的开关速度、编码器的传输时间延迟等。增加输出代码对转换时间的影响较小，但随着分辨率的提高，需要高密度的模拟设计，以实现转换所必需的数量很大的精密分压电阻和比较器电路。输出数字每增加一位，精密电阻数量就要增加一倍，比较器也近似增加一倍。并行比较 A/D 转换器的分辨率受管芯尺寸、输入电容、功率等限制，会造成静态误差和输入失调电压均增大。同时，这一类型的 A/D 转换器还会产生离散的、不精确的输出，即所谓的"火花码"。

并行比较 A/D 转换器的优点：模/数转换速度最高。

并行比较 A/D 转换器的缺点：分辨率不高、功耗大、成本高。

4.1.6　压频变换型 A/D 转换器

压频变换型（Voltage-Frequency Converter）A/D 转换器是间接型 A/D 转换器，它先将输

入模拟信号的电压转换成频率与其成正比的脉冲信号，然后在固定的时间间隔内对此脉冲信号进行计数，计数结果即为正比于输入模拟电压信号的数字量。从理论上讲，这种 A/D 转换器的分辨率可以无限增加，只要采用时间长到满足输出频率分辨率要求的累积脉冲个数的宽度即可，例如 AD650、AD654 等。

压频变换型 A/D 转换器的优点：精度高、价格较低、功耗较低。

压频变换型 A/D 转换器的缺点：类似于积分型 A/D 转换器，其转换速率受到限制，12 位时为 100～300sps。

4.1.7　Σ-Δ 型 A/D 转换器

Σ-Δ 型转换器又称为过采样转换器，它采用增量编码方式，即根据前一量值与后一量值的差值的大小来进行量化编码。Σ-Δ 型 A/D 转换器包括一个反馈环路、一个滤波器和一个用于转换器的量化器组成，如图 4-6 所示。

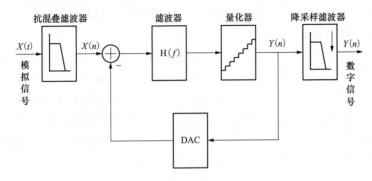

图 4-6　Σ-Δ 型 A/D 转换器原理框图

反馈环路通过一个 D/A 转换器（DAC）闭环。为了保证输入信号在带宽内，需要一个预滤器（抗混叠滤波器），后级滤波器（降采样滤波器）用来使采样率降到刚好满足奈奎斯特采样率。这种 A/D 转换器的最大误差是量化噪声。量化噪声本质上不是噪声，而是原始模拟信号与被有限位量化后的模拟信号之差。

Σ-Δ 型 A/D 转换器的优点：分辨率较高，高达 24 位，转换速率高，高于积分型和压频变换型 A/D 转换器。其内部利用高倍频过采样技术，实现了数字滤波，降低了对传感器信号进行滤波的要求。

Σ-Δ 型 A/D 转换器的缺点：高速 Σ-Δ 型 A/D 转换器的价格较高，在转换速率相同的条件下，比积分型和逐次逼近型 A/D 转换器的功耗高。

Σ-Δ 型 A/D 转换器的典型器件，如 ADS1110、ADS1158、ADS1174、ADS1232、ADS1240、ADS1255、ADS1271、ADS1274 等。

4.1.8　流水线型 A/D 转换器

流水线型 A/D 转换器，是一种高效和强大的模数转换器。它能够提供高速、高分辨率的模数转换，并且具有令人满意的低功率消耗和很小的芯片尺寸。经过合理的设计，还可以提供优异的动态特性。流水线型 A/D 转换器由若干级级联电路组成，每一级包括一个采样/保持放大器、一个低分辨率的 A/D 转换器和 DAC 以及一个求和电路，其中求和电路还包括可提供增益的级间放大器。快速精确的 n 位转换器分成两段以上的子区（流水线）来完成。首级电路的采样/保持器对输入信号取样后先由一个 m 位分辨率粗 A/D 转换器对输入进行量化，

接着用一个至少 n 位精度的乘积型数模转换器（MDAC）产生一个对应于量化结果的模拟电平并送至求和电路，求和电路从输入信号中扣除此模拟电平，并将差值精确放大某一固定增益后，交下一级电路处理。经过各级这样的处理后，最后由一个较高精度的 k 位细 A/D 转换器对残余信号进行转换。将上述各级粗、细 A/D 转换器的输出组合起来，即可构成高精度的 n 位输出。

流水线型 A/D 转换器的优点：有良好的线性和低失调，可以同时对多个采样进行处理，有较高的信号处理速度，典型的转换时间小于 100ns，低功率、高精度、高分辨率，可以简化电路设计。

流水线型 A/D 转换器的缺点：基准电路和偏置结构过于复杂，输入信号需要经过特殊处理，以便穿过数级电路造成流水延迟，对锁存定时的要求严格，对电路工艺要求很高，如果电路板设计得不合理，会影响增益的线性、失调及其他参数。

典型流水线型 A/D 转换器，如 MAX1200、MAX1201、MAX1205 等。

4.1.9　典型 A/D 转换器对比

逐次逼近型、积分型、压频变换型等，主要应用于中速或较低速、中等精度的数据采集和智能仪器中。分级型和流水线型 A/D 转换器主要应用于高速情况下的瞬态信号处理、快速波形存储与记录、高速数据采集、视频信号量化及高速数字通信技术等领域。此外，采用脉动型和折叠型等结构的高速 A/D 转换器，可应用于广播卫星中的基带解调等方面。Σ-Δ 型 A/D 转换器主要应用于高精度数据采集，特别是数字音响系统、多媒体、地震勘探仪器、声纳等测量领域。典型 A/D 转换器芯片及其优缺点对比见表 4-2。

表 4-2　　　　　　　　　　典型 A/D 转换器芯片及其优缺点对比

类　型	速　度	分　辨　率	优　缺　点
逐次逼近型	≤5Msps	≥18 位	使用简单、低功耗、低电源
并行/串行比较型	≤5Gsps	≥10 位	速度最快，成本高，电源要求高
Σ-Δ 调制型	≤200ksps	≥24 位	速度较低，功耗适中
	≤10Msps	≥16～18 位	
流水线型	≤500Msps	≥16 位	速度快，成本高，电源要求高

4.2　A/D 变换器主要性能指标

如前所述，由于 A/D 转换器的种类很多，包括积分型、逐次逼近型、并行/串行比较型、Σ-Δ 型等。在选取和使用 A/D 的时候，依靠什么指标来判断其是否合适，这对于设计工程师非常重要。

4.2.1　位数（bit）

一个 n 位的 A/D 转换器，表示这个 A/D 转换器共有 2 的 n 次方个刻度。8 位的 A/D 转换器，输出的是从 0 到 255，共计 256 个数字量，也就是 2 的 8 次方个数据刻度。16 位的 A/D 转换器，输出的是从 0 到 65535，共计 65536 个数字量，也就是 2 的 16 次方个数据刻度。

4.2.2　分辨率

分辨率（resolution）是数字量变化一个最小刻度时，模拟信号的变化量，定义为满刻度

量程 FSR（如 0～5V、–5～+5V、0～10V、–10～+10V）与 2^n 的比值，即：

$$分辨率 = \frac{满量程}{2^n} = \frac{FSR}{2^n} \tag{4-1}$$

表达式（4-1）表示能分辨出的输入电压的最小差异。故位数 n 越大，其分辨率也越高。相对分辨率，是指分辨率与满刻度量程 FSR 之比，即

$$相对分辨率 = \frac{分辨率}{满量程} = \frac{FSR/2^n}{FSR} = \frac{1}{2^n} \tag{4-2}$$

举例说明：对于 4.90V 的电压系统，如果使用 8 位的 A/D 转换器进行测量，那么相当于 0～255，共计有 256 个刻度，把 4.90V 平均分成了 256 份，那么其分辨率为：

$$分辨率 = \frac{4.90}{256} \approx 19.14\text{mV} \tag{4-3}$$

再比如，如果 A/D 转换器的输出为 12 位二进制数，其最大输入模拟信号为 4.90V，则其分辨率为：

$$分辨率 = \frac{4.90}{2^{12}} \approx 1.196\text{mV} \tag{4-4}$$

A/D 转换器的分辨率与位数之间的关系（假设满量程 4.9V）见表 4-3。

表 4-3   **A/D 转换器的分辨率与位数之间的关系**

位数	级数	相对分辨率（%）	分辨率（mV）
8	256	0.391	19.1
10	1024	0.0977	4.79
12	4096	0.0244	1.20
14	16384	0.0061	0.30
16	65536	0.0015	0.07

设 A/D 转换器的满刻度量程为 FSR，位数为 n，要求分辨率为 M，则位数 n 必须满足表达式（4-5）：

$$n \geqslant \log_2\left(\frac{FSR}{M} + 1\right) = 3.32\lg\left(\frac{FSR}{M} + 1\right) \tag{4-5}$$

某 A/D 转换器的满刻度量程为 $FSR = 10\text{V}$，系统要求分辨率 $M = 2\text{mV}$，试确定其位数 n。由于位数 n 必须满足：

$$n \geqslant 3.32\lg\left(\frac{\text{FSR}}{\text{M}} + 1\right) = 3.32\lg\left(\frac{10000}{2} + 1\right) = 12.3 \tag{4-6}$$

因此，可选大于 13 位的 A/D 转换器。

假设某驱动 A/D 转换器的运放的闭环增益为 A_{id}，运放输入信号的最大值和最小值分别为 $u_{\text{i\_max}}$ 和 $u_{\text{i\_min}}$，A/D 转换器的满刻度量程为 FSR，A/D 转换器的位数为 n，那么必须满足表达式（4-7）：

$$\begin{cases} u_{\text{i\_min}} A_{\text{id}} \geqslant \dfrac{FSR}{2^n} \\ u_{\text{i\_max}} A_{\text{id}} \leqslant FSR \end{cases} \tag{4-7}$$

则要求 A/D 转换器的位数 n 必须满足式（4-8）：

$$n \geqslant \frac{\lg(u_{i\_max}/u_{i\_min})}{\lg 2} \tag{4-8}$$

如果将运放的动态范围 A_U，定义为输入信号的最大值 u_{i_max} 与最小值 u_{i_min} 之比，即：

$$A_U = 20\lg\frac{u_{i\_max}}{u_{i\_min}} \tag{4-9}$$

假设已知运放的动态范围 A_U，那么，A/D 转换器的位数为 n 就可由式（4-10）获得：

$$n \geqslant \frac{A_U}{6} \tag{4-10}$$

4.2.3 转换速率

转换速率（Conversion Rate），是指 A/D 转换器每秒能进行采样转换的最大次数，单位是 sps（或 s/s、sa/s，即 samples per second），它与 A/D 转换器完成一次从模拟到数字的转换所需要的时间互为倒数关系。A/D 转换器的种类比较多，其中积分型的 A/D 转换器转换时间是毫秒级的，属于低速 A/D 转换器；逐次逼近型 A/D 转换器转换时间是微妙级的，属于中速 A/D 转换器；并行/串行比较型 A/D 转换器的转换时间可达到纳秒级，属于高速 A/D 转换器。

采样时间则是另外一个概念，是指两次转换的间隔。为了保证转换的正确完成，采样速率（Sample Rate）必须小于或等于转换速率。因此有人习惯上将转换速率在数值上等同于采样速率也是可以接受的。常用单位是 ksps/Msps，表示每秒采样千/百万次（kilo/Million Samples per Second）。

举例说明：若某 A/D 转换器的转换时间为 10μs，则其转换速率为 100ksps。如果周期采样 20 个点，那么该 A/D 转换器，最高可以处理的模拟信号的频率，不能超过式（4-11）：

$$f_{S\_max} \leqslant \frac{1}{20\times 10\mu s} = 5kHz \tag{4-11}$$

因此，该 A/D 转换器可以处理的模拟信号的最高频率，不超过 5kHz。

再比如，某信号采集系统要求用一片 A/D 转换器芯片，在 1s 内对 20 个热电偶的输出电压分度数进行 A/D 转换。已知热电偶输出电压范围为 0～25mV（对应于 0～450℃温度范围），需分辨的温度为 0.1℃，试问应选择多少位的 A/D 转换器？其转换时间为多少？

分析：根据前面的分析得知，该采集系统的分辨率由式（4-12）计算获得，即：

$$分辨率 = \frac{0.1}{450} = \frac{1}{4500} \tag{4-12}$$

由于 12 位的 A/D 转换器的分辨率为：

$$分辨率 = \frac{1}{4096} \tag{4-13}$$

因此，初步可以选择 13 位的 A/D 转换器。又由于该采集系统，需要在 1s 内，对 20 个热电偶的输出电压分度数进行 A/D 转换，因此，转换时间 t_{con} 可以表示为：

$$t_{con} = \frac{1}{20}\,s = 50ms \tag{4-14}$$

如何提高 A/D 转换器的转换速度，至关重要，需要考虑以下几个方面。

（1）减少通道数。

（2）增大去混淆低通滤波器陡度。

（3）选用转换时间短的 A/D 芯片。

（4）选用直接读取存储器的技术（DMA）。

要不要设置采样保持器，可以通过计算进行判断。为了保证 1 最低有效位的精度，结合采样定理，在 A/D 转换时间 t_{con} 内，被转换信号允许的最高频率 f_{max} 为：

$$f_{max} = \frac{1}{t_{con} \cdot \pi \cdot 2^{n+1}} \tag{4-15}$$

当信号频率 f_{sig} 小于 f_{max} 时，不用采样保持器；反之，当信号频率 f_{sig} 大于 f_{max} 时，就要采用采样保持器以便把采样幅值保持下来。

4.2.4 量化误差

量化误差（Quantizing Error）是由于 A/D 的有限分辨率而引起的误差，即有限分辨率 A/D 转换器的阶梯状转移特性曲线与无限分辨率 A/D 转换器（理想 A/D 转换器）的转移特性曲线（直线）之间的最大偏差。通常是 1 个或 0.5 个最小数字量的模拟变化量，表示为 1LSB、1/2LSB。所谓量化，就是把经过抽样得到的瞬时值将其幅度离散，即用一组规定的电平，把瞬时抽样值用最接近的电平值来表示。经过抽样的图像，只是在空间上被离散成像素（样本）的阵列。而每个样本灰度值还是一个由无穷多个取值的连续变化量，必须将其转化为有限个离散值，赋予不同码字才能真正成为数字图像。这种转化称为量化。

A/D 变换器的功能是将模拟信号转换成数字信号，它的位数是有限长的，因此存在量化误差。除此之外，还有：

（1）偏移误差（Offset Error）。输入信号为零时输出信号不为零的值，可外接电位器调至最小。

（2）满刻度误差（Full Scale Error）。满度输出时对应的输入信号与理想输入信号值之差。

（3）线性度（Linearity）。实际转换器的转移函数与理想直线的最大偏移，不包括以上三种误差。

其他指标还包括绝对精度（Absolute Accuracy）、相对精度（Relative Accuracy）、微分非线性、单调性和无错码、总谐波失真（Total Harmonic Distotortion，THD）和积分非线性。请读者查阅相关文献，恕不赘述。

常用 A/D 转换器及其参数见表 4-4。

表 4-4   **常用 A/D 转换器及其参数**

芯片型号	公司	分辨率	接口方式	输入通道数	采样速率	差分输入	工作电压（V）	基准电压
ADC084S051	NS	8	SPI/QSPI/Microwire	4	500k	否	2.7～5.25	内部
AD9287	ADI	8	LVDS，Serial	4	100M	否	1.8	内部

芯片型号	公司	分辨率	接口方式	输入通道数	采样速率	差分输入	工作电压（V）	基准电压
ADCS7477	TI	10	SPI/QSPI/Microwire	1	1000k	否	2.7～5.25	内部
MAX1308	美信	12	μP/12	8	4000	否	5	内外
ADC121S705	NS	12	SPI/QSPI/Microwire	1	1000k	是	5V	外部
MAX1069	美信	14	I^2C	1	58k	否	5V	内外
DS2450	美信	16	1-wire	4	1440k	否	5V	内部
ADS1250	TI	20	SPI	1	25K	否	5V	外部
ADS1258	TI	24	SPI	16 8	125k	是	2.7～5.25	外部

4.3　与 ADC 配合的处理方法

4.3.1　接口电路的设计任务

A/D 转换器的输出是数字电路，它与后级电路相连接所需要的数据线可以分为并行接口和串行接口两种形式。绝大多数 A/D 转换器的数据输出都具备并行接口，可以很方便地与后级电路（如微处理器等）的数据总线相连接，数据传送速度快。A/D 转换器的数据总线常用的有 8、12 位和 16 位。但一般 10～16 位的 A/D 转换器既能以 16 位的接口方式与 16 位微控制器直接相连，又能以 8 位接口方式与 8 位微控制器相连。并行接口除了并行的数据线外，还需要许多控制信号线和状态信号线，如启动转换信号线、读/写信号线、片选信号线等。由于各种 A/D 转换器的芯片各不相同，所以在设计时，必须清楚 A/D 转换器的具体型号、各信号定义、时序以及与配套使用微控制器的总线时序，从而才能设计出满足时序要求的接口电路。接口设计的任务包括两个方面。

（1）转换器一旦受到微控制器发出的转换指令，即可进行 A/D 转换。

（2）当微控制器发出取数据指令时，转换结果即可存入微控制器内存。

在设计微控制器与 A/D 转换器之间的接口电路时，需要关注以下三个问题。

（1）数据输出的缓冲问题。由于计算机的数据总线是微控制器与存储器、I/O 设备之间传送数据的公共通道，因此，要求 A/D 转换器的数据输出端，必须通过三态缓冲器与数据总线进行连接。当未被选中时，A/D 转换器的输出端呈现高阻状态，以免干扰数据总线上面的数据传送。

（2）产生芯片选通信号与控制信号。芯片选通信号，即地址信号，给出该地址信号，就表示本 A/D 转换器芯片被选通，否则，未被选通，不能使用。

控制信号，则是用于完成对 A/D 转换器芯片的读写控制，不同微控制器，其控制总线有所不同，需要根据具体选用的微控制器型号就行灵活设计。

（3）读出数据。需要解决 A/D 转换器芯片与微控制器之间的联络方式（如查询或者中断方式）和数据输出格式（如并行或者串行输出）两个问题。在设计接口电路时，究竟是采用查询还是中断方式，依据情况而定：

1）如转换时间较长（如超过 $100\mu s$）时，且程序需要同时完成其他计算任务，则采用中断方式比较合适。

2）如转换时间较短（如在几十微秒以内）时，且程序不需要同时完成其他计算任务，则采用查询方式，可以满足要求。

4.3.2　关注接口特性

ADC 与外部电路连接时的特性，既包括 ADC 与外部电路连接时的输入特性，如电压、电流范围、输入极性（单、双极性）、模拟信号最高有效频率等；还包括 ADC 与外部电路连接时的输出特性，如编码方式（自然或偏移二进制码等）、输出方式（串、并行；三态、缓冲、锁存输出）以及 TTL、CMOS 电平类型等；包括 ADC 与外部电路连接时的控制特性，如启动转换、转换完成；片选信号（$\overline{CS}$）、数据读（$\overline{RD}$）等控制信号端。也包括 A/D 转换器的内部连接特性，如：

（1）模拟信号输入线（多通道时须进行通道选择）。

（2）数字量输出线：根数表示 ADC 分辨率。

（3）转换启动线（输入）。

（4）转换结束线（输出）。

对于 A/D 转换器与 CPU 之间的接口而言，需要考虑的问题：

（1）A/D 转换器的分辨率。ADC 位数与 CPU 的 DB 位数，若 ADC 位数高于 CPU 位数，则 CPU 分次读。

1）左对齐。最高位在最左边，缺位在右以 0 补齐；

2）右对齐。最低位在最右边，缺位在左以 0 补齐。

（2）A/D 转换器的输出锁存器，ADC 芯片是否带三态数据输出锁存器，它可分为直接挂和外加三态输出锁存。

（3）A/D 转换器的启动信号：

1）电平启动：如 AD570，整个转换过程中维持不变；

2）脉冲启动：如 AD574，需一定脉冲宽即可。

A/D 转换器接口的主要操作包括以下内容。

（1）进行通道选择：以代码形式从数据线（或地址线）上发出。

（2）发转换启动信号。

（3）取回"转换结束"状态信号。

（4）读取转换数据。

（5）发采样/保持（S/H）控制信号。

A/D 转换器数据的传送方式有以下几种。

（1）查询方式。

（2）中断方式。

（3）DMA 方式。

（4）设置 RAM。

转换结束信号的处理，不同的处理方式对应程序设计方法不同。

（1）查询方式：把结束信号作为状态信号。

（2）中断方式：把结束信号作为中断请求信号。

（3）延时方式：不使用转换结束信号。

（4）DMA 方式：把结束信号作为 DMA 请求信号。

4.4　转换器 AD574 及其接口技术

4.4.1　转换器 AD574 介绍

下面以转换器 AD574（MAX574）为例进行说明。AD574 是 AD 公司生产的 12 位逐次逼近型 A/D 转换器芯片。转换器 AD574 系列包括 AD574、AD674 和 AD1674 等型号的芯片。AD574 的转换时间为 15～35μs。片内有数据输出锁存器，并有三态输出的控制逻辑。其运行方式灵活，可进行 12 位转换，也可做 8 位转换。转换结果可直接以 12 位输出，也可先输出高 8 位，后输出低 4 位。可直接与 8 位和 16 位的微处理器接口。输入可设置成单极性，也可设置成双极性。片内有时钟电路，无须加外部时钟。AD574 适用于对精度和速度要求较高的数据采集系统和实时控制系统。

现将转换器 AD574 的关键性能参数小结如下。

（1）转换时间：≤25μs。

（2）工作温度：0～70℃。

（3）功耗：≤390mW。

（4）输入电压可为单极性（0～+10V，0～+20V），可以为双极性（−5～+5V，−10～+10V）。

（5）可由外部控制进行 12 位转换或 8 位转换。12 位数据输出分为三段，A 段为高 4 位，B 段为中 4 位，C 段为低 4 位，三段分别经三态门控制输出。所以数据输出可以一次完成，也可分为两次完成，即先输出高 8 位，后输出低 4 位。

（6）内部具有三态输出缓冲器，可直接与 8、12 位或 16 位微处理器直接相连。

（7）具有+10.000V 的高精度内部基准电压源，只需外接一只适当阻值的电阻，便可向 DAC 部分的解码网络提供参考输入。内部具有时钟产生电路，无须外部接线。

（8）需三组电源：+5V、V_{CC}（+12～+15V）、V_{EE}（−12～−15V）。由于转换精度高，所提供电源必须有良好的稳定性，并进行充分滤波，以防止高频噪声的干扰。

有关转换器 AD574 的更详细参数，请读者朋友查阅其参数手册。如图 4-7 所示为 2 位逐次逼近型 A/D 转换器 AD574（MAX574）的管脚图，现将管脚名称及其功能简述如下。

（1）V_{LOG}：逻辑电路供电输入端。

（2）V_{EE}：负电源端 −12～−15V。

（3）V_{CC}：正电源端，+12～+15V。

（4）REF OUT：+10V 基准电压输出。

（5）REF IN：参考电压输入。

（6）BIP OFFSET：双极性补偿端，该管脚适当连接可实现单极性或双极性输入。

（7）$10V_{IN}$：10V 范围输入端，单极性输入 0～+10V，双极性输入−5～+5V。

（8）$20V_{IN}$：20V 范围输入端，单极性输入 0～+20V，双极性输入−10～+10V。

（9）DB11～DB0：12 位数字输出。

（10）STS：转换结束信号，转换过程中为高电平，转换结束后变为低电平。

4.4.2 转换器接口技巧

转换器 AD574A 的几个控制端的功能见表 4-5。

表 4-5   转换器 AD574A 的全部控制端

管脚序号	管脚符号	定 义 说 明
2	$12/\bar{8}$	数据输出方式控制信号。$12/\bar{8}=1$，输出 12-bit 数据；$12/\bar{8}=0$，输出 8-bit 数据
3	$\overline{CS}$	片选信号，低电平有效
4	A0	转换位数控制信号。A0=1，8-bit 转换；A0=0，12 位转换
5	$R/\bar{C}$	读出或转换信号。$R/\bar{C}=0$，启动 A/D 转换，$R/\bar{C}=1$，读出转换结果
6	CE	芯片允许信号，高电平有效

如图 4-8 所示的是转换器 AD574A 的时序图。

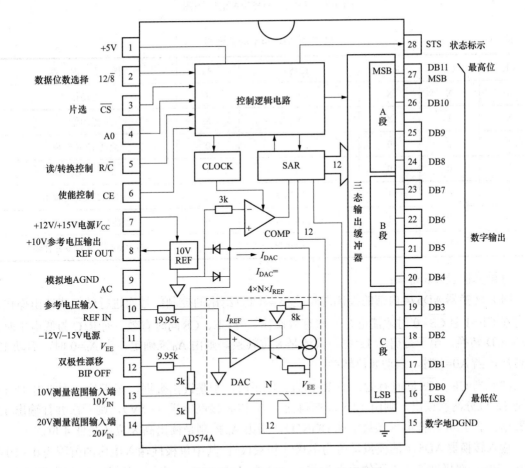

图 4-7 转换器 AD574（MAX574）的管脚图

如图 4-8 所示的转换器 AD574A 的时序图中，为阐释方便将时序折断。转换器 AD574A 的真值表见表 4-6。

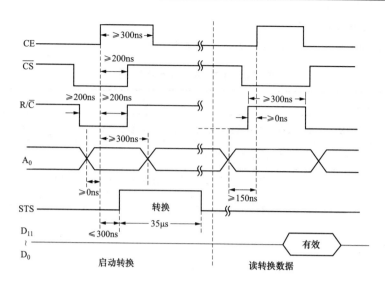

图 4-8　转换器 AD574A 的时序图

表 4-6　　　　　　　　　　　　　**转换器 AD574A 的真值表**

CE	$\overline{CS}$	R/$\overline{C}$	12/$\overline{8}$	A_0	操　作　内　容
0	X	X	X	X	无动作
X	1	X	X	X	无动作
1	0	0	X	0	启动 12 位转换
1	0	0	X	1	启动 8 位转换
1	0	1	1（接+5V）	X	使能 12 位并行输出
1	0	1	0（接 DGND）	0	使能高 8 位并行输出
1	0	1	0（接 DGND）	1	使能低 4 位+4 位 0 并行输出

分析真值表 4-6 得知：

（1）转换器 AD574 内部的控制逻辑能根据 CPU 给出的控制信号而进行转换或读出操作。只有在 CE=1 且 $\overline{CS}$=0 时才能进行一次有效操作。当 CE、$\overline{CS}$ 同时有效，而 R/$\overline{C}$ 为低电平时，启动 A/D 转换，至于是启动 12 位转换还是 8 位转换，则由 A_0 来确定，当 A_0=0 时，启动 12位转换，当 A0=1 时，启动 8 位转换。

（2）当 CE、$\overline{CS}$ 同时有效，而 R/$\overline{C}$ 为高电平时，则是读出数据，至于是一次读出 12 位还是 12 位分两次读出，则由 12/8 管脚确定。若 12/8 接高电平（+5V），则一次并行输出 12位数据；若 12/8 接低电平（数字地 DGND），则由 A_0 控制是读出高 8 位还是低 4 位。

输入转换器 AD574 的模拟量可为单极性和双极性，其中单极性输入电压的范围为 0～10V或 0～20V；双极性输入电压的范围为–5～+5V 或–10～+10V。这些灵活的工作方式都必须按规定采用与之对应的接线方式才能实现。如图 4-9 所示为转换器 AD574A 的单极性输入方式的接口原理图。模拟量（单极性或双极性）由管脚 $10V_{IN}$（输入 0～10V 或–5～+5V）或 $20V_{IN}$（输入 0～20V 或–10～+10V）输入，采用单点接地方式。

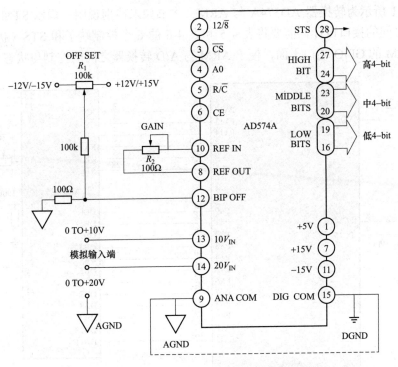

图 4-9　转换器 AD574A 的单极性输入方式的接口原理图

如图 4-10 所示为转换器 AD574A 的双极性输入方式的接口原理图，它采用单点接地方式。

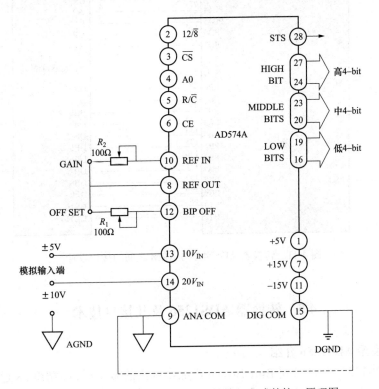

图 4-10　转换器 AD574A 的双极性输入方式的接口原理图

如图 4-11 所示为转换器 AD574A 与 ARM（本书如未特别说明，均以 STM32F417 为例进行讲解）之间的接口设计，需要将表 4-5 和表 4-6 的 6 个控制端子和 STS（状态）端子，分别接到 ARM 的 GPIO 端口上面，便于 ARM 与 A/D 转换器之间的控制与状态查询。

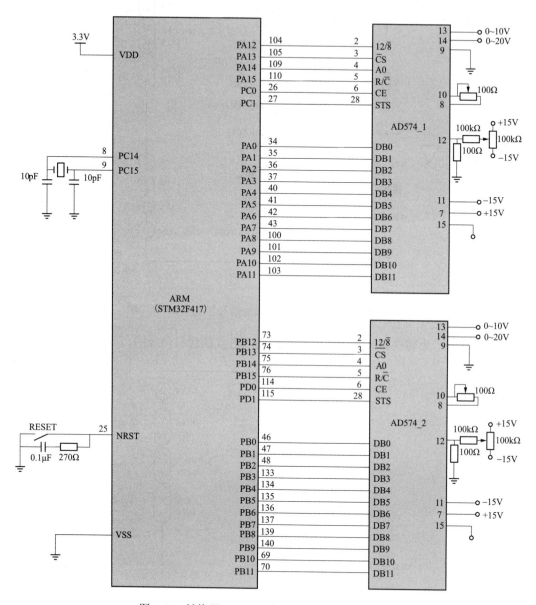

图 4-11　转换器 AD574A 与 ARM 之间的接口设计

4.5　转换器 ADS1256 及其接口技术

4.5.1　转换器 ADS1256 介绍

转换器 ADS1256 是 TI 公司 Burr-Brown 产品线推出的微功耗、高精度、8 通道、24 位 Σ-Δ 型高性能 A/D 转换器。该器件提供高达 23bit 的无噪声精度、数据速率高达 30ksps（次采样/

秒)、0.0010%非线性特性（最大值）以及众多的板上外设（输入模拟多路开关、输入缓冲器、可编程增益放大器和可编程数字滤波器等），可为设计人员带来完整而高分辨率的解决方案。现将转换器 ADS1256 的主要特点小结如下。

（1）24bit 无数据丢失。

（2）高达 23bit 的无噪声精度。

（3）低非线性度：±0.0010%。

（4）数据采样率可达 30ksps。

（5）采用单周期转换模式。

（6）带有模拟多路开关，具有传感器检测功能（可配置为 4 路差动输入和 8 路单极输入）。

（7）带有输入缓冲器（BUF）。

（8）带有串行外设接口（SPI）。

（9）内含可编程增益放大器（PGA），PGA=1 时，可提供高达 25.3 位的有效分辨率；PGA=64 时，可提供高达 22.5 位的有效分辨率。

（10）PGA 噪声低至 27nV。

（11）所有的 PGA 均具有自校准和系统校准。

（12）模拟输入电压为 5V，数字电压为 1.8～3.6V。

（13）正常模式下功耗低至 38mW，备用模式下功耗为 0.4mW。

有关转换器 ADS1256 的其他参数，请读者朋友阅读其参数手册。如图 4-12 所示的是转换器 ADS1256 的原理框图。该器件主要由模拟多路开关（MUX）、输入缓冲器（Buffer）、可编程增益放大器（PGA）、四阶 Σ-Δ 型调制器、可编程数字滤波器（Digital Filter）、时钟发生器（Clock Generator）、控制器（Control）、串行 SPI 接口（Serial Interface）和通用数字 I/O 端口（GPIO）等组成。由于 ADS1256 提供有九路模拟输入端，所以，可使用模拟多路开关寄存器，来将其配置为 4 路差动输入、8 路单极输入或差动输入和单极输入的组合。

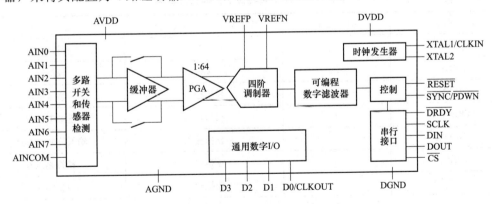

图 4-12 转换器 ADS1256 的原理框图

4.5.2 转换器接口技巧

当模拟输入通道 0 被选择为正差动输入端（AINP）时，其余通道可被选择为负差动输入端（AINN）。通常，输入管脚的选择是没有限制的，但是为了得到最佳的模拟性能，推荐如下的管脚连接方式。

（1）做差动测量时，一般将 AIN0～AIN7 作为输入端，不用 AINCOM。

（2）做单极测量时，一般将 AIN0～AIN7 作为单极输入端；AINCOM 作为公共输入端，但是不把 AINCOM 接地。

（3）将未用的模拟输入管脚悬空，这样有利于减小输入泄漏电流。

转换器 ADS1256 采用四线制（时钟信号线 SCLK、数据输入线 DIN、数据输出线 DOUT 和片选线/CS）的 SPI 通信方式，且只能工作在 SPI 通信的从模式下。设计时可以通过各种主控制器（如 ARM 等）来控制 ADS1256 片上的寄存器，并通过串口读写这些寄存器。串口通信时，必须保持 $\overline{CS}$ 为低电平。DRDY 管脚用来表明转换已经完成，可以通过 RDADA 或者 RDATAC 命令从 DOUT 管脚读取最新的转换数据。在 SPI 通信过程中，可同步发送和接收数据，而且数据也可利用 SCLK 和 DIN、DOUT 信号同步移动。SCLK 信号要尽量保持干净以免发生数据错误，在 SCLK 的上升沿，可通过 DIN 向 ADS1256 发送数据，而在 SCLK 的上升沿，可通过 DOUT 从 ADS1256 读取数据。DIN 和 DOUT 也可以通过一条双向信号线与主控制器相连，但在这种情况下，一定不能用 RDATAC 命令来读取数据。

如图 4-13 所示为转换器 ADS1256 的管脚图。转换器 ADS1256 的各个管脚及其含义见表 4-7。

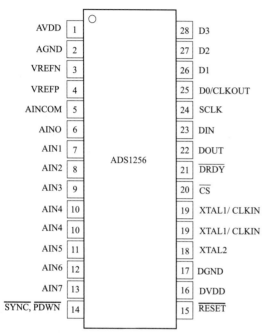

图 4-13 转换器 ADS1256 的管脚图

表 4-7　　　　　　　　　　转换器 ADS1256 的各个管脚及其含义

名　称	ADS1256	模拟量/数字量输入/输出	说　明
AVDD	1	模拟	模拟电源
AGND	2	模拟	模拟地
VREFN	3	模拟输入	负参考输入
VREFP	4	模拟输入	正参考输入
AINCOM	5	模拟输入	输入公共参考点
AIN0	6	模拟输入	模拟输入 0
AIN1	7	模拟输入	模拟输入 1
AIN2	8	模拟输入	模拟输入 2
AIN3	9	模拟输入	模拟输入 3
AIN4	10	模拟输入	模拟输入 4
AIN5	11	模拟输入	模拟输入 5
AIN6	12	模拟输入	模拟输入 6
AIN7	13	模拟输入	模拟输入 7

续表

名　称	ADS1256	模拟量/数字量输入/输出	说　明
$\overline{SYNC}$/PDWN	14	数字输入：低电平有效	同步/掉电输入
$\overline{RESET}$	15	数字输入：低电平有效	复位输入
DVDD	16	数字	数字电源
DGND	17	数字	数字地
XTAL2	18	数字	晶体振荡器连接
XTAL1/CLKIN	19	数字/数字输入	晶体振荡器连接/外部时钟输入
$\overline{CS}$	20	数字输入：低电平有效	芯片选择
$\overline{DRDY}$	21	数字输出：低电平有效	数据就绪输出
DOUT	22	数字输出	串行数据输出
DIN	23	数字输入	串行数据输入
SCLK	24	数字输入	串行时钟输入
D0/CLKOUT	25	数字 I/O	数字 I/O 0/时钟输出
D1	26	数字 I/O	数字 I/O 1
D2	27	数字 I/O	数字 I/O 2
D3	28	数字 I/O	数字 I/O 3

转换器 ADS1256 有四个通用数字 I/O 口，所有的 I/O 口都可以通过 I/O 寄存器设置为输入或输出。通过 IO 寄存器的 DIR 位，可对每一个脚的输入或输出进行设置。通过 D0 脚可设置一个时钟发生器，以供别的设备使用（如微控制器等）。此时钟可以通过 ADCON 寄存器的 CLK0 和 CLK1 位，设置成 f_{CLKIN}、f_{CLKIN}/2、f_{CLKIN}/4。把 D0 作为时钟要增加电压的消耗，因此，如果不需要时钟输出功能，最好在上电或者复位后，通过写 ADCON 寄存器使其处于无效状态。不用的数字 I/O 管脚可以作为输入接地，也可以设置为输出，这样有利于减小电源消耗。

转换器 ADS1256 的主时钟，可以由外部晶振或时钟发生器提供。由外部晶振产生时，PCB 布线时，晶振应该尽量靠近 ADS1256。为了保证能够起振并得到一个稳定频率，可使用一个外部电容（一般使用陶瓷电容）。晶振频率一般选择 7.68MHz（f_{CLKIN}=7.68MHz）。

转换器 ADS1256 可通过复位管脚 $\overline{RESET}$、RESET 命令和特殊串口通信时钟 SCLK 三种方式进行复位。ADS1256 的同步操作，则有 $\overline{SYNC}$、$\overline{PDWN}$ 管脚和 SYNC 命令两种方式。转换器 ADS1256 工作过程的建立主要是通过对 11 个独立寄存器的设置来完成，这些寄存器包括了所有需要设置的信息，如采样速度、模拟多路开关、PGA 设置、I/O 选择、自校准等。表 4-8 给出了 ADS1256 的主要寄存器状态，其中包括状态寄存器 STATUS、模拟多路开关寄存器 MUX、AD 控制寄存器 ADCON 和数据速度寄存器 DRATE。

表 4-8　　　　　　　　　　转换器 ADS1256 的主要寄存器状态

地址	寄存器	复位值	BIT7	BIT6	BIT5	BIT4	BIT3	BIT2	BIT1	BIT0
00h	STATUS	X1H	ID3	ID2	ID1	ID0	ORDER	ACAL	BUFEN	$\overline{DRDY}$

续表

地址	寄存器	复位值	BIT7	BIT6	BIT5	BIT4	BIT3	BIT2	BIT1	BIT0
01h	MUX	01H	PSEL3	PSEL2	PSEL1	PSEL0	NSEL3	NSEL2	NSEL1	NSEL0
02h	ADCON	20H	0	CLK1	CLK0	SDCS1	SDCS0	PGA2	PGA1	PGA0
03h	DRATE	F0H	DR7	DR6	DR5	DR4	DR3	DR2	DR1	DR0
04h	IO	E0H	DIR3	DIR2	DIR1	DIR0	DIO3	DIO2	DIO1	DIO0
05h	OFC0	XXH	OFC07	OFC06	OFC05	OFC04	OFC03	OFC02	OFC01	OFC00
06h	OFC1	XXH	OFC15	OFC14	OFC13	OFC12	OFC11	OFC10	OFC09	OFC08
07h	OFC2	XXH	OFC23	OFC22	OFC21	OFC20	OFC19	OFC18	OFC17	OFC16
08h	FSC0	XXH ·	FSC07	FSC06	FSC05	FSC04	FSC03	FSC02	FSC01	FSC00
09h	FSC1	XXH	FSC15	FSC14	FSC13	FSC12	FSC11	FSC10	FSC09	FSC08
0Ah	FSC2	XXH	FSC23	FSC22	FSC21	FSC20	FSC19	FSC18	FSC17	FSC16

其中，状态寄存器 STATUS（地址 00h，复位值为 X1H）的高四位（ID 位）由出厂设定，ORDER 位为数据输出顺序选择位，为 0 时，数据输出高位在先（默认）；为 1 时，数据输出低位在先。ACAL 位为自动校准选择位，为 0 时，自动校准关闭（默认）；为 1 时，自动校准开启。BUFFER 位为输入缓冲选择位，为 0 时，输入缓冲关闭（默认）；为 1 时，输入缓冲开启。/DRDY 位为转换数据状态位，此位完全复制/DRDY 管脚的状态，/DRDY 为低电平时，表明数据转换结束，结果可以读出；/DRDY 为高电平时，表明没有数据转换或者正在转换数据，此时不能读数据。

模拟多路开关寄存器 MUX（地址 01h）的复位值为 01H。其中：

（1）PSEN3～PSEN0 位为差动信号正输入端选择位，具体选择包括五种方式，即 0000=AIN0（默认）、0001=AIN1、0010=AIN2、0011=AIN3 和 1XXX=AINCOM。

（2）NSEL3～NSEL0 为差动信号负输入端选择位，具体选择包括五种方式，即 0000=AIN0、0001=AIN1（默认）、0010=AIN2、0011=AIN3 和 1XXX=AINCOM。

AD 控制寄存器 ADCON（地址 02h）的最高位一般不用（始终为 0）。CLK1、CLK0 为输出时钟选择位，具体选择包括四种方式，即 00 为输出时钟关闭、01 为 f_{CLKIN}（默认）、10 为 $f_{CLKIN}/2$ 和 11 为 $f_{CLKIN}/4$。

SDCS1、SDCS0 为传感器检测选择位，具体选择包括四种方式，即 00 表示传感器检测关闭（默认）、01 表示传感器检测电流为 0.5μA、10 表示传感器检测电流为 2μA 和 11 表示传感器检测电流为 10μA。

PGA2～PGA0 为可编程增益放大器的放大倍数选择位，具体选择包括八种方式，即 000=1（默认）、001=2、010=4、011=8、100=16、101=32、110=64 和 111=128。

数据速率寄存器 DRATE（地址 02h）的复位值为 F0H。DIR7～DIR0 为数据速率选择位，具体选择包括：11110000=30ksps（默认）、11100000=15ksps…00010011=5ksps 和 00000011=2.5ksps。

如图 4-14 所示为转换器 ADS1256 的 SPI 通信时序图。

图 4-14 中的各个时间参数小结见表 4-9。

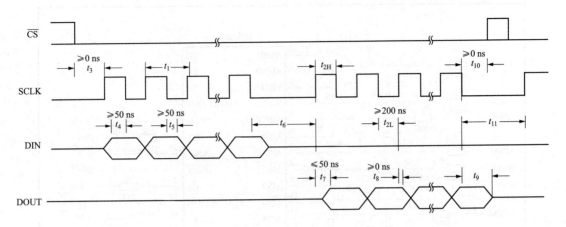

图 4-14 转换器 ADS1256 的 SPI 通信时序图

表 4-9 转换器 ADS1256 的 SPI 通信时序参数

变量符号	功 能 说 明		最小	最大	单位
t_1	SCLK 期			4	τ_{CLKIN}
				10	τ_{DATA}
t_{2H}	SCLK 脉冲宽度：高			200	ns
				9	τ_{DATA}
t_{2L}	SCLK 脉冲宽度：低			200	ns
t_3	低到第一 SCLK：建立时间			0	ns
t_4	有效的 DIN 到 SCLK 下降沿：建立时间			50	ns
t_5	有效 DIN 至 SCLK 下降沿：保持时间			50	ns
t_6	从 DIN 的最后一个 SCLK 边沿到 DOUT 的第一个 SCLK 上升沿的延迟：RDATA，RDATAC，RREG 命令			50	τ_{CLKIN}
t_7	SCLK 上升沿到有效新 DOUT：传播延迟			50	ns
t_8	SCLK 上升沿到 DOUT 无效：保持时间			0	ns
t_9	最后一个 SCLK 下降沿到 DOUT 高阻抗 注意：当高电平时，DOUT 立即变为高阻抗		6	10	τ_{CLKIN}
t_{10}	最后 SCLK 下降沿后低			0	ns
t_{11}	命令的最后 SCLK 下降沿到下一个命令的第一个 SCLK 上升沿	RREG，WREG，RDATA		4	τ_{CLKIN}
		RDATAC，$\overline{RESET}$，$\overline{SYNC}$		24	τ_{CLKIN}
		RDATAC, STANDBY, SELFOCAL, SYSOCAL, SELFGCAL, SYSGCAL, SELFCAL	等待 $\overline{DRDY}$ 变低		

如图 4-15 所示为转换器 ADS1256 的典型应用电路。由于 ADS1256 是精度极高的 A/D 转换器，在应用期间要特别注意该器件的外围电路和印刷电路板的设计。

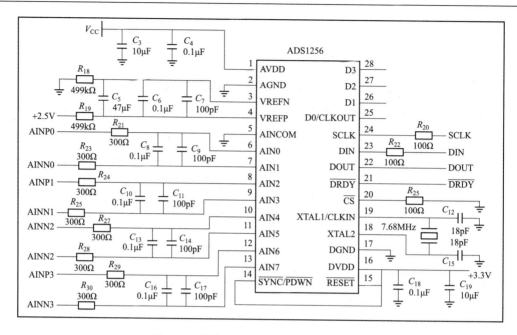

图 4-15　转换器 ADS1256 的典型应用电路

同其他高精度 A/D 转化器一样，转换器 ADS1256 在实际应用时，也要特别注意电源和地的布线。在模拟电源和数字电源的输入端，一般要并联一个小的陶瓷电容和一个大的钽电容（或者陶瓷电容），最好采用图 4-15 所示的 RC 滤波方法。注意电容要尽量靠近输入端，而且应使小电容更靠近 A/D 转换器芯片。

如图 4-16 所示为转换器 ADS1256 与 ARM 之间的 SPI 通信接口原理图。

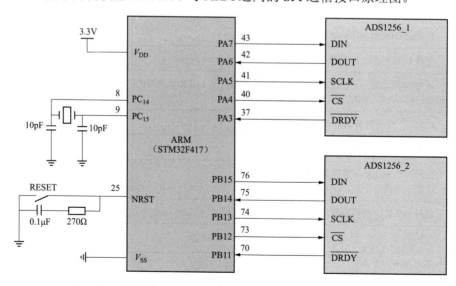

图 4-16　转换器 ADS1256 与 ARM 之间的 SPI 通信接口原理图

需要特别注意的是：

（1）要为 VREFN 和 VREFP 提供干净的电源，可以直接由 AVDD（模拟电压）或由其分压得到，也可以采用独立的参考电源供电，但该电源一定要具有极低的噪声和温漂，否则将会直接影响转换器 ADS1256 的性能。

（2）通常在输入端，要采用如图 4-15 所示的 RC 低通滤波器来限制高频噪声，而且输入线越短越好。

（3）在接地方面，推荐采用模拟电源和数字电源共地的方式，要注意旁路电容和模拟调整电路的应用，避免数字噪声元件（例如微处理器）也公用此地。

（4）如果转换器 ADS1256 采用不同的接地网络，一定要采用单点接地，避免模拟地（AGND）和数字地（DGND）之间有电压存在；在 ADS1256 片外要将模拟地 AGND 和数字地 DGND 连接在一起，最好用一个磁珠将模拟地（AGND）和数字地（DGND）短接起来。

（5）如果不用 D0～D3，可以将其当作输入接地。

（6）如果不用 $\overline{\text{RESET}}$ 和 $\overline{\text{SYNC}}$、$\overline{\text{PDWN}}$ 管脚，亦可将其直接接入数字电压输入端（DVDD）。

（7）在印刷电路板布线时，应将外部晶振尽可能地靠近 ADS1256，否则将影响输入幅值的大小，而当幅值太小时，可以通过减小晶振两端的电容来增大其幅值，电容范围应在 0～20pF，晶振为 7.68MHz 时，接入电容的典型值为 18pF。

（8）为了得到最佳的转换结果，每次改变初始寄存器值时（如改变输入通道），最好自校准一次。而且应在改变输入通道命令后，发同步命令 SYNC，然后经过一段延时后，再读取上次转换的结果。该延时应随着转换器 ADS1256 的采样频率和滤波方式变化而变化。

4.6　D/A 变换器基本原理

4.6.1　D/A 变换器的含义

将输入的二进制数字量转换成模拟量，以电压或电流的形式输出，简称 DA 转换，完成这种转换的电路称为数模转换器（Digital to Analog Converter，DAC）。

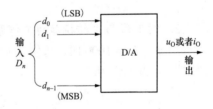

图 4-17　D/A 转换器相当于一个译码器

D/A 转换器实质上是一个译码器（解码器），如图 4-17 所示，其输出的模拟电压 u_{O} 或者 i_{O} 和输入数字量 D_n 之间成正比关系。

现将数字量 D_n 表示为：

$$D_n = d_{n-1} \cdot 2^{n-1} + d_{n-2} \cdot 2^{n-2} + \cdots + d_1 \cdot 2^1 + d_0 \cdot 2^0 = \left(\sum_{i=0}^{n-1} d_i 2^i \right) \tag{4-16}$$

D/A 转换器的输出电压 u_{O} 表示为：

$$u_{\text{O}} = D_n U_{\text{REF}} = \left(\sum_{i=0}^{n-1} d_i 2^i \right) \cdot U_{\text{REF}} \tag{4-17}$$

式中：U_{REF} 为参考电压。

由此可见，输出电压 u_{O} 与输入数字量 D_n 之间成正比关系。D/A 转换器，一般由数码缓冲寄存器、模拟电子开关、参考电压、解码网络和求和电路等组成，如图 4-18 所示。

由图 4-18 可知，n 位数字量以串行或并行方式输入，存储在数码缓冲寄存器中。寄存器输出的每位数码，驱动对应数位上的数控模拟开关，将在解码网络中获得的相应数位权值，并送入求和电路，求和电路将各位权值相加，便得到与数字量对应的模拟量。

D/A 转换器作为计算机或其他数字系统与模拟量控制对象之间联系的桥梁，它的任务是将离散的数字信号转换为连续变化的模拟信号。在工业控制领域中，D/A 转换器是不可缺少的重要组成部分。

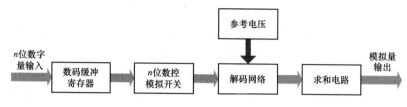

图 4-18　D/A 转换器原理框图

4.6.2　倒 T 形电阻网络 D/A 转换器

根据译码网络的不同，D/A 转换器分为 T 形电阻网络型、倒 T 形电阻网络型、权电阻网络型、权电流型、开关树形和权电容网络型等。下面以倒 T 形电阻网络为例介绍 D/A 转换器的工作原理。

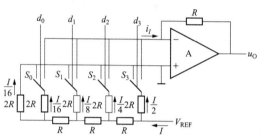

图 4-19　倒 T 形电阻网络示意图

1. 电路的组成

由 R-2R 构成的倒 T 形电阻网络、模拟开关 S_i（i=0～3）、集成运放 A 和基准电压 V_{REF} 组成，如图 4-19 所示，模拟开关又称为模拟电子开关，在 D/A 转换器中使用的模拟开关受输入数字信号的控制。模拟开关分为 CMOS 型和双极型两类。CMOS 型模拟开关转换速度较低，转换时间较长，但其功耗低。

2. 倒 T 形 D/A 转换器的工作原理

当 $d_3d_2d_1d_0$=1000 时，该倒 T 形 D/A 转换器的原理框图如图 4-20（a）所示，它的等效电路如图 4-20（b）所示。

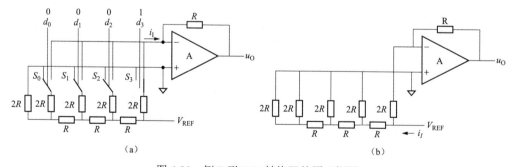

（a）　　　　　　　　　　（b）

图 4-20　倒 T 形 D/A 转换器的原理框图
（a）$d_3d_2d_1d_0$=1000；（b）等效电路

流向虚地点的总电流的表达式为：

$$i_I = \frac{V_{REF}}{2^4 R}(d_3 \times 2^3 + d_2 \times 2^2 + d_1 \times 2^1 + d_0 \times 2^0) \tag{4-18}$$

因此，4 位倒 T 形电阻网络 D/A 转换器的输出电压 u_O 的表达式为：

$$u_O = -i_I R = -\frac{V_{REF}}{2^4}(d_3 \times 2^3 + d_2 \times 2^2 + d_1 \times 2^1 + d_0 \times 2^0) \tag{4-19}$$

同理，n 位倒 T 形电阻网络 D/A 转换器的输出电压 u_O 的表达式为：

$$u_O = -\frac{V_{REF}}{2^n}(d_{n-1} \times 2^{n-1} + d_{n-2} \times 2^{n-2} + \cdots + d_1 \times 2^1 + d_0 \times 2^0) \tag{4-20}$$

10 位 D/A 转换器 AD7520 芯片的原理框图，如图 4-21 所示。其中，倒 T 形电阻网络，反馈电阻 $R=10\text{k}\Omega$，$R_F=10\text{k}\Omega$，已集成在芯片内部，如图 4-21（a）所示；使用外接反馈电阻，如图 4-21（b）所示。

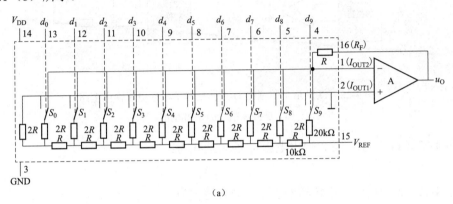

（a）

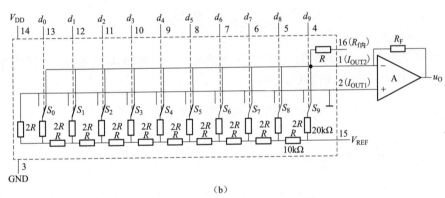

（b）

图 4-21　D/A 转换器 AD7520 芯片的原理框图

（a）使用内置反馈电阻；（b）外接反馈电阻

需要外接运算放大器，可外接反馈电阻，也可使用内设反馈电阻，构建可编程电阻网络。需要提醒的是，确保参考电压 V_{REF} 具有足够的稳定度，才能确保其转换精度。

如图 4-21（a）所示，若采用内部集成的反馈电阻，$R_F = R$，则输出电压 u_O 的表达式为：

$$u_O = -\frac{V_{REF}}{2^{10}}(d_9 \times 2^9 + d_8 \times 2^8 + \cdots + d_1 \times 2^1 + d_0 \times 2^0) = -\frac{V_{REF}}{2^{10}}D \tag{4-21}$$

D 的表达式为：

$$D = d_9 \times 2^9 + d_8 \times 2^8 + \cdots + d_1 \times 2^1 + d_0 \times 2^0 \tag{4-22}$$

电阻支路为倒 T 形，故名为倒 T 形电阻网络 D/A 变换器，改变 R_F 可改变比例系数。若外接反馈电阻 R_F 与电阻 R 的关系为：

$$R_F = mR \tag{4-23}$$

则输出电压 u_O 的表达式为：

$$u_O = -\frac{mV_{REF}}{2^{10}}D \tag{4-24}$$

倒 T 形电阻网络 D/A 转换器，单极性电压输出的电路，如图 4-22（a）和（b）所示。

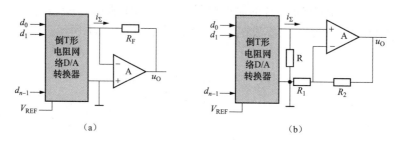

图 4-22   倒 T 形电阻网络 D/A 转换器单极性电压输出电路

（a）反相输出；（b）同相输出

如图 4-22（a）所示，反相输出电压 u_O 的表达式为：

$$u_O = -i_\Sigma R_F \tag{4-25}$$

如图 4-22（b）所示，同相输出电压 u_O 的表达式为：

$$u_O = i_\Sigma R \left(1 + \frac{R_2}{R_1}\right) \tag{4-26}$$

倒 T 形电阻网络 D/A 转换器，双极性电压输出电路，如图 4-23 所示。双极性输出的 8 位 D/A 转换器的输出电压 u_O 的表达式为：

$$u_1 = -\frac{V_{REF}}{2^8}N_B' = -\frac{V_{REF}}{2^8}(N_B + 2^7) \tag{4-27}$$

$$u_O = -u_1 - \frac{1}{2}V_{REF} = \left(-\frac{N_B V_{REF}}{2^8} - \frac{V_{REF}}{2}\right) - \frac{V_{REF}}{2} = V_{REF} \cdot \frac{N_B}{256} \tag{4-28}$$

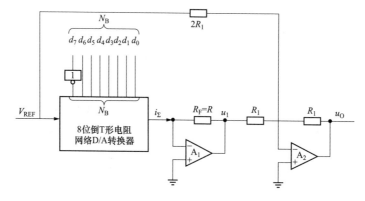

图 4-23   倒 T 形电阻网络 D/A 转换器双极性电压输出电路

4.6.3   D/A 转换器的主要性能指标

1. 分辨率

当输入的数字代码最低位为 1，其余各位为 0 时，所对应的输出电压值为 1LSB，记为 V_{LSB}，特称其为输出电压的增量，即：

$$1\text{LSB} = V_{\text{LSB}} = \left| \frac{V_{\text{REF}}}{2^n} \right| \tag{4-29}$$

当输入的数字代码全为 1 时，对应的输出电压称为满刻度（FSR）输出，记为 V_{m}，即 $d_{n-1}d_{n-2}\cdots d_1 d_0 = 11\cdots 11$ 时，对应的输出的表达式为：

$$V_{\text{m}} = \left| \frac{V_{\text{REF}}}{2^n}(d_{n-1}2^{n-1} + d_{n-2}2^{n-2} + \cdots + d_1 2^1 + d_0 2^0) \right| = \left| \frac{V_{\text{REF}}}{2^n}(2^n - 1) \right| \tag{4-30}$$

D/A 转换器所能分辨的最小输出电压 V_{LSB} 与满刻度（FSR）输出电压 V_{m} 之比，定义为分辨率，即

$$分辨率 = \frac{1LSB}{满刻度输出} = \frac{1LSB}{FSR} = \frac{V_{\text{LSB}}}{V_{\text{m}}} = \left| \frac{V_{\text{REF}} / 2^n}{V_{\text{REF}}(2^n - 1) / 2^n} \right| = \frac{1}{2^n - 1} \tag{4-31}$$

当满刻度输出电压 V_{m} 一定时，输入数字代码的位数 n 越多，分辨率数值越小，分辨能力越高。举例说明，8 位 D/A 转换器的分辨率为：

$$\frac{1}{2^8 - 1} = \frac{1}{255} \approx 0.4\% \tag{4-32}$$

再比如，10 位 D/A 转换器的分辨率为：

$$\frac{1}{2^{10} - 1} = \frac{1}{1023} \approx 0.1\% \tag{4-33}$$

如果已知一个 D/A 转换器的分辨率、满刻度输出电压为 V_{m}，则可计算出输入最低位所对应的最小输入电压 V_{LSB}，即输出电压增量。例如 $V_{\text{m}}=10\text{V}$，$n=10$ 时，输出电压增量 V_{LSB} 的表达式为：

$$V_{\text{LSB}} = V_{\text{m}} \frac{1}{2^{10} - 1} \approx 10\text{V} \times 0.1\% = 10\text{mV} \tag{4-34}$$

举例说明：某 D/A 转换器的满刻度（FSR）$V_{\text{m}}=10\text{V}$，要求分辨率不低于 10mV，试确定其位数。根据前面的分析得知，要求理论分辨率≤实际分辨率，即要求 D/A 转换器的位数 n 必须满足下面的表达式：

$$n \geq \log_2 \left(\frac{V_{\text{m}}}{分辨率} + 1 \right) \tag{4-35}$$

因此，D/A 转换器的位数 n 必须满足下面的表达式：

$$n \geq \log_2 \left(\frac{V_{\text{m}}}{分辨率} + 1 \right) = 3.32\lg \left(\frac{V_{\text{m}}}{分辨率} + 1 \right) \tag{4-36}$$

带入参数，即可得到位数 n 必须满足下面的表达式：

$$n \geq 3.32\lg \left(\frac{10000}{10} + 1 \right) = 9.96 \tag{4-37}$$

因此，该 D/A 转换器可选 $n \geq 10$ 位。

2. 转换精度

转换精度是指输出电压或电流的实际值与理论值之间的误差。一般来说，转换精度应低于 $V_{\text{LSB}}/2$。转换精度的影响因素主要有：模拟开关导通的压降、电阻网络阻值差、参考电压偏差和集成运放的漂移等。

通常用非线性误差的大小表示 D/A 转换器的线性度。把偏离理想的输入/输出特性的偏差

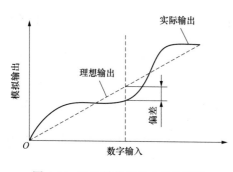

图 4-24　D/A 转换器的非线性误差

与满刻度输出之比的百分数定义为非线性误差，如图 4-24 所示。

3. 转换时间

当输入数字代码变化时，输出模拟电压或电流达到稳定输出所需的时间，即为建立时间或稳定时间，该参数一般由手册给出。当转换器的输入由全为 0 变为全为 1 或反向变化时，其输出达到稳定值所需的时间为最大转换时间。

常用 D/A 转换器及其参数见表 4-10。

表 4-10　　　　　　　　　　　　常用 D/A 转换器及其参数

产品型号	工作电压（V）	位数（bit）	建立时间（μs）	输出	接口方式	基准	功耗（mW）
DAC5573IPW	2.7～5.5	8	8	电压	I²C	外部提供	500
TLC5620CD	5	8	10	电压	串行	外部提供	8
TLC7524CN	5～15	8	0.1	电流	并行	外部	5
TLV5623ID	2.7～5.5	8	3	电压	SPI	外部	2.1
DAC900U	3/5	10	0.030	电流	并口	内部/外部	170
DAC7731EC	±15	16	5	电压	串行	内部	100
DAC1220E	5	20	10000	电压	SPI	外部	2.5

现将 D/A 转换器使用过程中需要注意的问题，小结如下。

（1）关注数字输入特性。D/A 转换器的数字输入特性，包括码制、数据格式、逻辑电平。D/A 转换器芯片一般都只能接收自然二进制数字代码。因此，当输入数字代码为偏移二进制码或 2 的补码等双极性数码时，应外接适当的偏置电路后才能实现双极性 D/A 转换。输入数据格式一般为并行，对于芯片内部配置有移位寄存器的 D/A 转换器，可以接收串行码输入。不同的 D/A 芯片输入逻辑电平要求不同。对于固定阈值电平的 D/A 转换器一般只能和 TTL 或低压 CMOS 电路相连，而有些逻辑电平可以改变的 D/A 转换器可以满足与 TTL、高低压 CMOS、PMOS 等各种器件直接连接的要求。

（2）关注模拟输出特性。D/A 转换器的模拟输出特性，包括满码输出电压允许范围、输出电流形式、最大允许输出短路电流、模拟量极性（如单极性、双极性）等。对于输出特性具有电流源性质的 D/A 转换器，如 DAC0809，用输出电压允许范围，来表示由输出电路（包括简单电阻负载或者运算放大器电路）造成输出端电压的可变动范围。只要输出端的电压小于输出电压允许范围，输出电流和输入数字之间就会保持正确的转换关系，而与输出端的电压大小无关。对于输出特性为非电流源特性的 D/A 转换器，如 AD7520，DAC1020 等，无输出电压允许范围指标，电流输出端应保持公共端电位或虚地，否则将破坏其转换关系。

（3）关注锁存特性及转换控制。若 D/A 转换器没有输入锁存器，通过 CPU 数据总线传送数字量时，必须外加锁存器，否则只能通过具有输出锁存功能的 I/O 口给 D/A 送入数字量。有些 D/A 转换器并不是对输入的数字量立即进行 D/A 转换，而是在外部施加了转换控制信号后，才开始转换和输出。具有这种输入锁存及转换控制功能的 D/A 转换器，如 DAC0832，在

CPU 分时控制多路 D/A 输入时，可做到多路 D/A 转换的同步输出。

（4）关注参考电源。由于 DAC 的参考电源，它是唯一影响输出结果的模拟参量，是 D/A 转换接口中的重要电路，对接口电路的工作性能、电路的结构有很大影响。使用内部带有低漂移精密参考电压源的 D/A 转换器，如 AD563/565A，不仅能保持较好的转换精度，而且可以简化接口电路。如果使用外部电压基准时，应注意在高阻抗导体上的电压降、来自公共地线阻抗的噪声和来自不适当的电源去耦产生的噪声。考虑基准电流流动的方向，是输出电流还是吸收电流。

（5）关注 D/A 转换器与微处理器的接口方法。重点关注下面的两个问题。

1）解决 CPU 与 DAC 之间的数据缓冲问题；

2）接口电路结构形式。采用中小规模逻辑芯片构成接口与 CPU 连接、利用通用并行 I/O 接口芯片与 CPU 连接。

4.7 转换器 TLV5616 及其接口技术

4.7.1 转换器 TLV5616 介绍

转换器 TLV5616 是一个带有灵活的 4 线串行接口的低功耗 12 位 D/A 转换器。4 线串行接口可以与 SPI、QSPI 和 Microwire 串行口接口。转换器 TLV5616 的各个管脚，如图 4-25 所示，其中图 4-25（a）所示为它的管脚图，图 4-25（b）所示为它的实物图。

现将它的各管脚及其功能介绍如下。

（1）DIN：串行数字数据输入。

（2）SCLK：串行数字时钟输入。

（3）$\overline{CS}$：芯片选择，低有效。

（4）FS：帧同步，数字输入，用于 4 线串行接口。

（5）AGND：模拟地。

（6）REFIN：基准模拟电压输入。

（7）OUT：DAC 模拟电压输出。

（8）V_{DD}：正电源。

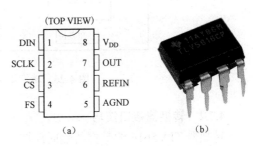

图 4-25 转换器 TLV5616 管脚图与实物图
（a）管脚图；（b）实物图

转换器 TLV5616 具有如下特征。

（1）12 位电压输出数模转换器。

（2）可编程时间设置：$3\mu s$ 快速模式、$9\mu s$ 缓冲模式。

（3）超低电源消耗：

1）在 3V 的缓冲模式功率为 $900\mu W$；

2）在 3V 的快速模式功率为 2.1mW。

（4）非线性误差：<0.5LSB。

（5）兼容 TMS320 和 SPI 串行接口。

（6）掉电模式功耗低：<10nA。

（7）高输入阻抗缓冲。

（8）输出电压范围：两倍参考输入电压。

（9）单一温度补偿。

（10）采用 MSOP 封装。

有关转换器 TLV5616 的其他参数，请读者朋友阅读其参数手册。转换器 TLV5616 可以用一个包括 4 个控制位和 12 个数据位的 16 位串行字符串来编程。它采用 CMOS 工艺，设计成 2.7V 至 5.5V 单电源工作。TLV5616 器件用 8 管脚封装，工业级芯片的工作温度范围从−40～85℃，其输出电压（由外部基准决定满度电压）由式（4-38）给出：

$$V_{\mathrm{OUT}} = 2 \times V_{\mathrm{REF}} \times \frac{编码}{2^n} \tag{4-38}$$

式中：V_{REF} 为基准电压；$n = 12$；而编码是数字输入值，其范围从 0x000 至 0xFFF，即 $0 \sim 2^{n-1}$ 的范围。转换器 TLV5616 的内部结构如图 4-26 所示，它包括一个串行输入寄存器、一个基准输入缓冲器、16 位循环定时器、12 位数据锁存、速度/掉电逻辑、输出电阻串、一个轨到轨（rail-to-rail）输出缓冲器。

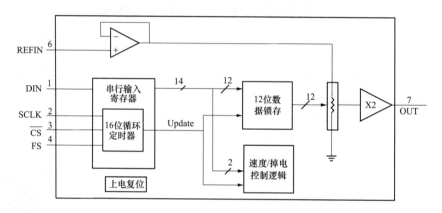

图 4-26　转换器 TLV5616 的内部结构框图

4.7.2　转换器接口技巧

转换器 TLV5616 的数据传输时序图，如图 4-27 所示，转换器 TLV5616 的数据传输所需各个时间参数小结见表 4-11。

表 4-11　　　　　　　　**转换器 TLV5616 的数据传输所需各个时间参数**

时间	意　义	最小（ns）
t_{su}（CS-FS）	建立时间，$\overline{\mathrm{CS}}$ 保持低电平直到 FS 下降沿之前	10
t_{su}（FS-CK）	建立时间，FS 保持低电平直到第一个 SCLK 下降沿之前	8
t_{su}（C16-FS）	建立时间，在 FS 保持低电平直到第十六下降沿后，DO 在 FS 上升沿前被采样	10
t_{su}（C16-CS）	建立时间，在 SCLK 之前的第十六个上升沿且 $\overline{\mathrm{CS}}$ 上升沿之前	10
t_{WH}	脉宽，SCLK 为高电平	25
t_{WL}	脉宽，SCLK 为低电平	25
t_{su}（D）	建立时间，数据在 SCLK 下降沿之前就绪	8
t_{h}（D）	保持时间，SCLK 下降沿后数据保持有效	5
t_{wH}（FS）	脉宽，FS 为高电平	20

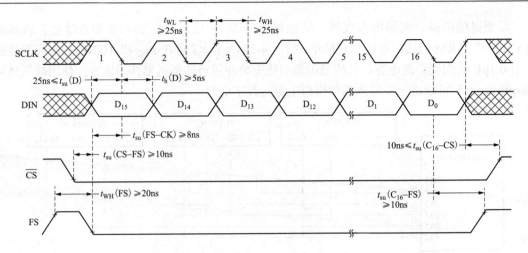

图 4-27　转换器 TLV5616 的数据传输时序图

现将转换器 TLV5616 数据传输过程描述如下。

（1）首先器件必须使 $\overline{CS}$ 拉低。

（2）然后在 FS 的下降沿启动数据的移位，在 SCLK 的下降沿一位接一位地传入内部寄存器。

（3）在 16 位已传送后或者当 FS 升高时，移位寄存器中的内容被移到 DAC 锁存器，它将输出电压更新为新的电平。

最大串行时钟频率，可以由式（4-39）进行约束：

$$f_{\text{SCLK\_MAX}} = \frac{1}{t_{\text{WH(min)}} + t_{\text{WL(min)}}} = 20\text{MHz} \tag{4-39}$$

最大更新率，由式（4-40）给出：

$$f_{\text{UPDATE\_MAX}} = \frac{1}{16[t_{\text{WH(min)}} + t_{\text{WL(min)}}]} = 1.25\text{MHz} \tag{4-40}$$

转换器 TLV5616 的串行接口可以用于两种基本的方式。

（1）4 线（带片选）。

（2）3 线（不带片选）。

转换器 TLV5616 的 16 位数据字包括两部分，见表 4-12：

（1）控制位：$D_{15} \sim D_{12}$。

（2）DAC 新值 $D_{11} \sim D_0$。

表 4-12　　　　　　　　　转换器 TLV5616 的 16 位数据格式

D_{15}	D_{14}	D_{13}	D_{12}	D_{11}	D_{10}	D_9	D_8	D_7	D_6	D_5	D_4	D_3	D_2	D_1	D_0
X	SPD	PWR	X	DAC 新值											

现将表 4-12 说明如下：

（1）X：任意值。

（2）SPD：速度控制位，1→快速方式，0→慢速方式。

（3）PWR：功率控制位，1→掉电方式，0→正常工作。

需要提醒的是，在掉电方式时，转换器 TLV5616 中的所有放大器都被禁止。转换器 TLV5616 与 ARM 的接口连接相对简单，如图 4-28 所示。注意在 V_{DD} 和 AGND 之间应当连接一个 0.1μF 的陶瓷旁路电容，且应当用短引线安装在尽可能靠近器件的地方。使用缺氧体环（ferrite beads）可以进一步隔离系统模拟电源与数字电源。

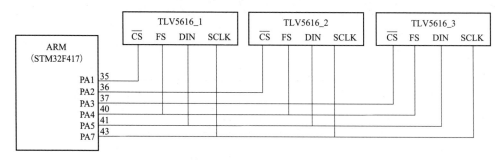

图 4-28　转换器 TLV5616 与 ARM 的接口连接图

4.8　转换器 DAC8822 及其接口技术

4.8.1　转换器 DAC8822 介绍

转换器 DAC8822 的原理框图，如图 4-29 所示。现将它的典型特点，小结如下。

（1）微分非线性（DNL）误差：±0.5LSB。

（2）积分非线性（INL）误差：±1LSB。

（3）建立时间：0.5μs。

（4）参考带宽：10MHz。

（5）参考输入：±18V。

（6）电源范围：+2.7～5.5V。

（7）封装形式：TSSOP-38。

（8）温度范围：−40～+125℃。

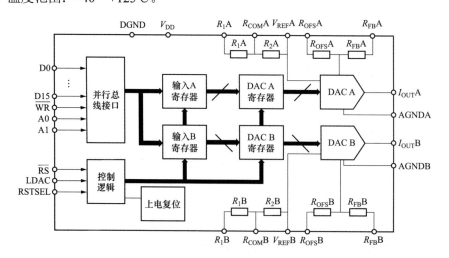

图 4-29　转换器 DAC8822 的原理框图（A、B 两个通道）

有关转换器 DAC8822 的更详细的参数，请读者朋友阅读其参数手册。转换器 DAC8822 的管脚图，如图 4-30 所示。

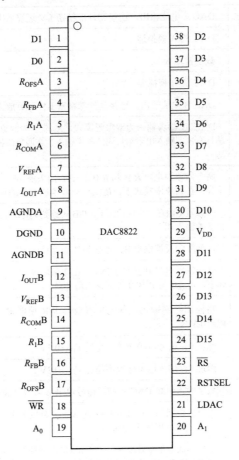

图 4-30 转换器 DAC8822 的管脚图

转换器 DAC8822 的各个管脚及其定义小结见表 4-13。

表 4-13 转换器 DAC8822 的管脚定义

管脚号	管脚名称	定 义
1，2，24～28，30～38	D0～D15	数字输入管脚 D0～D15，D15 是 MSB
3	$R_{OFS}A$	双极偏置电阻 A 接受±18V。在二象限模式下，R_{OFS} 与 $R_{FB}A$ 相关。在四象限模式下，$R_{OFS}A$ 与 R_1A 和外部参考有关
4	$R_{FB}A$	内部匹配反馈电阻 A 连接到外部运算放大器进行 I-V 转换
5	R_1A	四象限电阻在二象限模式下，R_1A 与 $V_{REF}A$ 管脚短路。在四象限模式下，R_1A 与 $R_{OFS}A$ 和参考输入相关
6	$R_{COM}A$	两个四象限电阻 R_1A 和 R_2A 的中心点。在二象限模式下，$R_{COM}A$ 短路到 VREF 管脚。在四象限模式下，$R_{COM}A$ 与参考放大器的反相节点相关
7	$V_{REF}A$	DAC 为二象限模式的参考输入，四象限模式的 R_2 端子。在二象限模式下，VREFA 是具有恒定输入电阻与代码的参考输入。在四象限模式下，VREFA 由外部参考放大器驱动

管脚号	管脚名称	定　义
8	$I_{OUT}A$	DAC A 电流输出。连接到外部精密 I-V 运算放大器的反相端子用于电压输出
9	AGNDA	DAC 的 A 模拟地
10	DGND	数字接地端/面
11	AGNDB	DAC 的 B 模拟地
12	$I_{OUT}B$	DAC B 电流输出。连接到外部精密 I-V 运算放大器的反相端子用于电压输出
13	$V_{REF}B$	DAC B 参考输入为双象限模式，R_2 端子为四象限模式。在二象限模式下，$V_{REF}B$ 是具有恒定输入电阻与代码的参考输入。在四象限模式下，$V_{REF}B$ 由外部参考放大器驱动
14	$R_{COM}B$	两个四象限电阻 R_1B 和 R_2B 的中心抽头点。在二象限模式下，$R_{COM}B$ 短路到 VREF 管脚。在四象限模式下，$R_{COM}B$ 与参考放大器的反相节点相关
15	R_1B	四象限电阻在二象限模式下，R_1B 短路到 $V_{REF}B$ 管脚。在四象限模式下，R_1B 与 $R_{OFS}B$ 和参考输入相关
16	$R_{FB}B$	内部匹配反馈电阻 B，连接到外部运算放大器进行 I-V 转换
17	$R_{OFS}B$	双极偏置电阻 B 接受±18V。在 2 象限模式下，$R_{OFS}B$ 与 $R_{FB}B$ 相关。在四象限模式下，$R_{OFS}B$ 与 R_1B 和外部参考值相关
18	$\overline{WR}$	写控制数字输入，低电平有效。$\overline{WR}$ 使能输入寄存器。信号电平必须不超过 $V_{DD}+0.3V$。
19	A_0	地址 0。信号电平必须不超过 $V_{DD}+0.3V$
20	A_1	地址 1。信号电平必须不超过 $V_{DD}+0.3V$
21	LDAC	数字输入负载 DAC 控制。信号电平必须为 $V_{DD}+0.3V$
22	RSTSEL	上电复位状态。RSTSEL=0 对应于零刻度复位。RSTSEL=1 对应于中档复位。信号电平必须不超过 $V_{DD}+0.3V$
23	$\overline{RS}$	重启。低电平有效地复位输入和 DAC 寄存器。如果 RSTSEL=0，则复位为零刻度，如果 RSTSEL=1，则复位为中等尺寸。信号电平必须等于或小于 $V_{DD}+0.3V$
29	V_{DD}	正电源输入。指定的工作范围为 2.7～5.5V

如图 4-31 所示为转换器 DAC8822 的时序图。

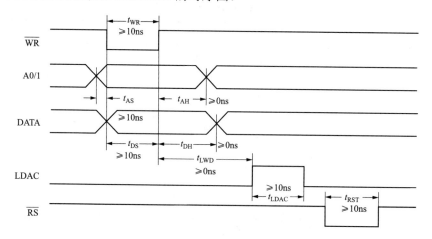

图 4-31　转换器 DAC8822 的时序图

转换器 DAC8822 数据传输时所需时间参数小结见表 4-14。

表 4-14　　　　　　　　　　转换器 DAC8822 数据传输时所需时间参数

参　数	测 试 条 件	DAC8822			单位
		MIN	TYP	MAX	
数据到 $\overline{\text{WR}}$ 建立时间 t_{DS}	V_{DD}=+5.0V		10		ns
	V_{DD}=+2.7V		10		ns
A0/1 到 $\overline{\text{WR}}$ 建立时间 t_{AS}	V_{DD}=+5.0V		10		ns
	V_{DD}=+2.7V		10		ns
Data 到 $\overline{\text{WR}}$ 保持时间 t_{DH}	V_{DD}=+5.0V		0		ns
	V_{DD}=+2.7V		0		ns
A0/1 到 $\overline{\text{WR}}$ 保持 t_{AH}	V_{DD}=+5.0V		0		ns
	V_{DD}=+2.7V		0		ns
$\overline{\text{WR}}$ 脉宽 t_{WR}	V_{DD}=+5.0V		10		ns
	V_{DD}=+2.7V		10		ns
LDAC 脉宽 t_{LDAC}	V_{DD}=+5.0V		10		ns
	V_{DD}=+2.7V		10		ns
$\overline{\text{RS}}$ 脉宽 t_{RST}	V_{DD}=+5.0V		10		ns
	V_{DD}=+2.7V		10		ns
$\overline{\text{WR}}$ 到 LDAC 延迟时间 t_{LWD}	V_{DD}=+5.0V		0		ns
	V_{DD}=+2.7V		0		ns

转换器 DAC8822 的双输入通道地址编码小结见表 4-15。

表 4-15　　　　　　　　　转换器 DAC8822 的双输入通道地址编码

A1	A0	输出更新
0	0	DAC A
0	1	无
1	0	DAC A 和 DAC B
1	1	DAC B

转换器 DAC8822 的真值表见表 4-16。

表 4-16　　　　　　　　　　转换器 DAC8822 的真值表

输入控制管脚			寄 存 器 操 作 内 容
$\overline{\text{RS}}$	$\overline{\text{WR}}$	LDAC	
0	X	X	异步操作。当 RSTSEL 管脚连接到 DGND 时，将输入和 DAC 寄存器复位为"0"，RSTSEL 连接到 V_{DD} 时将其置为"中间"
1	0	0	加载所有 16 个数据位的输入寄存器
1	1	1	加载 DAC 寄存器与输入寄存器的内容
1	0	1	输入和 DAC 寄存器是显然的

续表

输入控制管脚			寄存器操作内容
$\overline{RS}$	$\overline{WR}$	LDAC	
1	⊔	⊔	LDAC 和 $\overline{WR}$ 连接在一起并编程为脉冲。在脉冲的下降沿将 16 个数据位加载到输入寄存器中，然后在脉冲的上升沿装入 DAC 寄存器
1	1	0	无动作

4.8.2　转换器接口技巧

转换器 DAC8822 的 *R*-2*R* 网络的等效电路，如图 4-32 所示。

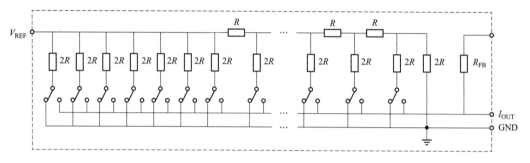

图 4-32　DAC8822 的 *R*-2*R* 网络的等效电路（A、B 两个通道）

DAC8822 的 A、B 两个通道的输出电压（由外部基准决定满度电压）由式（4-41）给出：

$$V_{\text{OUT\_A}} = V_{\text{OUT\_B}} = -V_{\text{REF}} \times \frac{\text{编码}D}{2^n} \tag{4-41}$$

式中：V_{REF} 为基准电压；$n=16$；而编码 D 是数字输入值，其范围为 $1 \sim 2^{n-1}$。

如图 4-33 所示的电容 C_1 表示补偿电容，一般取值为 4～20pF。本示例选择低失调（±0.1μV/℃）、低输入偏置电流（1nA max）的精密运放 OPA277（单运放），其原因在于运放 OPA277，作为业界 OP07 系列的第四代产品，它与 JFET 运放不同，其低偏置和失调电流对环境温度不敏感，即使环境温度高达 125℃，该特性仍然保持稳定。本例要求 OPA277 运放，尽量靠近转换器 DAC8822 的输出端。以 A 通道为例，转换器 DAC8822 输出双极性电压的接口图，如图 4-34 所示，选择低噪声、低输入偏置电流的精密运放 OPA2277（双运放）。

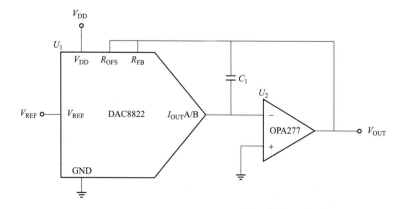

图 4-33　输出电压的接口原理图

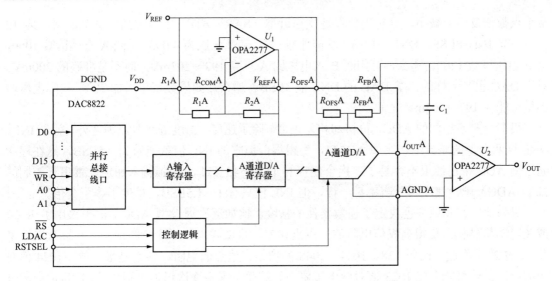

图 4-34 输出双极性电压的接口原理图（以 A 通道为例）

转换器 DAC8822 的通道 A 输出的双极性电压的表达式为：

$$V_{OUT\_A} = V_{REF} \times \frac{编码D - 32768}{32768} \tag{4-42}$$

4.9 工程应用中需要注意的问题

在 DAC 和 ADC 的工程应用中，需要重点关注它们的精度问题、驱动问题、接地问题和基准电源/电压问题，现将这些问题小结如下。

4.9.1 精度问题

模数器件的分辨率绝不等同于它的精度。比如一块精度 0.2%（或常说的准确度 0.2 级）的四位半万用表，测得 A 点电压 1.0000V，B 点电压 1.0005V，可以分辨出 B 比 A 高 0.0005V，但 A 点电压的真实值可能在 0.9980～1.0020V 之间不确定。

模数器件的精度指标，是用相对精度或积分非线性（Relative Accuracy or Integral Nonlinearity）表示，即 INL 值。也有的器件手册用 Linearity error 来表示。它表示了 ADC 器件在所有的数值点上对应的模拟值和真实值之间误差最大的那一点的误差值。也就是，输出数值偏离线性最大的距离，其单位是 LSB（即最低位所表示的量）。比如 AD7682/AD7689，是 16 位 ADC，其 INL 典型值为 ±0.4LSB，INL 最大值为 ±1.5LSB。比如 TLC2543，它是 12 位 ADC，其 INL 值为 1LSB。那么，如果基准电压为 4.095V，测某电压得的转换结果是 1000，那么，真实电压值可能分布在 0.999～1.001V 之间。对于 DAC 也是类似的。比如 DAC7512，其 INL 值为 8LSB，那么，如果基准电压为 4.095V，给定数字量 1000，那么输出电压可能是 0.992～1.008V 之间。

理论上说，模数器件相邻两个数据之间，模拟量的差值都是一样的，就好比一把刻度疏密均匀的尺子。但实际并非如此。一把分辨率 1 毫米的尺子，相邻两刻度之间也不可能都是 1 毫米整。那么，ADC 相邻两刻度之间最大的差异就叫差分非线性值（Differential NonLiner），即 DNL 值。如果 DNL 值大于 1，那么这个 ADC 甚至不能保证是单调的，输入电压增大，在某个点数值反而会减小。这种现象在逐次逼近型（SAR）ADC 中很常见。举个示例，某 12 位 ADC，INL=8LSB，DNL=3LSB（性能比较差），基准电压为 4.095V，测 A 电压读数 1000，测 B 电压度数 1200。那么，可判断 B 点电压比 A 点高 197～203mV，而不是准确的 200mV。对于 DAC 也是一样的，某 DAC 的 DNL 值 3LSB。那么，如果数字量增加 200，实际电压增加量可能在 197～203mV 之间。

很多分辨率相同的 ADC，价格却相差很多。除了速度、温度等级等原因之外，就是 INL、DNL 这两个值的差异了。比如 AD574，贵得很，但它的 INL 值就能做到 0.5LSB，这在逐次逼近型 ADC 中已经很不容易了。换个便宜的 TLC2543（11 个模拟输入通道、带串行控制的 12 位 ADC）吧，速度和分辨率都一样，但 INL 值只有 1～1.5LSB，精度下降了 3 倍。

另外，工艺和原理也决定了模数器件的精度。比如逐次逼近型 ADC，由于采用了 R-2R 或 C-2C 型结构，使得高权值电阻的一点点误差，将造成末位好几位的误差。在逐次逼近型 ADC 的 2^n 点附近，比如 128、1024、2048 的切换权值点的电阻，误差是最大的。1024 值对应的电压甚至可能会比 1023 值对应电压要小。这就是很多逐次逼近型器件的 DNL 值会超过 1 的原因。但逐次逼近型 ADC 的 INL 值都很小，因为权值电阻的误差不会累加。

和逐次逼近型器件完全相反的是阶梯电阻型模数器件、数模器件。比如 TLC5510、DAC7512 等低价模数器件。比如 DAC7512，它由 4095 个电阻串联而成。每个切换点的电阻都会有误差，一般电阻误差 5%左右，当然不会离谱到 100%，更不可能出现负数。因此这类器件的 DNL 值很小，保证单调。但是，每个电阻的误差，串联后会累加，因此 INL 值很大，线性度差。

这里要提一下双积分 ADC，它的原理就能保证线性。比如 ICL7135，它在 40000 字的量程内，能做到 0.5LSB 的 INL 值（线性度达到 1/80000）和 0.01LSB 的 DNL 值。这两个指标在 ICL7135 的 10 倍价钱内，是不容易被其他模数器件超越的。所以 ICL7135 这一类双积分 ADC 特别适合用在数字电压表等需要线性误差非常小的场合。

4.9.2　接地问题

平常在阅读模数器件的参数手册（datasheets）和应用笔记（application notes）时，经常会看到参数手册书中将模数器件的模拟地和数字地，在器件上连接在一起了，对于刚刚参加工作或者刚开始从事这面设计的工程师来讲，很容易被弄糊涂，建议认真阅读下面的内容。

首先，困惑来自 ADC、DAC 的接地管脚的名称方面。模拟地和数字地的管脚名称表示 ADC、DAC 器件内部元件本身的作用，未必意味着外部也应该按照内部作用去做。一个集成电路内部有模拟电路和数字电路两部分，例如 ADC、DAC 器件，为了避免数字信号耦合到模拟电路中去，模拟地和数字地通常是分开设置的。如图 4-35 所示的就是一个 ADC 的简单示意图。从芯片上的焊点到封装管脚的连线所产生的引线接合电感和电阻，并不是 IC 设计者专门加上去的。快速变化的数字电流在 B 点产生一个电压，经过杂散电容（C_{STRAY}），必然会耦合到模拟电路的 A 点。尽管这是制造芯片过程中 IC 设计者应考虑的问题，可是能够看到为了防止进一步耦合，模拟地和数字地的管脚，在芯片外面应该用最短的连线接到同一个低阻抗的接地平面上。任何在数字地管脚附加的外部阻抗，都将在 B 点上引起较大的数字噪声，然后将大的数字噪声通过杂散电容耦合到模拟电路上。

其次，如图 4-35 所示，如果这两个芯片都是参考一个接地平面（参考相同的"地电位"），就需要将模拟地和数字地连起来，之后就存在两个问题，即是再接到印制线路板上的模拟接地平面，还是接到数字接地平面上。不管接到哪个地平面，都意味着两者（模拟地和数字地）都连上了，因为 ADC 既是模拟器件又是数字器件，那么究竟连到哪一个接地平面更合适呢？假如把模拟地和数字地管脚，都连到数字接地平面上，那么模拟输入信号将有数字噪声叠加上去，因为模拟输入信号是单端的且相对于模拟接地平面而言。假如把模拟地和数字地管脚两者连起来，并接到模拟接地平面上，这样会不会把数字噪声加到本来很好的模拟接地平面上呢？对于后面这种情况而言，实际上并非像想象的那样糟糕，是可以把它们克服掉的。把几百毫伏不可靠的信号加到数字接口，明显地好于把同样不可靠的信号加到模拟输入端。举例说明：对于 10V 输

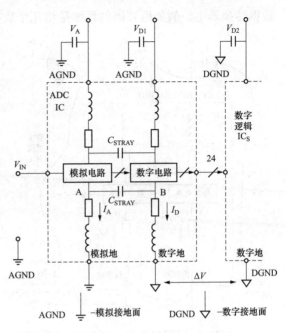

图 4-35 模拟地与数字地分开设置的示例

入的 16 位 ADC，其最低位信号仅仅为 150μV 在数字地管脚上的数字地电流实际上不可能比这更坏，否则它们将使 ADC 内部的模拟部分首先失效。假如在 ADC 电源管脚到模拟接地平面之间，接一种高质量高频陶瓷片电容（如 0.01～0.1μF），来旁路其高频噪声，势必将把这些电流隔离到集成电路周围非常小的范围，并且将其对系统其余部分的影响降到最低。

最后，这样做虽然数字噪声容限会减少，但是，如果低于几百毫伏，对于逻辑芯片的 TTL 和 CMOS 逻辑而言，通常是可以接受的。假如 ADC 有单端 ECL 输出，就需要在每一个数字门上加一个推挽门，起平衡和补偿输出的作用。把这些门电路封装块的地线引到模拟地平面上，并且用差分方式连接逻辑信号接口。在另一端使用一个差分线路接收器，将它的接地端与数字接地面相连。模拟接地平面和数字接地平面之间的噪声是共模信号，它们的大多数将在差分线路接收器的输出端被衰减而抑制掉。可以把同样方法用于 TTL 和 CMOS，但它们通常有足够的噪声容限，所以不需要差分传输。

对于图 4-35 而言，通常的做法是：①将第一个芯片的模拟地 AGND 连接在一起，将其数字地 DGND 连接在一起，然后将数字地 DGND 连接到模拟地 AGND 上面；②将第二个芯片的数字地 DGND 连接在一起（它没有模拟地，也就不需要将模拟地 AGND 连接在一起），然后将该芯片的数字地 DGND 连接到第一个芯片的模拟地 AGND 上面，如图 4-36 所示。

需要提醒的是，实践表明，把 ADC 输出直接连到有噪声的数据总线上的做法，是欠妥的做法，其原因在于总线噪声经过内部寄生电容耦合，可能返回 ADC 模拟输入端。寄生电容从 0.1～0.5pF。如果把 ADC 输出直接连到靠近 ADC 的中间缓冲锁存器就要好得多，如图 4-37 所示。缓冲锁存器地线接到数字接地平面上，所以它的输出逻辑电平和系统其余部分的逻辑电平兼容。

假如所开展的系统只有一个数据转换器，实际上，可以按照参数手册中所说的方法去做，并且把模拟地和数字地线系统一起连在转换器上。因此，该系统的星形接地点，现在就是在

数据转换器上。假如所开展的系统是将几个数据转换器安排在不同的印制线路板上，采用一点接地的规则就不适用了，就应该另想办法。因为模拟地和数字地系统被连接在许多印制线路板的每个转换器上，采用接地环路，应该是处理该系统最好的建议。

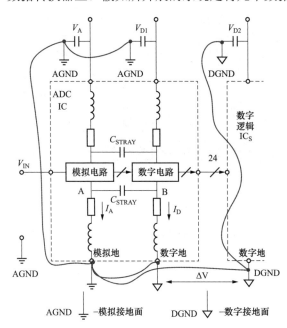

图 4-36　将数字地都接到模拟地上的示例

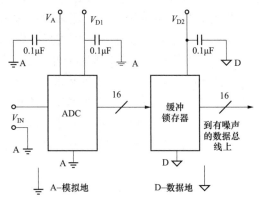

图 4-37　ADC 通过缓冲锁存器接到数据总线上

为使接地回路的阻抗最小，进而降低直流误差，推荐使用接地层（比如采用四层板时，常规的做法就是设置顶层、地线层、电源层和底层）。如图 4-38（a）所示为单电源供电时，在数字和模拟信号并存的混合信号环境中正确使用接地层的方法：①将混合信号转换器（如 ADC）的数字接地线，连接到它的模拟接地层（AGND）上；②将放大器 AD8479 的地（属于模拟地）连接到 ADC 的模拟接地层（AGND）上；③将 ARM（型号同前）的数字地（V_{SS}）连接到它的模拟地（V_{SSA}）上，再将模拟地（V_{SSA}）连接到 ADC 的模拟接地层（AGND）上，即所有接地管脚都应通过低阻抗模拟接地层（AGND）返回，以便从高噪声数字环境中分离出低电平的模拟信号。需要提醒的是，本例将 ARM 的数字部分的电源（V_{DD}）、备用部分的电源（V_{BAT}），都连接到它的模拟部分的电源上（V_{DDA}），在 ARM 芯片中，已经将参考电源正端（V_{REF+}）内部连接到它的模拟部分的电源（V_{DDA}）、参考电源负端（V_{REF-}）内部连接到它的模拟地（V_{SSA}）。

在图 4-38（a）所示例中，采用的精密差动放大器 AD8479，可以在最高 ±600V 的高共模电压情况下精确测量差分信号，在不要求电隔离的应用中，AD8479 可以取代昂贵的隔离放大器。该器件在 ±600V 共模电压范围内工作，并对输入提供最高 ±600V 的共模或差分瞬变电压保护。精密运放 AD8479 还具有低失调电压、低失调电压漂移、低增益漂移、低共模抑制漂移以及在较宽频率范围内出色的共模抑制比（CMRR）等特性。利用精密运放 AD8479 驱动 ADC 芯片，转换后获得的信号传输给 ARM 做进一步处理。

如图 4-38（b）所示为双电源供电时，模拟电路使用星型接地系统，所有接地线都连接到 ADC 的模拟地。然而，当使用接地层时，将接地管脚连接到低阻抗接地层上最近的点即足够。如同双电源环境，应使用单独的模拟和数字接地层（不过可以使用合理厚度的走线代替数字接地层）。这些接地层应连接到电源的接地管脚。从电源到数字和模拟电路的电源管脚应使用单独的走线（或接地层）。理想情况下，每个器件应具有自己的电源走线，但只要不使用同一走线为数字和模拟电路提供电流，多个器件就可以共用这些走线。

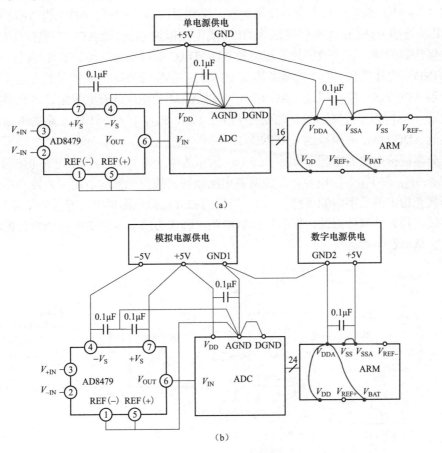

图 4-38　不同电源情况下的最佳接地做法
（a）单电源供电时；（b）双电源供电时

　　对于 DAC 的接地，应用与 ADC 器件同样的原则。DAC 的模拟地管脚和数字地管脚连在一起并接到模拟接地平面上。如果 DAC 没有输入锁存器，应该把驱动 DAC 的寄存器的基准和接地管脚接到模拟地，以防数字噪声耦合到模拟输出端。

　　如图 4-39（a）所示，对于含有 ADC/DAC、缓冲器和 ARM（对于 DSP，也可以与此类似）的混合处理芯片，其接地的方法是与 ADC 器件同样的方法：①将放大器的地（属于模拟地）连接到 ADC/DAC 的模拟地（AGND）；②将 ADC/DAC 的数字地（DGND）也连接到 ADC/DAC 的模拟地（AGND）；③将缓冲电路或寄存器的地（属于数字地）连接到 ADC/DAC 的模拟地（AGND）；④将 ARM 的地（既有数字地、也有模拟地，处理方法同图 4-38）连接到 ADC/DAC 的模拟地（AGND）。对于复杂的混合信号芯片，绝不能把它仅看作是数字芯片。即使一个 16 位的 Σ-Δ 型 ADC 和 DAC 的有效采样速率仅仅为 8ksps，转换器过采样工作频率仍然会达到 1MHz，这种转换器需要一个 13MHz 的外部时钟，而数十兆赫的内部处理器时钟，是由一个锁相环来产生的。正确地应用这种器件，需要懂得精密电路和高速电路的设计方法，一定要在器件每个电源管脚上用 0.1μF 瓷片电容去耦，以旁路其高频噪声。需要提醒的是，在图 4-39（a）所示电路中，利用铁氧体（图 4-39 中 L_{A1} 和 L_{A2} 所示）对模拟电源与数字电源进行有效隔离，这也是不同电源的常规做法。

如图 4-39（b）所示，对于含有仪用运放、采样保持器（S/H）、ADC 和 ARM 的混合处理芯片，其接地的方法是：①将仪用运放的地（属于模拟地）连接到 ADC 的模拟地（AGND）；②将采样保持器的地（属于数字地）连接到 ADC/DAC 的模拟地（AGND）；③将 ADC 的数字地（DGND）也连接到 ADC 的模拟地（AGND）；④将缓冲电路或寄存器的地（属于数字地）连接到 ADC/DAC 的模拟地（AGND）；⑤将 ARM 的地（既有数字地、也有模拟地，处理方法同图 4-38，为了简单起见，此处将 V_{BAT}、V_{DD}、V_{REF+}、V_{SS} 和 V_{REF-} 略去未画，特此说明）连接到 ADC/DAC 的模拟地（AGND）。

最好分离模拟电路的电源 [如图 4-39（a）所示的 V_{A1} 和 V_{A2}] 与数字电路 [如图 4-39（a）所示的 V_{D1}、V_{D2} 和 V_{D3}] 的电源，即使两者电压相同。模拟电源应当用于为转换器供电。如果转换器具有指定的数字电源管脚（V_D），应采用独立模拟电源供电，或者如图 4-39（a）所示进行滤波、设置铁氧体磁珠。所有转换器电源管脚应去耦至模拟接地层，所有逻辑电路电源管脚应去耦至数字接地层。

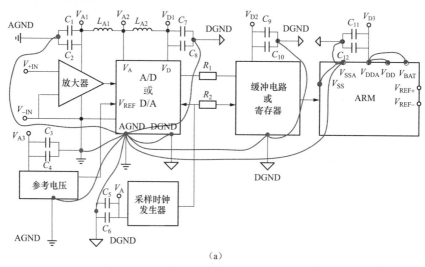

（a）

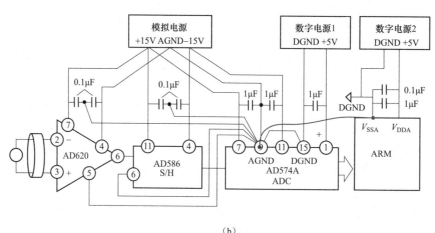

（b）

图 4-39　接地实施例

（a）ADC/DAC、缓冲器和 ARM 的接地方法；（b）仪用运放、S/H、ADC 和 ARM 的接地方法

4.9.3　电源/电压基准

电压基准是提供一个精确的输出电压，因作为电路系统或负载的精确参考电压，而称其为基准。在嵌入式测控系统中，常用电压源作电压基准，它是保证测量精度的一个重要器件。在数据转换器中，基准源提供了一个绝对电压，与输入电压进行比较以确定适当的数字输出；在电压调节器中，基准源提供了一个已知的电压值，用它与输出做比较，得到一个用于调节输出电压的反馈；在电压检测器中，基准源被当作一个设置触发点的门限。尤其是在 A/D 转换器中，电压基准与模拟输入信号一起，用于产生数字化的输出信号；在 D/A 转换器中，DAC 选择并按照当前的数字输入信号，参考电压基准产生一个模拟电压输出。电压基准是随时间或环境因素变化而变化的，有些参数会直接影响到测量仪表的输出精度，选择不好就有可能导致仪表超差。

1. 主要参数

现将电压基准的主要参数小结如下。

（1）初始精度（Initial Accuracy）。初始精度是电压基准工作时，其输出电压偏离其正常值的大小。用于衡量一个电压基准输出电压的精确度或容限，通常初始精度是相对误差量，故需经换算才能获得电压偏离值的大小。例如，一个标称电压为 2.5V 的基准，其初始精度为 $\pm 1\%$，则其输出电压范围为：

$$V_{\text{OUT}} = 2.5\text{V} \pm 2.5 \times 1\%\text{V} = 2.5\text{V} \pm 0.025\text{V} = 2.475 \sim 2.525\text{V} \tag{4-43}$$

在器件数据手册中，初始精度通常是不加载或在特定的负载电流下测得的，实际应用中需要注意。对于电压基准而言，初始精度是最为重要的性能指标之一。

（2）温度系数（Temperature Coefficient）。温度系数，简称 TC，用于衡量一个电压基准输出电压因受环境温度变化而偏离正常值的程度，通常用/℃表示。例如一个基准标称电压为 2.5V，其温度系数为 $10 \times 10^{-6}/℃$，则环境温度每变化 1℃，其输出电压变化为：

$$V_{\text{OUT}} = 2.5\text{V} \times 10 \times 10^{-6} = 25\mu\text{V} \tag{4-44}$$

基准电压可能随温度升高而增大也可能随温度升高而减小，具体要查看器件数据手册。它也是电压基准最为重要的性能指标之一。

（3）噪声（Noise）。这里所说的噪声是指电压基准输出端的电噪声，它包括两类：一类是宽频带的热噪声，另一类是窄带（0.1～10Hz）噪声。在高精密设计中，噪声因素是不可忽视的。

（4）长期漂移（Long- term Drift）。在长期持续工作期间，电压基准输出电压的缓慢变化，称为长期漂移或稳定性，通常用 kh 表示。当选用一个电压基准，要求它在持续数日、数周、数月甚至数年的工作条件下保持输出电压精度，那么长期漂移便是一个必须考虑的性能参数。

（5）热迟滞（Temperature Hysteresis）。当电压基准所处的环境温度从某一点开始变化，然后再返回该温度点，前后两次在同一温度点上测得的电压值之差即为热迟滞。对于温度周期性变化超过 25℃的情况是需要引起重视的一个误差源。

（6）导通建立时间（Turn- on Setting Time）、输入电压调整率（Line Regulation）、负载调整率（Load Regulation）。导通建立时间是指系统加电后，基准输出电压达到稳定的时间。输入电压调整率用于衡量当负载和环境温度不变时，因输入电压变化而引起的输出电压变化，不包括输入电压纹波或瞬变电压产生的影响。负载调整率，用于衡量当输入电压不变时，因负载电流变化引起的输出电压的改变，不包括负载瞬变产生的影响。

（7）供出和吸入电流（Supply and suction current）。是指基准源能够提供和吸入电流的能力。大多数应用都需要电压基准源为负载供电，当然，要求基准源有能力提供负载所需的电流。它还需要提供所有的偏置电流 I_{bias} 或漏电流 I 这些电流之和有时会超过负载电流。ADC 和 DAC 所需要的典型基准源电流在几十微安（如 MAX1110）至 10mA（如 AD7886）。LM336BD-2-5 作为 2.5V 基准电压源，提供 10μA～20mA 宽工作电流。REF3133AIDBZT 作为 3.3V 电压基准，温度系数为 $20×10^{-6}/℃$，提供 100μA 工作电流，采用 SOT23-3 封装。MAX6101-5 系列基准源能提供 5mA 电流，吸入电流 2mA。对于较重负载，可选择 MAX6225/41/50 系列基准源，它们能提供 15mA 的供出和吸入电流。

（8）功耗（Power consumption）。SPX1004N-2.5 是 2.5V 电压基准、微功耗芯片。LM385BPW-1-2 是 1.2V 微功耗、电压基准，提供 15μA～20mA 宽工作电流。如果设计中等精确度的系统，比如一个高效率、±5%电源或者是需要很小功率的 8 位数据采样系统，可以使用 MAX6025 或 MAX6192 这类器件。这两个器件都是 2.5V 的基准源，最大消耗电流为 35μA，它们的输出阻抗非常低，因此基准电压几乎完全不受输出电流 I_{OUT} 的影响。

2. 电压基准的典型代表

按工艺技术，电压基准可以划分为齐纳基准（Zener Reference）、掩埋齐纳基准（Buried Zener Reference）、带隙基准（Band gap Reference）和 XFET 基准电源。

（1）齐纳基准、掩埋齐纳基准。齐纳基准成本低、工作电压范围宽。但是，它的精确度达不到高精度应用的要求，而且，很难胜任低功耗应用的要求。例如 BZX84C2V7LT1，它的击穿电压，即标称基准电压是 2.5V，在 2.3V～2.7V 变化，即精确度为±8%，这只适合低精度应用。齐纳基准源的另一个问题是它的输出阻抗。比如 BZX84C2V7LT1 器件的内部阻抗为 5mA 时 100Ω 和 1mA 时 600Ω。非零阻抗，将导致基准电压随负载电流的变化而发生变化。选择低输出阻抗的齐纳基准源将减小这一效应。

掩埋齐纳基准，具有很高的初始精度、小的稳定系数和好的长期漂移稳定性并且噪声电压低，总体性能优于其他类型的基准，故常用于 12 位或更高分辨率的系统中，但是价格较贵。

（2）带隙基准。带隙基准与最好的掩埋齐纳基准相比，其准确度和稳定性稍微差一些，但温度特性可优于 $3×10^{-6}/℃$。带隙器件可获得 1.25、2.5、5V 等工作电压。带隙基准的初始精度、温度系数、长期漂移、噪声电压等性能指标，从低到高覆盖面较宽，较适用于 8～10 位精度的系统中。综合来看，带隙基准性能良好、价格适中，是性价比较高的电压基准。所以在高精度应用的场合通常用带隙基准源。如 14bit、210Msps（刷新速率 Update Rate）的 DAC9744 内部就带一个 2.1V 的带隙基准源。

（3）XFET 基准。XFET 基准性能水平介于带隙和齐纳基准之间。它有三个显著特点：其一是在相同的工作电流条件下，它的峰—峰值噪声电压通常比带隙基准低数倍；其二是 XFET 基准在工业级温度范围内，具有十分平坦或线性的温度系数曲线，而带隙和齐纳基准的温度系数曲线在温度范围内通常是非线性的，这种非线性不便于通过软件来加以修正；其三是 XFET 基准具有极好的长期漂移稳定性。

掩埋齐纳、带隙和 XFET 基准主要性能参数小结见表 4-17。

表 4-17   **掩埋齐纳、带隙和 XFET 基准主要性能参数**

项目	掩埋齐纳基准	带隙基准	XFET 基准
最低工作电压（V）	>5	可低至 3	可低至 2.7
静态电流（mA）	3～10	0.5～2	5～20
初始精度	0.01%～0.5%	0.04%～1.0%	0.06%～0.3%
温度系数（/℃）	$1\sim20\times10^{-6}$	$2\sim100\times10^{-6}$	$8\sim25\times10^{-6}$
噪声电压（0.1～10Hz）	4～10μV	4～50μV	6～10μV
长期漂移（μV/kh）	15～75	4～250	0.2～1
适用场合	12 位以上高精度系统	低压低功耗，8～10 位精度系统	低压低功耗，高精度系统

3. 电压基准的选型方法

根据前面的分析可知，引起基准输出电压偏离标称值的主要因素有初始精度、温度系数、噪声以及长期漂移等。因此，在选择一个电压基准时，需要根据系统要求的分辨率、精度、供电电压、工作温度范围等情况综合考虑，不能简单地考虑某个参数。为简化讨论，假设 ADC（DAC）是一个理想器件，误差仅由基准产生。这样，最差工作条件下，允许参考电压 V_{REF} 产生的误差为 0.5LSB。对于初始精度，主要是根据系统的精度要求进行选择。如果数据采集系统采用 n 位的 ADC 或 DAC，若要求达到 0.5LSB 的精度，则所配电压基准的初始精度可由式（4-45）确定：

$$初始精度 = \frac{100}{2^{n+1}}\%\tag{4-45}$$

上面的分析是基于除电压基准 V_{REF} 之外的其他影响为零而做的，即所有误差均来自初始精度。分析表达式（4-45）可知，在 8 位精度、0.5LSB 条件下，初始精度对应于 0.195%。

温度系数是电压基准的另一个重要参数，除了与系统要求的精度有关外，还与系统的工作温度范围直接相关。生产厂家通常在 25℃附近，将基准因温度变化引起的误差调到最小，这点必须引起重视。假如数据采集系统所用 ADC 或 DAC 的位数为 n，要求达到 0.5LSB 的精度，工作温度变化量为 ΔT，那么基准电压的温度系数，可由式（4-46）确定：

$$TC = \frac{1}{\Delta T \times 2^{n+1}}\tag{4-46}$$

首先考虑系统精度要求，同样，假设电压基准 V_{REF} 在+25℃下的其他影响为零，所有误差均由基准的温度系数产生，在整个工作温度范围内基准的误差不得超过 0.5LSB。也就是说，对于一个 12 位 ADC，造成的误差必须低于（$1/2^{12+1}$）；而对于一个 16 位 ADC，造成的误差则必须低于（$1/2^{16+1}$）$\times10^{-6}$。

假设某基准 30×10^{-6}/℃，系统在 20～70℃工作，温度跨度 50℃，那么，会引起基准电压

$$TC = \frac{30\times50}{10^6}$$

即产生 0.15‰的漂移，从而带来 0.15‰的误差。温漂越小的基准电源，价格越高。比如

30×10^{-6}/K 的 TL431，每片几角钱；而百万分之二十/K 的 LM385，每片不到 2 元钱；但是，10ppm/K 的 MC1403，每片超过 4 元钱；对于百万分之一/K 的 LM399 而言，每片却超过 15 元钱；百万分之零点五/K 的 LM199，每片超过 150 元钱。其中 K 表示温度单位开尔文。

　　例如，一个 12 位数据采集系统，要求精度达到 0.5LSB，如果工作温度变化范围在 10℃，温度系数为 15×10^{-6}/℃（温度变化范围内的偏移为 150×10^{-6}）的基准，可以满足 10 位 ADC 系统的精度要求，但却不能满足 12 位 ADC 系统的精度要求。如果考虑工作温度范围为 $-40 \sim +85$℃，则 ΔT 取值为 85℃-25℃=60℃，则无论 10 位 ADC 还是 12 位 ADC，该基准都不再适用了。

　　综合初始精度和温度系数，仍以前面的示例，12 位数据采集系统，要求精度达到 0.5LSB，如果工作温度变化范围在 10℃，温度系数为 15×10^{-6}/℃，初始精度为 0.01%。则初始精度和温度系数的贡献分别为 100×10^{-6} 和 150×10^{-6}，总和为 250×10^{-6}，超过了 122×10^{-6} 的允差要求。如果条件允许的话，通常可以采取预校正的方法消除初始精度误差。

　　大多数电压基准的噪声电压相对于其他误差而言绝对值较小，故对于精度不高的系统其影响并不突出，但对于高精度系统，需要引起高度重视。对于宽带噪声，通过在输出端，增加一个具有较小 ESR（等效内阻）的电容或一个 RC 低通滤波器就可以有效的加以抑制。但要注意所加电容的容量，需要按照数据手册推荐的值选取，如果选得太大，可能会引起振荡而破坏输出电压的稳定，并且会使导通建立时间增长。

　　需要提醒的是：①在使用电压基准时应注意在高阻抗导体上的电压降、来自公共地线阻抗的噪声和来自不适当的电源去耦产生的噪声。考虑基准电流流动的方向，是输出电流还是吸收电流；②在设计 ADC 或者 DAC 相关电路时，很多设计者，都喜欢将基准电压直接连到芯片的电源（VCC）端子。其实，很多教科书也是把参考电压直接连接到 VCC 或者 5V 电源上的，这样做都是忽略了一个基本要求，那就是不是随便什么电源都够格充当基准电源的，因此，建议教材将基准电压改成 5.000V 或者专门标注成 $V_{\text{REF}+}$，就会让读者朋友重视起来，即这个 5V 是不能直接视为电源（VCC）的，而是必须强调，它作为基准电压，需要更高稳定度。

4. 正确提供电压基准的方法

　　如图 4-40（a）所示的是一个单电源电路，是用一个仪用运放驱动一个单端模数转换器 ADC。放大器的基准电压源提供零差分输入时的偏置电压，而 ADC 基准电压源则提供比例因子。通常在仪用运放的输出端与 ADC 输入端之间使用一个简单的 RC 低通抗混叠滤波器，用来降低带外噪声。大多数初次设计的朋友（其实很多教科书也是这样写的），一般倾向采取简单的办法，比如利用电阻分压，来为仪用运放和 ADC 提供基准电压（参考电压典型值 $2.5 \sim 5.0$V）。其实，这种设计电路，在某些仪用运放应用中，这种方法有可能导致误差。如图 4-40（a）所示的 RC 低通抗混叠滤波器，其电阻取值一般 $50 \sim 200\Omega$，其截止频率为：

$$f_{\text{C}} = \frac{1}{2\pi R \times C} \tag{4-47}$$

　　通常认为仪用运放基准输入端是高阻抗，因为它是一个输入端口。因此，设计工程师经常将高阻抗源，比如电阻分压器连接至仪用运放的基准电压管脚。对于某些类型的仪用运放，这可能导致严重错误，如图 4-40（b）所示，它是一种流行的仪用运放设计结构，采用三运算放大器，在满足 $R_2/R_1 = R_4/R_3$ 时，总信号增益 G 为：

$$G = \left(1 + \frac{R_5}{R_G} + \frac{R_6}{R_G}\right) \times \frac{R_2}{R_1} \tag{4-48}$$

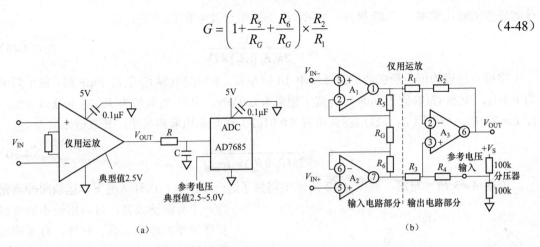

(a)　　　　　　　　　　　　　　　　　　(b)

图 4-40　提供基准电压源的电路设计示意图

（a）错误设计电路 1；（b）错误设计电路 2

　　若通过低阻抗源驱动，基准输入端的增益为单位增益。但在此例中，仪用运放的基准管脚直接与一个简单的分压器相连。这破坏了减法电路的对称性以及分压电路的分配比，降低了仪用运放的共模抑制能力及其增益精度。但在某些情况下，R_4 是可调的，因而可降低其电阻值，降低量等于分压电阻的并联值，本例为 50kΩ。此时，电路的表现就像是将相当于电源电压一半的低阻抗电压源连接到保持原始值的 R_4 上。此外，还可使减法器的精度维持不变。

　　如果仪用运放采用单芯片封装，则不能使用这种方法。另一考虑因素是，分压器电阻的温度系数还应能跟踪 R_4 以及减法电路中的其他电阻。最后，这种方法排除了调节基准电压的可能。另一方面，如果试图通过在分压器中使用小电阻值来降低附加电阻，则会增加电源的耗散电流，进而增加电路功耗。这并非好的设计方法。

　　如图 4-41 所示为一种较好的解决方案，该方案在分压器与仪用运放基准输入端之间采用了一个低功耗运放缓冲器。这种方法消除了阻抗匹配和温度跟踪问题，并且允许轻松调节基准电压。

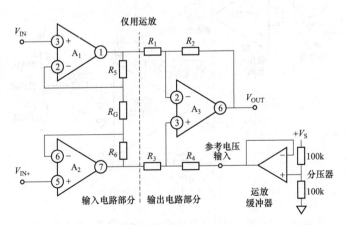

图 4-41　提供仪用运放基准电压源的正确电路设计

　　如图 4-42 所示为一个大电容被加至分压器，以滤除电源变化，从而提高参考电压质量。

该滤波器的截止频率（–3dB 极点）由 $R_1//R_2$ 并联组合及电容 C_F 设定，即

$$f_{-3\mathrm{dB}} = \frac{1}{2\pi(R_1 \parallel R_2) \times C_F} \qquad (4\text{-}49)$$

该极点应设为低于所关心的最低频率 10 倍左右。本例的电容 C_F 取值 10μF 时，截止频率为 0.3Hz，电容 C_F 取值 100μF 时，截止频率为 0.03Hz。电阻 R_3 取值为 $R_1//R_2$ 并联组合值，即 $R_3=R_1//R_2$，与电阻 R_3 并联的滤波电容（0.01μF）可使电阻噪声最小，其取值依据为：

$$C_3 = \frac{1}{2\pi(R_1 \parallel R_2) \times f_{-30\mathrm{dB}}} \qquad (4\text{-}50)$$

如图 4-43 所示电路，对图 4-42 所示电路做了进一步改进。这种情况下，运放缓冲器充当一个有源滤波器，可以用较小的电容实现等量的电源去耦。此外，有源滤波器可设计提供更高的 Q 值，从而获得更快的开启时间。本例的品质因数 Q 的表达式为：

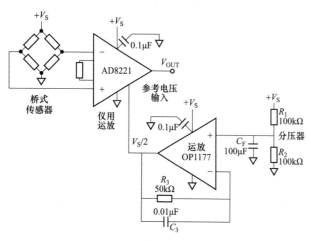

$$Q = \sqrt{\frac{C_1}{4C_2}} \qquad (4\text{-}51)$$

本例所示的 $C_1=2C_2$，品质因数 $Q=0.707$。本例的二阶压控有源低通滤波器的截止频率 f_C 的表达式为：

$$f_C = \frac{1}{2\pi R\sqrt{C_1 C_2}} \qquad (5\text{-}52)$$

图 4-42　对基准电路进行去耦处理

本例所示的 R 即为 R_3，因为 $R_3=R_1//R_2$ =100kΩ，因此，本例的二阶压控有源低通滤波器的截止频率 f_C=1.126Hz。

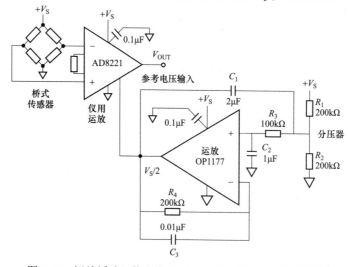

图 4-43　运放缓冲器接成有源滤波器驱动仪用运放基准管脚

4.9.4　驱动与防护问题

如图 4-44 所示为驱动 ADC 的三种典型方法。本例选择 ADuC7026 微控制器，其原因在

于：它是精密模拟微控制器，内置 12 位模拟 I/O，1Msps 的 ADC 多达 16 个 ADC 通道，以 ARM7TDMI 充当微控制器（MCU），它具有无缓冲、电荷采样架构，这是绝大多数现代 ADC 的常见架构。这种架构一般需要 ADC 与放大器之间的一个 RC 缓冲级，才能正常工作。

如图 4-44（a）所示为驱动电荷采样型 ADC 所需的最低配置方式，该电容为 ADC 采样电容提供电荷，同时，电阻将 AD8226 与电容屏蔽开。本例选择宽电源电压范围、轨到轨输出的仪用放大器 AD8226，可充分利用供电轨。由于输入范围能够降到负电源电压以下，因此无须双电源便可放大接近地的电压小信号。该器件采用 $\pm1.35\sim\pm18V$ 的双电源供电或 $2.2\sim36V$ 单电源供电。为使放大器 AD8226 保持稳定，电阻和电容的 RC 时间常数需要在 5μs 以上，且该驱动电路主要用于较低频率、低阻抗的信号。

如图 4-44（b）所示为用于驱动更高速、高阻抗信号的电路。本例使用具有相对高带宽（20MHz）、轨到轨、双通道精密 CMOS 运放 AD8616。这个放大器以低失调、低噪声、极低的输入偏置电流和高速度特性相结合，更适合较高频率的应用，如滤波器、积分器、光电二极管放大器和高阻抗传感器等器件均可受益于这些特性。

如图 4-44（c）所示为适用于 AD8226 需要采用大电压供电的单电源 ADC 的应用。在正常工作模式下，AD8226 的输出处于 ADC 的范围内，AD8616 只是对其进行缓冲。然而，在错误条件下，AD8226 的输出可能超出运放 AD8616 和 ADC 的电源范围。但这种情况下，本电路中不会造成问题，因为两个放大器之间的 10kΩ 电阻会将流入 AD8616 的电流限制在一个安全水平。

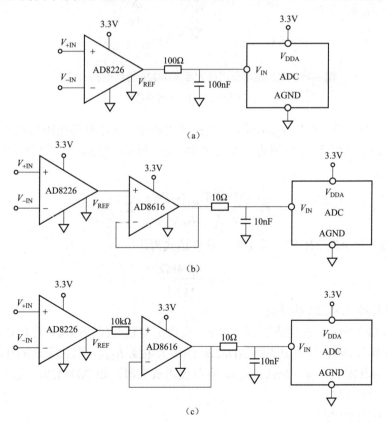

图 4-44　三种典型驱动 ADC 的电路图

（a）驱动低阻抗信号源；（b）驱动高阻抗信号源；（c）ADC 入口过压防护

对于工作于 ADC 前端的放大器，如本例的仪用放大器 AD8226，其输入端不得超过数据手册的绝对最大额定值部分规定的额定值。否则，必须在它之前增加保护电路，将输入电流限制在最大电流 I_{MAX} 范围内。如果电压会超出供电轨，则在过载条件下采用外部电阻与输入端串联来限制电流，如图 4-45（a）所示，该输入端的限流电阻值 R_P 可由式（4-53）求出：

$$R_P \geq \frac{|V_{IN} - V_S|}{I_{MAX}} \tag{4-53}$$

在噪声敏感应用中，可能需要较低保护电阻。选择低漏电流钳位二极管，如 BAV199，可用在输入端，将放大器 AD8226 输入端的电流分流，从而允许采用较小保护电阻值。为了确保电流主要流过外部保护二极管，在二极管和 AD226 之间放入一个小电阻，如 33Ω 的电阻，如图 4-45（b）所示。

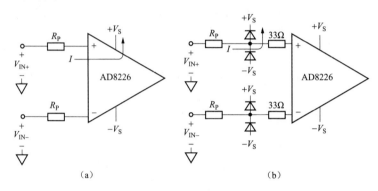

图 4-45　电压超出仪用放大器 AD8226 的供电轨的措施

（a）简单防护；（b）低噪声防护

如果在高增益下差分电压 V_{DIFF} 过大，则在过载条件下采用外部电阻与输入端串联，将输入电流限制在最大电流 I_{MAX} 范围内，如图 4-46（a）所示，该输入端的限流电阻值 R_P 可由式（4-54）求出：

$$R_P \geq \frac{1}{2} \times \left(\frac{|V_{DIFF}| - 1V}{I_{MAX}} \right) - R_G \tag{4-54}$$

式中：R_G 为放大器 AD8226 的增益电阻，其表达式为：

$$R_G = \frac{49.4k\Omega}{G - 1} \tag{4-55}$$

式中：G 为放大器 AD8226 的增益。

如图 4-46（b）所示，在噪声敏感应用中，可能需要较低保护电阻，可以选择低漏电流钳位二极管，如 BAV199。仪用放大器 AD8226 的最大电流 I_{MAX}，取决于时间和温度。除非特别说明，建议将其限制在 1～2mA 为宜。有些仪用放大器，如 AD8429，室温下器件能承受 10mA 的电流至少一天。

4.9.5 采样频率问题

为了使采样输出信号能不失真地代表输入的模拟信号，对于一个频率有限的模拟信号来说，可以由采样定理确定其采样频率，即：

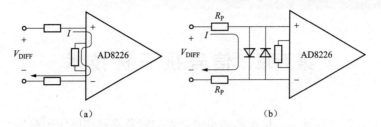

图 4-46 仪用放大器 AD8226 的大差分电压防护措施

（a）简单防护；（b）低噪声防护

$$f_S \geqslant 2 f_{i\max} \qquad (4\text{-}56)$$

工程应用中，一般取：

$$f_S \geqslant 10 f_{i\max} \qquad (4\text{-}57)$$

作为初学者或者刚开始从事设计的工程师，普遍认为采样频率可以随意选择更大值。下面通过一个示例进行说明。采样点与失真度之间的关系值见表 4-18。

表 4-18　　　　　　　　　　　　采样点与失真度之间的关系值

采样点	10	100	100	4096
失真度（%）	18	2.0	6.3×10^{-3}	4.4×10^{-4}

在实际工程设计中，由于采样频率直接受到数据传送链中 RAM、锁存器、DAC 转换时间、处理电路的延时等综合影响。假设完成一次量化数据占用的时间为 250ns，当要求正弦波失真度要优于 0.1%时，就需要选择超过 1000 个采样点，比如取 4.96 个采样点，此时，采样频率的最大值为：

$$f_{S\_\max} \leqslant \frac{1}{250 \times 10^{-9} \times 4096} \approx 976.6\text{Hz} \qquad (4\text{-}58)$$

因此，能够处理的正弦波的频率，就不会超过下面的约束条件：

$$f_{i\max} \leqslant \frac{f_{S\_\max}}{10} = 97.6\text{Hz} \qquad (4\text{-}59)$$

那就只能采集基波信号，而不能采集 2 次谐波以上成分的正弦波了。当然，如果适当降低采样点数量，如取 128 个采样点，此时，采样频率的最大值为：

$$f_{S\_\max} \leqslant \frac{1}{250 \times 10^{-9} \times 128} = 3125\text{Hz} \qquad (4\text{-}60)$$

因此，能够处理的正弦波的频率，就不会超过下面的约束条件：

$$f_{i\max} \leqslant \frac{f_{S\_\max}}{10} = 312.5\text{Hz} \qquad (4\text{-}61)$$

因此，那就可以采集基波信号，还能采集 6 次谐波以内的正弦波了。但是，其失真度达到 2%。

第五章 信号抗干扰技术

对于嵌入式控制系统而言，最担心的事情是被控对象不按照既定策略的"乱动"、不受控制的"误动"、受其他干扰的"错动"，而解决这些问题最常用的方法就是滤波、接地和去耦处理。所谓信号滤波器，是用来从输入信号中过滤出有用信号、滤除无用信号和噪声干扰。其原理是利用电路的幅频特性，其通带的范围设为有用信号的范围，而把其他频谱成分过滤掉。因此，滤波电路具有滤除测试系统中由于各种原因引入的噪声和干扰、滤除信号调制过程中的载波等无用信号、分离各种不同的频率信号和提取感兴趣的频率成分以及对系统的频率特性进行补偿等四大功能。在恶劣的数字环境内，能否保持宽动态范围和低噪声与采用良好的电路设计技术密切相关，包括适当地去耦合接地。关于接地技术，在第四章已经讨论过，本章重点讨论滤波器和去耦技术。

5.1　概　　述

5.1.1　应用背景

信号噪声无处不在，包括周期噪声（固定频率的干扰）和随机噪声（不确定的干扰）。在嵌入式系统中，不论是观测和控制都需要真实的信号，指定频率、突变的干扰尽量排除或限制。通过传感器获得的信号中，经常混淆有许多其他频率的干扰信号。由于干扰信号的存在，有时会得到不正确的测量值，有时有用的信号被淹没在干扰信号之中，这对装置的正常运行往往会产生灾难性事故，必须高度重视关键性信号或者参变量的滤波问题。

作为嵌入式系统的设计工程师，信号处理、数据传递和抑制干扰，是设计的重点和难点，为了突出有用信号、抑制干扰信号，就要对传感器获得的信号进行滤波处理，因此，需要了解滤波器的原理，熟悉参数选择与计算的方法，掌握正确使用滤波器的注意事项等。

在嵌入式系统的电路设计中，有时候可以采用模拟电路来设计滤波器，有时候可以利用单片机或者微处理器的软件在数字域重现所有模拟滤波器的频率响应，设计相应的数字滤波器。现将需要设计模拟低通滤波器的必要性说明如下。

（1）模拟信号中包含高频和低频噪声。根据采样定律，对于任何频率的信号（或噪声），如果不被精确转换成数字量，就可能被混淆入其他信号。经过 A/D 转换器的信号，都包含与之相关的幅度信息。

（2）只要信号的频率低于 A/D 转换器输入级的带宽，A/D 转换器就能可靠地将信号的幅度信息转换为数据。虽然幅度信息被保留了，但是信号的频率信息就不是这样了。对于超过 $1/2f_s$（f_s 为 A/D 转换器的采样频率）的输入信号，经过采样之后，其信号被折返到采样频率之内，因此，经过 A/D 转换后，可能很难从转换后的数据中判断输入信号是在 $1/2f_s$ 之内还是高于 $1/2f_s$。根据采样定律，信号被混叠了。一旦发生这种混叠，就无法复原到原始信号。

（3）在信号到达 A/D 转换器之前，模拟低通滤波器滤除其中的高频噪声和一些峰值噪声。而数字滤波器是无法滤除掉模拟信号中的峰值噪声。同时，当信号中的峰值噪声峰值接近 A/D

转换器的满量程时，可能使 A/D 转换器的模拟调制器进入饱和状态，即使其输入信号的平均值处于量程的限制之内，也可能出现这种现象。A/D 转换器之前放置模拟滤波器，可以帮助在模拟电路和转换器电路中成功地达到很高的分辨率设计目标。

（4）相反，数字滤波器利用过采样和平均技术可以减小频带内噪声。数字滤波是在 A/D 转换之后进行的，所以数字滤波器只能滤除在 A/D 转换过程中引入的噪声（如量化噪声）。模拟滤波器是无法完成这种任务的。同时数字滤波器可以编程设定，比模拟滤波器具有更大的灵活性。根据数字滤波器的设计，能够很容易地设置滤波器的截止频率和输出数据率。

5.1.2 所处位置

在使用 A/D 转换器的每一个电路中都需要考虑模拟低通滤波器。特别是逐次逼近型（SAR）转换器、Σ-Δ 转换器、流水型、双斜率型 A/D 转换器，都需要考虑这一点。这种低通滤波器，通常放置在信号路径的模拟侧，同时也要放在 A/D 转换器的前面。数据采集系统经常要用滤波器滤除不需要的信号，模拟滤波器用来滤除转换器的 $1/2f_S$ 之外的高频噪声，数字滤波器用来滤除频带内的噪声。

根据前面的讲解得知，信号调理的重要作用，就是将小信号放大、信号滤波以及对频率信号的放大整形等必要处理。研究与运行实践均表明，为不使小信号被电路噪声淹没，必须在该电路前面加一级放大器。为使小信号不被电路噪声所淹没，在电路前端加入的电路必须是放大器，即放大倍数（A_{id}）最好超过 1，即 $A_{id}>1$，而且必须是低噪声、低漂移和低偏置的精密放大器，即该放大器本身的等效输入噪声，必须比后级电路的等效输入噪声要低得多，至少低一个数量级。因此，减少电路的等效输入噪声实质上就是提高了电路接收弱信号的能力。所以，调理电路前端电路绝大多数情况下，要求采用低噪声前置放大器。

这里存在这样一个问题，即将滤波器放置在前置放大器的前面还是后面？如图 5-1 所示为两种调理电路，其中图 5-1（a）和（b）所示调理电路的等效输入噪声 V_{IN_a}、V_{IN_b} 分别为：

$$V_{IN\_a} = \frac{\sqrt{(V_{IN1} \times A_{id})^2 + (V_{IN2} \times 1)^2}}{A_{id}} = \sqrt{V_{IN1}^2 + \left(\frac{V_{IN2}}{A_{id}}\right)^2} \qquad (5-1)$$

$$V_{IN\_b} = \frac{\sqrt{(V_{IN1} \times A_{id})^2 + (V_{IN2} \times 1 \times A_{id})^2}}{A_{id}} = \sqrt{V_{IN1}^2 + V_{IN2}^2} \qquad (5-2)$$

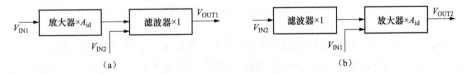

图 5-1 两种调理电路对比

（a）滤波器置于放大器之后；（b）滤波器置于放大器之前

对比分析式（5-1）和式（5-2）得知：当 $A_{id}>1$ 时，等效输入噪声 $V_{IN\_a}<V_{IN\_b}$，所以将滤波器放在前置放大器的后面是合理的，有利于减少电路的等效输入噪声，提高接收弱信号的能力。需要提醒的是，能够充当前置放大器的除了低噪声精密运放之外，还包括：

（1）仪用运放：低漂移、低失调电压、非线性误差小、低噪声、共模抑制比高、输入阻抗高、方便调节增益。

（2）隔离放大器：高精度、高共模抑制比、高共模电压隔离能力、隔离电源输出、低的静态电流、消除干扰、安全、保护系统、功耗低。

（3）软件可编程增益放大器：数字可编程二进制增益范围宽、温度漂移小、低非线性度、快速建立时间、直流精度高、增益误差小、TTL 兼容型数字输入。

5.2　信号滤波电路设计

5.2.1　滤波器的类型

按处理信号形式分为模拟滤波器和数字滤波器。按电路组成分为 LC 无源、RC 无源、由特殊元件构成的无源滤波器、RC 有源滤波器。按传递函数的微分方程阶数分为一阶、二阶、高阶。按功能来分，滤波器包括以下四种基本类型。

（1）低通滤波器：低频通过，高频衰减，如图 5-2（a）所示。

（2）高通滤波器：低频衰减，高频通过，如图 5-2（b）所示。

（3）带通滤波器：通带内通过，通带外衰减，如图 5-2（c）所示。

（4）带阻滤波器：通带内衰减，通带外通过，如图 5-2（d）所示。

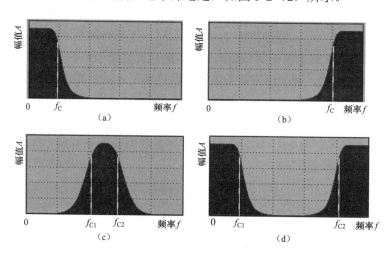

图 5-2　滤波器的四种基本类型

（a）低通滤波器；（b）高通滤波器；（c）带通滤波器；（d）带阻滤波器

在图 5-2（a）中，f_C 为低通滤波器的截止频率，在从 $0 \sim f_C$ 频率之间，幅频特性平直，它可以使信号中低于 f_C 的频率成分几乎不受衰减地通过，而高于 f_C 的频率成分受到极大地衰减。

在图 5-2（b）中，f_C 为高通滤波器的截止频率，与低通滤波器相反，从频率 $f_C \sim \infty$，其幅频特性平直，它使信号中高于 f_C 的频率成分几乎不受衰减地通过，而低于 f_C 的频率成分将受到极大地衰减。

在图 5-2（c）中，f_{C1} 为通频带的低频截止频率，f_{C2} 为通频带的高频截止频率。该滤波器的通频带在 $f_{C1} \sim f_{C2}$，它使信号中高于 f_{C1} 而低于 f_{C2} 的频率成分可以不受衰减地通过，而其他成分受到衰减。

在图 5-2（d）中，与带通滤波相反，该滤波器的带阻在频率 $f_{C1} \sim f_{C2}$，它使信号中高于 f_{C1}

而低于 f_{C2} 的频率成分受到衰减，其余频率成分的信号几乎不受衰减地通过。

为了阅读方便起见，需要复习几个基本概念。

（1）截止频率：通带与阻带的交界点。

（2）频率通带：能通过滤波器的频率范围。

（3）频率阻带：被滤波器抑制或极大地衰减的信号频率范围。

5.2.2 无源 RC 滤波电路

1. 低通滤波电路

在传感器测试系统中，常用 RC 滤波器，因为在这一领域中，信号频率相对来说不高，而 RC 滤波器电路简单，抗干扰性强，有较好的低频性能，并且选用标准的阻容元件即可构建，非常方便。RC 滤波器电路也存在一些不可忽视的缺点。

（1）带负载能力差。

（2）无放大作用。

（3）特性不理想和边沿不陡等。

如图 5-3（a）所示为无源的 RC 低通滤波器的电路，其传递函数为：

$$H(s)=\frac{U_{OUT}(s)}{U_{IN}(s)}=\frac{1}{RCs+1}=\frac{1}{\tau s+1} \quad (5-3)$$

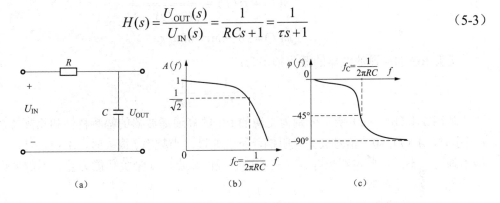

图 5-3　无源的 RC 低通滤波器

（a）电路形式；（b）幅频特性；（c）相频特性

式中：τ 为时间常数，且 $\tau=RC$。将 $s=j2\pi f$ 代入表达式（5-3），则有：

$$\begin{cases} A(f)=|H(f)|=\frac{1}{\sqrt{(2\pi f\tau)^2+1}} \\ \varphi(f)=-\arctan 2\pi f\tau \end{cases} \quad (5-4)$$

无源 RC 的低通滤波器的截止频率为：

$$f_C=\frac{1}{2\pi\tau}=\frac{1}{2\pi RC} \quad (5-5)$$

如图 5-3（b）、（c）所示分别为无源的 RC 的低通滤波器的幅频特性和相频特性。当频率 f 很小时，$A(f)=1$，信号不受衰减地通过；当频率 f 很大时，$A(f)=0$，信号被完全阻挡，不能通过。

2. 高通滤波电路

如图 5-4（a）所示为无源的 RC 高通滤波器的电路，其传递函数为：

$$H(s) = \frac{U_{\text{OUT}}(s)}{U_{\text{IN}}(s)} = \frac{RCs}{RCs+1} = \frac{\tau s}{\tau s+1} \tag{5-6}$$

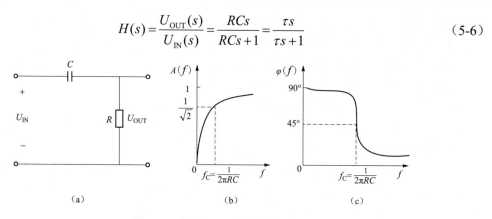

图 5-4　无源的 RC 高通滤波器

（a）电路形式；（b）幅频特性；（c）相频特性

式中：τ 为时间常数，且 $\tau = RC$。将 $s = \text{j}2\pi f$ 代入表达式（5-6），可得：

$$\begin{cases} A(f) = |H(f)| = \dfrac{2\pi f\tau}{\sqrt{(2\pi f\tau)^2 + 1}} \\ \varphi(f) = 90° - \arctan 2\pi f\tau \end{cases} \tag{5-7}$$

无源 RC 的高通滤波器的截止频率为：

$$f_{\text{C}} = \frac{1}{2\pi\tau} = \frac{1}{2\pi RC} \tag{5-8}$$

如图 5-4（b）、（c）所示分别为无源的 RC 的高通滤波器的幅频特性和相频特性。当频率 f 很小时，$A(f) = 0$，信号被完全阻挡，不能通过；当频率 f 很大时，$A(f) = 1$，信号不受衰减地通过。不过，此电路也存在一些不可忽视的缺点，如带负载能力差、无放大作用、特性不理想和边沿不陡等。

3. 带通滤波电路

可以将 RC 带通滤波器看作是 RC 高通滤波器和 RC 低通滤波器串联而成，其电路如图 5-5（a）所示。无源的 RC 带通滤波器的传递函数为：

$$H(s) = H_1(s) \cdot H_2(s) = \frac{\tau_1 s}{\tau_1 s+1} \cdot \frac{1}{\tau_2 s+1} \tag{5-9}$$

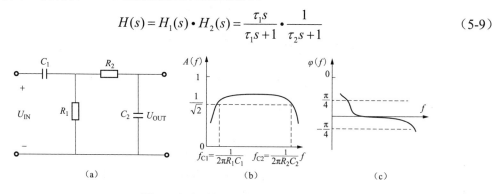

图 5-5　无源的 RC 带通滤波器

（a）电路形式；（b）幅频特性；（c）相频特性

式中：τ_1 和 τ_2 为时间常数，且 $\tau_1 = R_1 C_1$、$\tau_2 = R_2 C_2$。上下截止频率 f_{C1}、f_{C2} 的表达式分别为：

$$\begin{cases} f_{C2} = \dfrac{1}{2\pi\tau_1} = \dfrac{1}{2\pi R_1 C_1} \\ f_{C2} = \dfrac{1}{2\pi\tau_2} = \dfrac{1}{2\pi R_2 C_2} \end{cases} \tag{5-10}$$

如图 5-5（b）、（c）所示分别为无源的 RC 的带通滤波器的幅频特性和相频特性。极低和极高的频率成分都完全被阻挡，不能通过；只有位于频率通带内的信号频率成分才能通过。

5.2.3 有源 RC 滤波电路

当高、低通两级 RC 无源滤波器串联时，应消除两级滤波器耦合时的相互影响，根据分压原理，后一级滤波器成为前一级滤波器的"负载"，而前一级滤波器又是后一级滤波器的信号源内阻。实际上，两级滤波器间常用射极输出器或者用运放进行隔离。所以实际的带通滤波器常常是有源的。有源滤波器是指由运放、电阻、电容组成的滤波电路，具有信号放大、输入和输出阻抗容易匹配等优点。当然，有源滤波器也存在一些缺点。

（1）使用电源。

（2）功耗大。

（3）通流能力较弱。

（4）集成运放的带宽有限。

（5）工作频率难以做得很高。

（6）一般不能用于高频和大电流场合。

一般有源滤波器的设计，是根据所要求的幅频响应特性和相频响应特性，寻找可实现的有理函数进行逼近设计，以达最佳的近似理想特性。常用的逼近函数有。

（1）巴特沃思型。

（2）切比雪夫型。

（3）贝赛尔函数型。

1. 低通滤波电路

如果在 RC 低通滤波器之后，接一个由运放构成的同相放大器，便可以构成有源低通滤波器，如图 5-6（a）所示，其传递函数的表达式为：

$$H(s) = \frac{U_{OUT}(s)}{U_{IN}(s)} = \left(1 + \frac{R_2}{R_1}\right)\frac{1}{RCs+1} = \left(1 + \frac{R_2}{R_1}\right)\frac{1}{\tau s + 1} \tag{5-11}$$

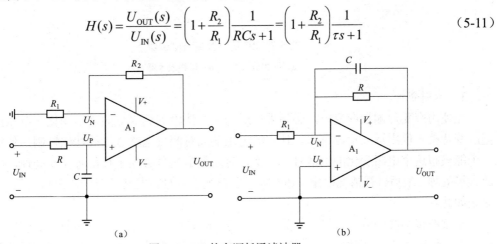

(a)　　　　　　　　　　(b)

图 5-6　RC 的有源低通滤波器

（a）同相放大器；（b）反相放大器

当然，也可以构建如图 5-6（b）所示的 RC 的有源低通滤波器，不过，它是由运放构成的反相放大器，其传递函数的表达式为：

$$H(s) = \frac{U_{\mathrm{OUT}}(s)}{U_{\mathrm{IN}}(s)} = -\frac{R}{R_1}\frac{1}{RCs+1} = -\frac{R}{R_1}\frac{1}{\tau s+1} \tag{5-12}$$

图 5-6 所示的 RC 的有源低通滤波器的截止频率为：

$$f_{\mathrm{C}} = \frac{1}{2\pi\tau} = \frac{1}{2\pi RC} \tag{5-13}$$

2. 高通滤波电路

根据前面的分析得知，只需将图 5-6（a）所示的电路中的电阻 R 和电容 C 位置对调，即可获得高通滤波器，如图 5-7（a）所示，其传递函数的表达式为：

$$H(s) = \frac{U_{\mathrm{OUT}}(s)}{U_{\mathrm{IN}}(s)} = \left(1 + \frac{R_2}{R_1}\right)\frac{RCs}{RCs+1} = \left(1 + \frac{R_2}{R_1}\right)\frac{\tau s}{\tau s+1} \tag{5-14}$$

将图 5-6（b）所示电路中的电容 C 与电阻 R 串联，即可获得高通滤波器，如图 5-7（b）所示，其传递函数的表达式为：

$$H(s) = \frac{U_{\mathrm{OUT}}(s)}{U_{\mathrm{IN}}(s)} = -\frac{RCs}{RCs+1} = -\frac{\tau s}{\tau s+1} \tag{5-15}$$

图 5-7 所示的 RC 的有源高通滤波器的截止频率，同式（5-13）。

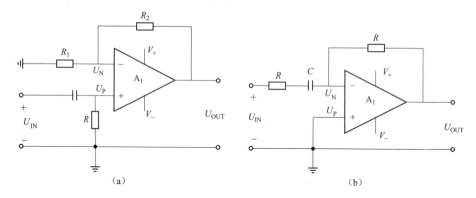

图 5-7　RC 的有源高通滤波器

（a）同相放大器；（b）反相放大器

3. 示例分析

在使用应变片测量应变时，必须采取适当的方法检测其阻值的微小变化。首先，一般是把应变片接入仪用运放检测电路，让它的电阻变化对测量电路进行线性化控制，使电路输出一个能模拟这个电阻变化的电信号。其次，对这个电信号必须进行信号变换处理，如滤波、放大等处理。最后，视情况而定，还会涉及隔离变换处理，尤其是对于高阻抗的压力传感器，更是如此。

常常在传感器的输出端接一级放大器，其中最惯常的做法，就是采用仪用运放，如图 5-8 所示，由仪用运放 A₁ 构建而成，在放大器的输入端，常常需要接一级低通滤波器，既要有共模滤波器，还要有差模滤波器。

在图 5-8 所示的滤波电路中，它的差模滤波器的截止频率 f_{C_D} 和时间常数 τ_{C_D} 的表达式分别为：

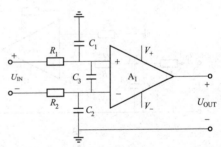

$$\begin{cases} f_{C\_D} = \dfrac{1}{2\pi(R_1+R_2)\left(\dfrac{C_1 C_2}{C_1+C_2}+C_3\right)} = \dfrac{1}{2\pi\tau_{C\_D}} \\ \tau_{C\_D} = (R_1+R_2)\left(\dfrac{C_1 C_2}{C_1+C_2}+C_3\right) \end{cases} \quad (5\text{-}16)$$

图 5-8　传感器输出端常用的滤波电路

在图 5-8 所示的滤波电路中，要确保该电路具有较强的抗共模干扰的能力，最重要的设计要求就是，必须满足电路的对称性即要求 $R_1=R_2$、$C_1=C_2$，它的共模滤波器的截止频率 f_{C_C} 和时间常数 τ_{C_C} 的表达式分别为：

$$\begin{cases} f_{C\_C} = \dfrac{1}{2\pi R_1 C_1} = \dfrac{1}{2\pi R_2 C_2} = \dfrac{1}{2\pi\tau_{C\_C}} \\ \tau_{C\_C} = R_1 C_1 = R_2 C_2 \end{cases} \quad (5\text{-}17)$$

根据前面分析得知，对于图 5-8 所示的滤波电路而言，要求差模滤波器电容 C_3 远远大于共模滤波器电容 C_1。那么，差模滤波器的时间常数 τ_{C_D} 与共模滤波器的时间常数 τ_{C_C}，满足下面的表达式：

$$\tau_{C\_D} = (R_1+R_2)\left(\dfrac{C_1 C_2}{C_1+C_2}+C_3\right) \gg \tau_{C\_C} = R_1 C_1 = R_2 C_2 \quad (5\text{-}18)$$

那么，差模滤波器的截止频率 f_{C_D} 和时间常数 τ_{C_D} 的表达式分别化简为：

$$\begin{cases} f_{C\_D} = \dfrac{1}{2\pi R_1(C_1+2C_3)} = \dfrac{1}{2\pi\tau_{C\_D}} \\ \tau_{C\_D} = R_1(C_1+2C_3) \end{cases} \quad (5\text{-}19)$$

5.2.4　二阶低通滤波器

为了使输出信号在高频段以更快的速率下降，以改善滤波效果，可以在如图 5-5（a）所示的滤波器电路中，再加一级 RC 低通滤波环节，称为二阶有源滤波电路，如图 5-9 所示，它比一阶低通滤波器的滤波效果更好。为了分析简单起见，假设满足 $R_1=R_2=R$、$C_1=C_2=C$，其传递函数的表达式为：

$$H(s) = \frac{U_{OUT}(s)}{U_{IN}(s)} = \frac{1}{s^2\tau^2 + 3s\tau + 1} \times \left(1 + \frac{R_4}{R_3}\right) \quad (5\text{-}20)$$

式中：τ 为时间常数，且 $\tau=RC$。这种情况被称为"等阻容形式"的压控型滤波器。可以得到传递函数 $H(j\omega)$ 的表达式为：

$$H(j\omega) = \frac{1}{\left(j\dfrac{\omega}{\omega_C}\right)^2 + j3\dfrac{\omega}{\omega_C} + 1} \times \left(1 + \frac{R_4}{R_3}\right) \quad (5\text{-}21)$$

式中：ω_C 为截止角频率，它与滤波器的频率 f_C（$f_C=RC$）之间存在如式（5-22）所示的关系：

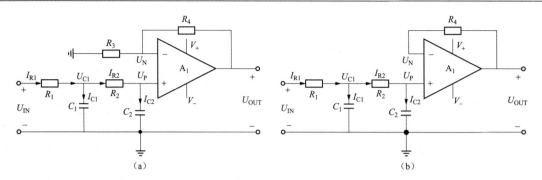

图 5-9　二阶有源 RC 低通滤波器

（a）同相放大器；（b）跟随器

$$\omega_C = \frac{1}{\tau} = \frac{1}{RC} = 2\pi f_C \tag{5-22}$$

将式（5-21）更换一个形式，即：

$$H(j\omega) = \cfrac{1}{1 - \left(\cfrac{f}{f_C}\right)^2 + j3\cfrac{f}{f_C}} \times \left(1 + \frac{R_4}{R_3}\right) \tag{5-23}$$

式中：f 为频率，且 $f=\omega/2\pi$。假设 $f=f_B$ 时，式（5-23）的分母的模，如果满足式（5-24）：

$$\left| 1 - \left(\frac{f_B}{f_C}\right)^2 + j3\frac{f_B}{f_C} \right| = \sqrt{2} \tag{5-24}$$

求解得到 f_B 为：

$$f_B = \sqrt{\frac{\sqrt{53} - 7}{2}} f_C = 0.37 f_C = \frac{0.37}{2\pi RC} \tag{5-25}$$

f_B 称为通带的截止频率，它比截止频率 f_C 小。与理想的二阶波特图相比，在超过截止频率 f_C 以后，幅频特性以 $-40\mathrm{dB/dec}$ 的速率下降，比一阶下降得快。但在介于通带截止频率 f_B 与截止频率 f_C 之间时，幅频特性下降得还不够快。将 ω/ω_C 用 Ω 代替，即 Ω 是输入角频率与截止角频率的比值，即相对角频率，也称为相对频率，即 $\Omega=\omega/\omega_C$，那么，式（5-21）就变成下面的形式：

$$H(j\Omega) = \frac{1}{(j\Omega)^2 + 3j\Omega + 1} \times \left(1 + \frac{R_4}{R_3}\right) \tag{5-26}$$

分析式（5-26）得知，传递函数式（5-21）就演变成随 Ω 变化的关系式。对于"等阻容型式"的压控型滤波器而言，可实现品质因数 $Q = 0.5\sim\infty$，易于选择阻容元件，降低了它们的计算复杂度，但是，由于通带增益 $K_V = (R_3+R_4)/R_3$，随 Ω 变化，存在两者不容易兼顾的不足。如果 $R_3=\infty$，那么 R_3 所在支路相当于开路。为了使运放中直流偏置最小，要求 $R_4=R_1+R_2$。所以，在大多数的实际应用场合，而非高精密的应用场合，将 R_4 取为零，即 R_4 所在支路短路就可以了。但是，如果运放采用电流反馈型运放时，最好要求 $R_4=R_1+R_2$。此时，压控电压源电路就变成了一个电压跟随器，其输出电压等于输入电压，或者说输出跟随输入电压。

5.2.5 二阶压控低通滤波器

1. 工作原理

我们将如图 5-9（a）所示的二阶有源的 RC 低通滤波器进行小小的改动，即将图中的电容器 C_1 由原来接地改为接到运放 A_1 的输出端，如图 5-10 所示，它就是典型的二阶压控低通滤波器电路，但是，它并不影响滤波器的通带增益 $K_V=（R_3+R_4）/R_3$，它取决于 R_3 和 R_4，且这种滤波器具有如下特点。

（1）由于运放采用同相输入的接法方式，因此此种滤波器的输入阻抗很高、输出阻抗很低，相当于一个电压源，故称之为压控低通滤波器。

（2）电路性能稳定，增益容易调节。

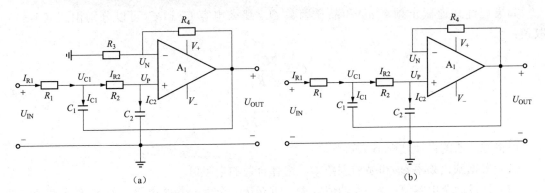

图 5-10　二阶压控低通有源滤波器

（a）同相放大器；（b）跟随器

在如图 5-10（a）所示的滤波器中：

$$H(\omega)=\frac{U_{\text{OUT}}(\omega)}{U_{\text{IN}}(\omega)}==\frac{K_V}{1+\text{j}\xi\dfrac{\omega}{\omega_C}+\left(\text{j}\dfrac{\omega}{\omega_C}\right)^2} \tag{5-27}$$

式中 ζ、ω_C 和 K_V 分别为：

$$\begin{cases}\omega_C=\dfrac{1}{\sqrt{R_1R_2C_1C_2}}\\[3mm]\xi=\dfrac{R_1C_2+R_2C_2+R_1C_1(1-K_V)}{\sqrt{R_1R_2C_1C_2}}\\[3mm]K_V=1+\dfrac{R_4}{R_3}\end{cases} \tag{5-28}$$

二阶 RC 有源低通滤波器的品质因数 Q 表示为：

$$\frac{1}{Q}=\sqrt{\frac{R_1C_2}{R_2C_1}}+\sqrt{\frac{R_2C_2}{R_1C_1}}+(1-K_V)\sqrt{\frac{R_1C_1}{R_2C_2}} \tag{5-29}$$

品质因数越高，高频衰减也越快，但系统的极点越靠近虚轴，系统的稳定性越差。为分析方便，不妨设增益通带增益 K_V 为 1，$n^2=R_1/R_2$，则品质因数 Q 可以表示为：

$$\frac{1}{Q} = \left(n + \frac{1}{n}\right)\sqrt{\frac{C_2}{C_1}} \tag{5-30}$$

为了得到较高的品质因数 Q，假设 $n=1$ 即 $R_1=R_2$、$C_2>C_1$，则 Q 可以表示为：

$$\frac{1}{Q} = 2\sqrt{\frac{C_2}{C_1}} \tag{5-31}$$

则截止频率 ω_C 可以表示为：

$$\omega_C = \frac{1}{\sqrt{R_1 R_2 C_1 C_2}} = \frac{1}{R\sqrt{C_1 C_2}} \tag{5-32}$$

如果已经知道截止频率 ω_C 和品质因数 Q，那么电容 C_1 和 C_2 可以分别由式（5-33）取值：

$$\begin{cases} C_1 = \dfrac{2Q}{\omega_C R} \\ C_2 = \dfrac{1}{2\omega_C RQ} \end{cases} \tag{5-33}$$

现将滤波器的设计过程小结如下。

（1）根据截止频率 ω_C 和品质因数 Q，选择合适的电阻值。

（2）计算两个电容值；若 C_1 的值太大，重新选一个大一些的电阻；若 C_2 的值太小，重新选一个小一些的电阻；若 C_2 的值太小，C_1 的值又太大，则滤波器到了性能极限。

（3）选择最接近的标准元件值，重新计算，给出全部参数。

下面给出比较实用化的设计方法。为了分析简单起见，假设满足 $R_1=R_2=R$、$C_1=C_2=C$，其传递函数的表达式为：

$$H(s) = \frac{U_{OUT}(s)}{U_{IN}(s)} = \frac{K_V}{s^2(RC)^2 + sRC(3 - K_V) + 1} \tag{5-34}$$

式中：K_V 为通带增益，且 $K_V = (R_3 + R_4)/R_3$。分析式（5-34）表明，该滤波器的通带增益 $K_V = (R_3 + R_4)/R_3$ 应小于 3，才能保障电路稳定工作，即 $K_V = (R_3 + R_4)/R_3 < 3$，那么推导获得一个重要约束表达式，即：

$$R_3 > \frac{R_4}{2} \tag{5-35}$$

由传递函数式（5-34），可以写出它的频率响应的表达式：

$$H(j\omega) = \frac{K_V}{1 - \left(\dfrac{f}{f_C}\right)^2 + j(3 - K_V)\dfrac{f}{f_C}} \tag{5-36}$$

式中：f 为频率；f_C 为截止频率；ω_C 为截止角频率，它与阻容相关。当 $f=f_C$ 时，式（5-36）可以化简为：

$$H(j\omega)_{f=f_C} = \frac{K_V}{j(3 - K_V)} \tag{5-37}$$

引入一个变量 Q，称其为有源滤波器的品质因数 Q，它的定义为：在 $f=f_C$ 时，传递函数 $H(j\omega)$ 的模与通带增益 K_V 之比，即：

$$Q = \frac{\left|H(j\omega)_{f=f_C}\right|}{K_V} \tag{5-38}$$

联立式（5-37）和式（5-38），得到品质因数 Q 值为：

$$Q = \frac{1}{3-K_V} \tag{5-39}$$

对于如图 5-10（a）所示的二阶压控低通有源滤波器而言，有两个重要表达式，即：

$$\begin{cases} Q = \dfrac{1}{3-K_V} \\ \left|H(j\omega)_{f=f_C}\right| = QK_V \end{cases} \tag{5-40}$$

分析式（5-40）表明：

（1）当通带增益 K_V 介于 2 和 3 之间时，品质因数 $Q>1$，幅频特性在 $f=f_C$ 处将被抬高。

（2）$K_V>3$ 时，品质因数 Q 趋于无穷，滤波器将会自激振荡。由于将电容器 C_1 接到运放 A_1 的输出端，等于在高频端给低通滤波器加了一点正反馈，所以在高频端（$f>f_C$ 时）的放大倍数有所抬高，甚至可能引起自激。

（3）如果 $K_V=1$，这时 $R_3=\infty$，即 R_3 所在支路相当于开路，如图 5-10（b）所示。为了使运放中直流偏置最小，要求 $R_4=R_1+R_2$。所以，在大多数的实际应用场合，而非高精密的应用场合，将 R_4 取为零，即 R_4 所在支路短路就可以了。但是，如果运放采用电流反馈型运放时，最好要求 $R_4=R_1+R_2$。此时，压控电压源电路就变成了一个电压跟随器，其输出电压等于输入电压，或者说输出电压跟随输入电压。

如果图 5-10（b）中运放为电流反馈型运放，那么由于电流反馈型运放对于用作缓冲器时，不能直接将输出和反相输入相连，而是要通过电阻连接，该电阻用以限制输出端的正、负过冲脉冲的幅度，因此，图 5-10（b）所示电路中的电阻 R_4 不能略去不接，对于电压反馈型运放，则没有这个约束。

图 5-10（b）所示的跟随器型二阶压控低通有源滤波器电路，又称为 Sallen-Key 结构，它的特点是：

（1）有 4 个独立的电阻和电容器件。

（2）低频段增益为 1。

（3）可以实现任意 Q 值。

（4）对电容的选择没有必要性的要求，降低了选择的难度。

需要补充说明的是，对于不同的滤波器型式，其品质因数是不同的。

（1）巴特沃斯型：$Q=0.707$。

（2）切比雪夫型：$Q>0.707$。

（3）贝塞尔型：$Q<0.707$。

不同类型的二阶压控低通滤波器的典型截止频率小结见表 5-1（可以选用低噪声精密运放，如 OPA171、OPA2171 和 OPA4171 等）。

表 5-1　　　　　　　　　　巴特沃斯型二阶压控低通滤波器的典型截止频率

截止频率（kHz）	R_1（kΩ）	R_2（kΩ）	C_1	C_2
100	11	11.3	200pF	100pF
10	11	11.3	2nF	1nF
1	11	11.3	20nF	10nF
0.1	11	11.3	0.2μF	0.1μF

2. 设计范例

（1）设计要求。现将设计要求小结如下。

1）设计一个二阶压控低通滤波器。

2）截止频率 f_C=350Hz。

3）品质因数 Q=0.7。

4）在满足要求的前提下，适当取较大增益。

（2）设计计算。分析：要确定图 5-10 所示的二阶压控低通有源滤波器电路中的电阻、电容值，需要进行下面的分析步骤。

1）确定电容 C_1 和 C_2 值。由于采用的设计思路是两个电容器相等，即 $C_1=C_2=C$。这里给出一个设计技巧，在工程实践中，电容 C_1 和 C_2 值的一般取值方法遵循以下三个原则。

①取接近于（$10/f_C$）μF 的数值。

②要求电容 C_1 和 C_2 的容量不宜超过 1μF。

③选定电容器 C_1 和 C_2 值为标称值。

电容 C_1 和 C_2 值的选择依据为：

$$C_1 = C_2 = C = \frac{10}{f_C}\mu F \tag{5-41}$$

将截止频率 f_C=350Hz 代入式（5-41）中，计算得到电容器 C_1 和 C_2 值为：

$$C_1 = C_2 = C = \frac{10}{f_C} = \frac{10}{350} \approx 0.0288\mu F \tag{5-42}$$

选定电容器 C_1 和 C_2 为标称值 0.03μF。

2）确定电阻 R_1 和 R_2 的值。由于采用的设计思路是两个电阻相等，即 $R_1=R_2=R$。这里给出一个设计技巧，在工程实践中，电阻 R_1 和 R_2 值的一般取值方法遵循的原则是：不宜超过 MΩ 级，但是也不能太小，毕竟运放输入端有一个不能超过其最大输入电流的约束，即：

$$R_{MIN} < R_{MAX} < R_1 = R_2 = R < 1M\Omega \tag{5-43}$$

式中：R_{MIN} 为满足运放输入端不能超过其最大输入电流的约束条件时对应的最小电阻值。根据低通滤波器的截止频率的表达式：

$$f_C = \frac{1}{2\pi RC} \tag{5-44}$$

推导获得电阻 R_1 和 R_2 值的一般取值依据为：

$$R_1 = R_2 = \frac{1}{2\pi f C} = \frac{1}{2\pi \times 350 \times 0.03 \times 10^{-6}} \approx 15.17k\Omega \tag{5-45}$$

取 E192 电阻系列，因此电阻 R_1 和 R_2 取值为 15.2kΩ。

反过来计算截止频率为：

$$f_{\text{C\_设计值}} = \frac{1}{2\pi RC} = \frac{1}{2\pi \times 15.2\text{k} \times 0.03\mu\text{F}} \approx 349.2\text{Hz} \tag{5-46}$$

由此可见，非常接近截止频率 f_C=350Hz 的设计要求，因此合乎要求。

3）确定通带增益电阻 R_3 和 R_4 的值。根据品质因数 Q 值求电阻 R_3 和 R_4 的值，因为 $f=f_C$=350Hz 时，Q 的取值为：

$$Q = \frac{1}{3-K_V} = 0.7 \tag{5-47}$$

因此，通带增益的计算表达式为：

$$K_V = 3 - \frac{1}{Q} = 3 - \frac{1}{0.7} \approx 1.5714 \tag{5-48}$$

由于通带增益的表达式为：

$$K_V = \frac{R_3 + R_4}{R_3} \tag{5-49}$$

联立式（5-48）和式（5-49），化简得到：

$$R_4 \approx 0.5714 \times R_3 \tag{5-50}$$

这里补充一个判据：在选取电阻 R_3 和 R_4 时，还需考虑一点，即尽可能地使得运放 A_1 的直流偏置最小，在理想运放情况下，运放两输入端（即同相端和反相端）之间的偏置电压应为零。因此得到一个重要的取值依据，即：

$$R_1 + R_2 \approx R_3 /\!/ R_4 \tag{5-51}$$

由于本例中电阻 R_1 和 R_2 取值相等且均为 15.2kΩ，因此，必须满足：

$$R_3 /\!/ R_4 \approx R_1 + R_2 = 30.4\text{k}\Omega \tag{5-52}$$

联立式（5-50）和式（5-52），化简得到电阻 R_4 的取值为：

$$R_4 \approx \frac{30.4\text{k}\Omega \times 1.5714}{0.5714} \approx 83.6\text{k}\Omega \tag{5-53}$$

根据式（5-50），可以得到电阻 R_3 的取值为：

$$R_3 \approx \frac{R_4}{0.5714} = \frac{83.6\text{k}\Omega}{0.5714} \approx 146.3\text{k}\Omega \tag{5-54}$$

取 E192 电阻系列，因此电阻 R_3 和 R_4 取值分别为 147kΩ 和 83.5kΩ。反过来计算品质因数 Q 值为：

$$Q = \frac{1}{3-K_V} = \frac{1}{3 - \dfrac{R_3+R_4}{R_3}} = \frac{R_3}{2R_3-R_4} = \frac{147}{2\times147-83.5} \approx 0.698 \tag{5-55}$$

由此可见，非常接近品质因数 Q=0.7 的设计要求，因此合乎要求。

5.2.6　二阶压控高通滤波器

1. 基本原理

阻容交换即可实现高通滤波器，如图 5-11 所示。

如图 5-11（a）所示，高通滤波器的传递函数 $H(s)$ 的表达式为：

$$H(s) = \frac{U_{\text{OUT}}(s)}{U_{\text{IN}}(s)} = K_V \times \frac{s^2 \times R_1 R_2 C_1 C_2}{s^2 R_1 R_2 C_1 C_2 + s(R_1 C_1 + R_2 C_2 + R_1 C_2 - K_V R_2 C_2) + 1} \tag{5-56}$$

式中：K_V 为同相放大器的通带增益，即 $K_V=(R_3+R_4)/R_3$。

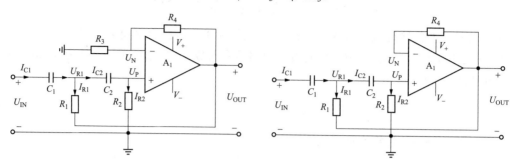

图 5-11　高通滤波器

（a）同相放大器；（b）跟随器

假设满足 $R_1=R_2=R$、$C_1=C_2=C$，高通滤波器的传递函数 $H(s)$ 可以表示为：

$$H(s) = \frac{U_{\text{OUT}}(s)}{U_{\text{IN}}(s)} = \frac{K_V s^2 (RC)^2}{s^2(RC)^2 + sRC(3-K_V) + 1}\tag{5-57}$$

分析式（5-57）表明，该滤波器的通带增益 $K_V=(R_3+R_4)/R_3$ 应小于 3，才能保障电路稳定工作，即：

$$K_V = \frac{R_3 + R_4}{R_3} < 3\tag{5-58}$$

那么推导获得一个重要约束表达式，即：

$$R_3 > \frac{R_4}{2}\tag{5-59}$$

由传递函数式（5-57），可以写出它的频率响应的表达式：

$$H(\text{j}\omega) = \frac{K_V}{1-\left(\dfrac{f_C}{f}\right)^2 + \text{j}(3-K_V)\dfrac{f_C}{f}} = \frac{K_V}{1-\left(\dfrac{f_C}{f}\right)^2 + \text{j}\dfrac{1}{Q}\dfrac{f_C}{f}}\tag{5-60}$$

式中：f 为频率；f_C 为截止频率；ω_C 为截止角频率，它与阻容相关，前面已经分析过；Q 为品质因数，它的表达式为：

$$Q = \frac{1}{3-K_V}\tag{5-61}$$

对于图 5-11（a）所示的二阶压控高通有源滤波器而言，有两个重要表达式，即：

$$\begin{cases} Q = \dfrac{1}{3-K_V} \\[2mm] \left| K(\text{j}\omega)_{f=f_C} \right| = QK_V \end{cases}\tag{5-62}$$

分析表达式（5-62）表明：

（1）当 $f < f_C$ 时，幅频特性曲线的斜率为+40dB/dec。

（2）$K_V > 3$ 时，滤波器将会自激振荡。由于将电容器 R_1 接到运放 A_1 的输出端，等于在高频端给高通滤波器加了一点正反馈，所以在高频端（$f > f_C$ 时）的放大倍数有所抬高，甚至可能引起自激。

如果 $K_V=1$，这时 $R_3=\infty$，即 R_3 所在支路相当于开路，如图 5-11（b）所示。为了使运放中直流偏置最小，要求 $R_4=R_1+R_2$。所以，在大多数常规应用而非高精密场合，将 R_4 取为零，即 R_4 所在支路短路就可以了。但是，如果运放采用电流反馈型运放时，最好要求 $R_4=R_1+R_2$。此时，压控电压源电路变成了一个电压跟随器，其输出电压等于输入电压，或者说输出跟随输入电压。

2. 设计范例

（1）设计要求。现将设计要求小结如下。

1）设计一个二阶压控高通滤波器。

2）截止频率 $f_C=1000\text{Hz}$。

3）切比雪夫型：$Q=1.3$。

4）在满足要求的前提下，适当取较大增益。

（2）设计计算。分析：要确定图 5-11（a）所示的二阶压控高通有源滤波器电路中的电阻、电容值，需要进行下面的分析步骤。

1）确定电容 C_1 和 C_2 值。由于采用的设计思路是两个电容器相等，即 $C_1=C_2=C$。这里给出一个设计技巧，在工程实践中，电容 C_1 和 C_2 值的一般取值方法遵循以下三个原则。

① 取接近于 $(10/f_C)$ μF 的数值。

② 要求电容 C_1 和 C_2 的容量不宜超过 1μF。

③ 选定电容器 C_1 和 C_2 值为标称值。

电容 C_1 和 C_2 值的选择依据为：

$$C_1 = C_2 = C = \frac{10}{f_C}\mu\text{F} \tag{5-63}$$

将截止频率 $f_C=1000\text{Hz}$ 代入式（5-63）中，计算得到电容器 C_1 和 C_2 值为：

$$C_1 = C_2 = C = \frac{10}{f_C} = \frac{10}{1000} = 10\text{nF} \tag{5-64}$$

选定电容器 C_1 和 C_2 为标称值 10nF。

2）确定电阻 R_1 和 R_2 的值。由于采用的设计思路是两个电阻相等，即 $R_1=R_2=R$。这里给出一个设计技巧，在工程实践中，电阻 R_1 和 R_2 值的一般取值方法遵循的原则是：不宜超过兆欧级，但是也不能太小，毕竟运放输入端有一个不能超过其最大输入电流的约束，即：

$$R_{\text{MIN}} < R_{\text{MAX}} < R_1 = R_2 = R < 1\text{M}\Omega \tag{5-65}$$

式中：R_{MIN} 为满足运放输入端不能超过其最大输入电流的约束条件时对应的最小电阻值。根据高通滤波器的截止频率的表达式：

$$f_C = \frac{1}{2\pi RC} \tag{5-66}$$

推导获得电阻 R_1 和 R_2 值的一般取值依据为：

$$R_1 = R_2 = \frac{1}{2\pi fC} = \frac{1}{2\pi \times 10^3 \times 10 \times 10^{-9}} \approx 15.923\text{k}\Omega \tag{5-67}$$

取 E192 电阻系列，因此电阻 R_1 和 R_2 取值为 16.0kΩ。

反过来计算截止频率为：

$$f_{C\_\text{设计值}} = \frac{1}{2\pi RC} = \frac{1}{2\pi \times 16\text{k} \times 10\text{nF}} \approx 995.2\text{Hz} \tag{5-68}$$

由此可见，非常接近截止频率 $f_C=1000\text{Hz}$ 的设计要求，因此符合要求。

3）确定通带增益电阻 R_3 和 R_4 的值。根据品质因数 Q 值求电阻 R_3 和 R_4 的值，因为 $f=f_C=1000\text{Hz}$ 时，Q 的取值为：

$$Q=\frac{1}{3-K_V}=1.3 \tag{5-69}$$

因此，通带增益的计算表达式为：

$$K_V=3-\frac{1}{Q}=3-\frac{1}{1.3}\approx2.231 \tag{5-70}$$

由于通带增益的表达式为：

$$K_V=\frac{R_3+R_4}{R_3} \tag{5-71}$$

联立式（5-70）和式（5-71），化简得到：

$$R_4\approx1.231\times R_3 \tag{5-72}$$

这里补充一个判据：在选取电阻 R_3 和 R_4 时，还需考虑一点，即尽可能地使得运放 A_1 的直流偏置最小，在理想运放情况下，运放两输入端（同相端和反相端）之间的偏置电压应为零。因此得到一个重要的取值依据，即：

$$R_1+R_2\approx R_3//R_4 \tag{5-73}$$

由于本例中电阻 R_1 和 R_2 取值相等且均为 16.0kΩ，因此，必须满足：

$$R_3//R_4\approx R_1+R_2=32.0\text{k}\Omega \tag{5-74}$$

联立式（5-72）和式（5-74），化简得到电阻 R_4 的取值为：

$$R_4\approx\frac{32\text{k}\Omega\times2.231}{1.231}\approx58\text{k}\Omega \tag{5-75}$$

联立式（5-74）和式（5-75），可以得到电阻 R_3 的取值为：

$$R_3\approx\frac{R_4}{1.231}=\frac{58\text{k}\Omega}{1.231}\approx47.125\text{k}\Omega \tag{5-76}$$

取 E192 电阻系列，因此电阻 R_3 和 R_4 取值分别为 58.3kΩ 和 47.5kΩ。反过来计算品质因数 Q 值为：

$$Q=\frac{1}{3-K_V}=\frac{1}{3-\dfrac{R_3+R_4}{R_3}}=\frac{R_3}{2R_3-R_4}=\frac{47.5}{2\times47.5-58.3}\approx1.29 \tag{5-77}$$

由此可见，非常接近品质因数 $Q=1.3$ 的设计要求，因此满足要求。

5.2.7　二阶压控带通滤波器

1. 基本原理

一个带通滤波器是一个只有在特定频段内传递信号，衰减这一频段以外的所有信号的滤波器，如图 5-12 所示，其中图 5-12（a）表示同相放大器方式，图 5-12（b）表示跟随器方式。为了简化分析，假设图 5-12（a）所示电路，满足下面的表达式：

$$\begin{cases} R_1=R_2=R \\ R_3=2R \\ C_1=C_2=C \end{cases} \tag{5-78}$$

二阶压控带通有源滤波器的传递函数的表达式为：

$$H(s)=\frac{U_{OUT}(s)}{U_{IN}(s)}=\frac{sK_V\dfrac{1}{RC}}{s^2+s(3-K_V)+\dfrac{1}{R^2C^2}} \tag{5-79}$$

式中：K_V 为同相放大器的增益，即 $K_V=(R_4+R_5)/R_4$。

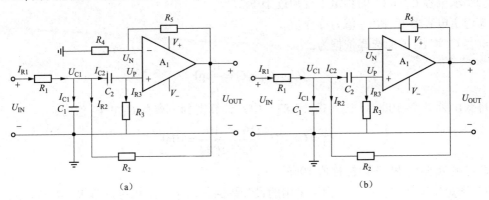

图 5-12 二阶压控带通有源滤波器

(a) 同相放大器；(b) 跟随器

假设：

$$\begin{cases} K_0=\dfrac{K_V}{3-K_V} \\[2mm] \omega_C=\dfrac{1}{RC} \\[2mm] Q=\dfrac{1}{3-K_V} \end{cases} \tag{5-80}$$

式中：ω_C 为截止角频率，它与阻容相关，前面已经分析过；Q 为品质因数。那么式（5-79）可以更换为式（5-81）：

$$H(s)=\frac{U_{OUT}(s)}{U_{IN}(s)}=\frac{K_0\dfrac{\omega_C}{Q}s}{s^2+\dfrac{\omega_C}{Q}s+\omega_C^2} \tag{5-81}$$

分析式（5-81）表明，该滤波器的通带增益 $K_V=(R_4+R_5)/R_4$ 应小于 3，才能保障电路稳定工作，即电阻 R_4 和 R_5 必须满足：

$$R_5<2R_4 \tag{5-82}$$

2. 设计范例

（1）设计要求。现将设计要求小结如下。

1）设计一个二阶压控带通滤波器。

2）截止频率 $f_C=1000Hz$。

3）带宽 $B_W=100Hz$。

4）在满足要求的前提下，适当取较大增益。

（2）设计计算。分析：要确定图 5-12（a）所示的二阶压控带通有源滤波器电路中的电阻、电容值，需要进行下面的分析步骤。

1）确定电容 C_1 和 C_2 值。由于采用的设计思路是两个电容器相等，即 $C_1=C_2=C$。这里给出一个设计技巧，在工程实践中，电容 C_1 和 C_2 值的一般取值方法遵循以下三个原则。

①取接近于（$10/f_C$）μF 的数值。

②要求电容 C_1 和 C_2 的容量不宜超过 1μF。

③选定电容器 C_1 和 C_2 值为标称值。

电容 C_1 和 C_2 值的选择依据为：

$$C_1 = C_2 = C = \frac{10}{f_C}\mu F \tag{5-83}$$

将截止频率 f_C=1000Hz 代入式（5-83）中，计算得到电容器 C_1 和 C_2 值为：

$$C_1 = C_2 = C = \frac{10}{f_C} = \frac{10}{1000} = 10nF \tag{5-84}$$

选定电容器 C_1 和 C_2 为标称值 10nF。

2）确定电阻 R_1 和 R_2 值。由于采用的设计思路是两个电阻相等，即 $R_1=R_2=R$，$R_3=2R$，根据截止频率的表达式：

$$f_C = \frac{1}{2\pi RC} = 1000Hz \tag{5-85}$$

因此，$R_1=R_2$ 的取值为：

$$R = \frac{1}{2\pi f_C C} = \frac{1}{2\pi \times 1000 \times 10nF} \approx 15.923k\Omega \tag{5-86}$$

取 E192 电阻系列，因此，电阻 R_1 和 R_2 取值为 16.0kΩ。反过来计算截止频率的设计值为：

$$f_{C\_设计值} = \frac{1}{2\pi RC} = \frac{1}{2\pi \times 16k\Omega \times 10nF} \approx 995.2Hz \tag{5-87}$$

由此可见，非常接近截止频率 f_C=1000Hz 的设计要求，因此符合要求。

（3）确定电阻 R_4、R_5 和 R_3 的值。已知带宽 B_W=100Hz，由于带宽 B_W 与截止频率 f_C、品质因数 Q 满足下面的表达式：

$$B_W = 100 = \frac{f_C}{Q} \tag{5-88}$$

因此，品质因数 Q 为：

$$Q = \frac{f_C}{B_W} = \frac{1000}{100} = 10 \tag{5-89}$$

由于品质因数 Q 与通带增益 K_V 满足下面的表达式：

$$Q = \frac{1}{3-K_V} \tag{5-90}$$

因此，通带增益 K_V 为：

$$K_V = 3 - \frac{1}{Q} = 3 - \frac{1}{10} = 2.9 \tag{5-91}$$

通带增益 K_V 的计算表达式为：

$$K_V = 1 + \frac{R_5}{R_4} \tag{5-92}$$

因此，满足电阻 R_4 和 R_5 下面的表达式：

$$R_5 = 1.9 R_4 \tag{5-93}$$

工程上，为了最大限度降低运放直流偏置，因此补充一个判据：在选取电阻 R_4 和 R_5 时，还需考虑一点，即尽可能地使得运放 A_1 的直流偏置最小，在理想运放情况下，运放两输入端（即同相端和反相端）之间的偏置电压应为零。因此得到一个重要的取值依据，即：

$$R_3 \approx R_5 \mathbin{/\mkern-5mu/} R_4 = 1.9 R_4 \mathbin{/\mkern-5mu/} R_4 \approx 0.6552 R_4 \tag{5-94}$$

在前面已经假设 R_1、R_2 和 R_3 满足下面的关系式：

$$R_3 = 2R_1 = 2R_2 \tag{5-95}$$

联立式（5-93）～式（5-95），可以得到电阻 R_4 和 R_5 取值依据为：

$$\begin{cases} R_4 \approx \dfrac{2R_1}{0.6552} = \dfrac{2R_2}{0.6552} = \dfrac{2 \times 16\text{k}\Omega}{0.6552} \approx 48.84\text{k}\Omega \\[3mm] R_5 = 1.9 R_4 \approx 1.9 \dfrac{2 \times 16\text{k}\Omega}{0.6552} = 92.8\text{k}\Omega \end{cases} \tag{5-96}$$

取 E192 电阻系列，电阻 R_4 取值为 48.7kΩ，那么 R_5 取值为 92kΩ。反过来计算通带增益 K_V 的设计值为：

$$K_{V\_设计} = 1 + \frac{R_5}{R_4} = 1 + \frac{92}{48.7} \approx 2.889 \tag{5-97}$$

由此可见，非常接近通带增益 K_V=2.9 的设计要求，因此符合要求。反过来计算品质因数 Q 值为：

$$Q = \frac{1}{3 - K_V} = \frac{1}{3 - \dfrac{R_4 + R_5}{R_4}} = \frac{R_4}{2R_4 - R_5} = \frac{48.7}{2 \times 48.7 - 92} \approx 9.02 \tag{5-98}$$

由此可见，非常接近品质因数 Q=10 的设计要求，因此满足要求。

5.2.8 滤波器中运放选择

1. 高共模抑制比运放典型应用

在嵌入式系统中，设计精密滤波器是经常会遇到的工程设计问题之一。如图 5-13 所示的是双级带通滤波器电路，它以低失调电压和高共模抑制比运放 OP2177 构建，采取高通滤波器与低通滤波器级联获得。

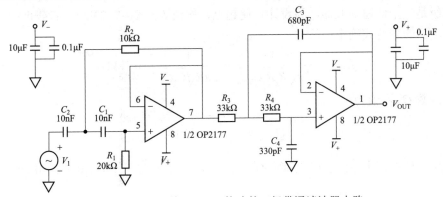

图 5-13 基于运放 OP2177 构建的双级带通滤波器电路

由于放大器中的共模电压随滤波器电路中的输入信号而变化，因此需要选择精密、低噪声、低输入偏置电流双通道运放，如运放 OP2177，是典型的高共模抑制比放大器，这样才能使失真降至最低。此外，当选择较高的电路增益时，OP2177 的低失调电压可以提供更宽的动态范围。现将双通道运放 OP2177 的特点小结如下。

（1）低失调电压：60μV（最大值）。

（2）极低失调电压：0.7μV/℃（最大值）。

（3）低输入偏置电流：2nA（最大值）。

（4）低噪声：8nV/Hz（典型值）。

（5）共模抑制比（Common Mode Rejection Ratio：CMRR）、电源抑制比（Power Supply Rejection Ratio：PSRR）和 AVO＞120dB（最小值）。

（6）低电源电流：每个放大器 400μA。

（7）双电源供电：±2.5～±15V。

（8）单位增益稳定。

（9）内部保护电路支持输入高于电源电压。

（10）额定工作温度范围均为–40～+125℃，适合要求最严苛的工作环境。

OP1177（单通道）和 OP2177（双通道）放大器，提供小型 8 管脚表面贴装 MSOP 和 8 管脚窄体 SO 芯片两种封装。OP4177（四通道）放大器，提供 TSSOP 和 14 管脚窄体 SOIC 芯片两种封装。它们具有极低失调电压和漂移、低输入偏置电流、低噪声及低功耗等特性。使用 1000pF 以上容性负载时输出稳定，无须外部补偿。电源电压为 30V 时，每个放大器的电源电流小于 500μA。其内置 500Ω 串联电阻可以保护输入信号，允许输入信号电平高出电源电压若干伏。它们的应用包括：精密二极管功率测量、电压和电流电平设置以及光学和无线传输系统中的电平检测。其他应用还包括线路供电的便携式仪器仪表及控制元件，如热电偶、RTD、应变电桥和其他传感器信号调理，以及精密滤波器等。

如图 5-13 所示的电路由两级组成。第一级是一个简单的高通滤波器，选择相同的电容值，可将灵敏度降至最低，假设 $C_1 = C_2 = C = 10\text{nF}$。其截止频率 f_{C_HPF} 为：

$$f_{C\_HPF} = \frac{1}{2\pi\sqrt{R_1 R_2 C_1 C_2}} = \frac{1}{2\pi C \sqrt{R_1 R_2}} = 35.6\text{kHz} \tag{5-99}$$

品质因数 Q 值决定增益与频率关系（通常指时域中的响铃振荡）的峰值。一般选择的 Q_HPF 值接近单位值。本例品质因数 Q_HPF 值=1/2。

第二级是一个低通滤波器，为设计方便起见，假设 $R_3 = R_3 = R = 33\text{k}\Omega$，其截止频率 f_{C_LPF}，可以通过下面的表达式确定：

$$f_{C\_LPF} = \frac{1}{2\pi\sqrt{R_3 R_4 C_3 C_4}} = \frac{1}{2\pi R \sqrt{C_3 C_4}} = 10.18\text{kHz} \tag{5-100}$$

品质因数 Q_LPF 值为：

$$Q\_LPF = \frac{1}{2}\sqrt{\frac{C_3}{C_4}} = 0.718 \tag{5-101}$$

本例中运放的每个电源管脚上都应有一个 10μF 钽电容与一个 0.1μF 陶瓷电容并联，用于去耦。

2. 超低偏置电流运放典型应用

（1）概述。本例是一个精密、低噪声、低功耗、8 极点有源低通滤波器，其增益为 4 倍，它采用 Sallen-Key 拓扑结构，可提供巴特沃斯响应。本电路不是采用一个四通道运放构建而成，而是精选双通道运放组合，来提供更加优化的解决方案。详细电路如图 5-14 所示。

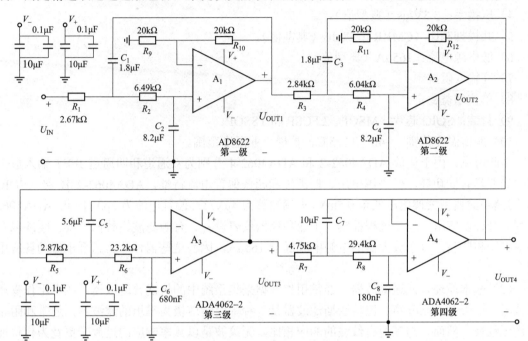

图 5-14 8 极点有源低通滤波器电路

首先，介绍一下运放 AD8622 的典型特点，小结如下。

1）极低失调电压：125μV（最大值）。

2）电源电流：每个放大器 215μA（典型值）。

3）输入偏置电流：200pA（最大值）。

4）低输入失调电压漂移：1.2μV/℃（最大值）。

5）极低电压噪声：11nV/$\sqrt{\text{Hz}}$。

6）工作温度：-40～+125℃。

7）轨到轨输出摆幅。

8）单位增益稳定。

9）工作电压：±2.5～±15V。

10）提供无铅 SOIC 芯片和 MSOP 两种封装。

由此可见，由于运放 AD8622 的典型失调电压仅为 10μV，失调漂移为 0.5μV/℃，噪声仅为 0.2μV$_{\text{p-p}}$（0.1～10Hz），因而特别适合不容许存在较大误差源的应用。许多系统都可以利用 AD8622 提供的低噪声、直流精度和轨到轨输出摆幅特性，使信噪比和动态范围达到最大，实现低功耗操作。

其次，再介绍一下运放 ADA4062-2 的典型特点，小结如下。

1）低输入偏置电流：50pA（最大值）。

2）失调电压：

①1.5mV（最大值，ADA4062-2 B 级）。

②2.5mV（最大值，ADA4062-2 A 级）。

3）失调电压漂移：4μV/℃（典型值）。

4）压摆率：3.3V/μs（典型值）。

5）共模抑制比（CMRR）：90dB（典型值）。

6）低电源电流：165μA（典型值）。

7）高输入阻抗。

8）单位增益稳定。

9）封装：SOIC 芯片、MSOP、LFCSP 和 TSSOP。

10）额定温度范围：–40～+125℃，扩展工业温度范围。

由此可见，由于运放 ADA4062-2 和 ADA4062-4 分别为双通道和四通道 JFET 输入放大器，二者具有低功耗、低失调电压、低漂移和超低偏置电流特性。ADA4062-2 B 级（SOIC 芯片封装）的典型失调电压低至 0.5mV，失调漂移为 4μV/℃，偏置电流为 2pA，因此，ADA4062 系列适合许多应用，包括过程控制、工业和仪器仪表设备、有源滤波、数据转换、缓冲以及功率控制和监测。每个放大器的电源电流低至 165μA，因而这些器件非常适合于低功耗应用场合。

（2）基本原理。低通滤波器，经常用作数据采集系统中的抗混叠滤波器，或者用作噪声滤波器，以限制高频噪声。巴特沃斯滤波器是一种幅度响应极为平坦的滤波器，通带和阻带中均无纹波。然而，与其他有纹波的响应相比，无纹波是以频率响应的过渡带更宽为代价而实现的，因此，通常需要高阶巴特沃斯滤波器。

有源滤波器设计比无源滤波器设计更为复杂，因为前者必须选择拓扑结构和适当的运放。然而，有源设计可提供信号增益，而且无须实现低频无源滤波器所要求的大电感和电容。Sallen-Key 拓扑结构也称为电压控制电压源结构，其设计简单，电路元件少。所示滤波器的截止频率 f_C 为 10Hz，总增益为 4 倍（4V/V）。使用标准滤波器设计技术，可以将该设计轻松调整到其他频率。

该 8 极点低通滤波器具有 4 个复数共轭极点对，由 4 个双极点 Sallen Key 低通滤波器级联而成。第一和第二级配置为增益为 2 倍的滤波器，第三和第四级均配置为单位增益滤波器。级联的排列非常重要。如果需要增益，则应在前面几级产生增益，以便降低输出端的总噪声。另一个避免运放饱和或削波的极佳原则就是按照 Q（品质因数）由小到大的顺序排列各级。

为了降低成本和减小电路板空间，一般使用一个四通道放大器来实现 8 极点滤波器。然而，也应当考虑利用两个双通道放大器的方案，因为这会带来其他好处。使用两个双通道运放时，PCB 布局更简单，有时还可以减少电路板层数。走线可以分散分布，从而降低寄生电容和串扰。滤波器各级都有不同的增益、带宽、噪声和直流精度要求，因此必须为各级选择适当的放大器。

滤波器第一级应使用低噪声和低失调电压运放，因为来自第一级的噪声和失调电压会被所有四级的噪声增益放大。AD8622 是一款双通道、低功耗、精密运放。电源电压为±15V 时，0.1～10Hz 电压噪声为 0.2μV 峰峰值，失调电压典型值仅为 10μV。AD8622 具有直流精度和低噪声特性，因而成为滤波器前两级的不错选择。前两级选择较小的电阻，以降低其对滤波器总噪声的热噪声贡献。当滤波器总增益集中在前两级时，其余级对运放的噪声要求就不那么重要，可以使用成本和精度较低的运放。

第三和第四级选择低功耗放大器 ADA4062-2。它具有 JFET 差分对输入，输入阻抗较高，偏置电流非常低。由于后两级的噪声要求降低，而且 ADA4062-2 的偏置电流非常低，因此可以使用较大的电阻值和较小的电容。JFET 的低输入偏置电流对电路的直流误差贡献极小。

一个双极点低通滤波器的截止频率 f_C 和 Q 可以通过表达式（5-102）计算：

$$f_C = \frac{1}{2\pi\sqrt{R_1 R_2 C_1 C_2}} \tag{5-102}$$

$$\frac{1}{Q} = \sqrt{\frac{R_1 C_2}{R_2 C_1}} + \sqrt{\frac{R_2 C_2}{R_1 C_1}} + (1 - K_V)\sqrt{\frac{R_1 C_1}{R_2 C_2}} \tag{5-103}$$

四个二阶压控低通滤波器的截止频率均为 10Hz 左右；第一级的 Q_1 为 0.23；第二级的 Q_1 为 0.24；第三级的 Q_1 为 0.90；第四级的 Q_1 为 2.58。一般来说，为使式（5-102）和式（5-103）具有较高的精度，所选运放的增益带宽积至少应比滤波器的 f_C、Q 和增益的乘积大 100 倍。为获得足够的全功率带宽，还需要考虑压摆率。压摆率的通用计算公式为：

$$压摆率 = \pi \times f_C \times V_{OUT\_P\_P} \tag{5-104}$$

对于 10Hz 截止频率，AD8622 和 ADA4062-2 均有足够的压摆率，不会发生压摆率限制现象。选择适当的电阻和电容值也很重要。较大电阻会导致热噪声增加。虽然可以使用较小的电容来实现特定的 f_C，但现在放大器的输入电容可能很大。该电容至少应比放大器输入电容大 100 倍。电阻和电容对于确定性能随工艺容差、时间和温度的变化非常重要。建议使用 1%或更佳容差的电阻以及 5%或更佳容差的电容。还需要旁路电容（图 5-14 中未显示）。本例中，每个双通道运放的每个电源管脚上都应有一个 10μF 钽电容与一个 0.1μF 陶瓷电容并联，用于去耦。

5.3 接地与去耦技术

5.3.1 接地技术

1. 接地困惑

接地无疑是嵌入式系统设计中，最棘手、最困惑的问题之一。尽管它的概念相对比较简单，实施起来却很复杂。对于线性系统而言，"地"是信号的基准点。但是在单极性电源系统中，"地"还成为电源电流的回路。接地策略应用不当，可能会严重影响线性系统的高精度性能。对于所有模拟设计而言，接地都是一个不容忽视的问题，而在基于 PCB 的电路中，适当实施接地也具有同等重要的意义。幸运的是，某些高质量接地原理，特别是接地层的使用，对于 PCB 环境是固有不变的。

目前的绝大多数嵌入式系统，使用的都是混合信号器件，具有模拟和数字两种端口，例如模/数转换器、数/模转换器和处理器。况且在应用现场，一般都是恶劣的电磁环境，能否保持宽动态范围和低噪声，与采用良好的电路设计技术密切相关。此外，某些混合信号芯片，具有相对较低的数字电流，而另一些则具有较高数字电流。许多情况下，两种类型必须区分对待，才能实现最佳接地（也包含设计 PCB 的接地层）。当然，除了接地之外，还包括适当的信号传输和去耦技术。

2. "星形"接地技术

"星形"接地的理论基础，是电路中总有一个点是所有电压的参考点，称为"星形"接地点。我们可以通过一个形象的比喻，来更好地加以理解，即多条导线从一个共同接地点呈辐射状扩展，类似一颗星。星形点并不一定在外表上类似一颗星，它可能是接地层上的一个点，但"星形"接地系统上的一个关键特性就是，所有电压都是相对于接地网上的某个特定点测量的，而不是相对于一个不确定的"地"（无论我们在何处放置探头）。

虽然在理论上非常合理，但"星形"接地原理，却很难在实际中实施。举例来说，如果系统采用"星形"接地设计，而且绘制的所有信号路径都能使信号间的干扰最小并可尽量避免高阻抗信号或接地路径的影响，实施问题便随之而来。在电路图中加入电源时，电源就会增加不良的接地路径，或者流入现有接地路径的电源电流相当大和/或具有高噪声，从而破坏信号传输。为电路的不同部分，单独提供电源（因而具有单独的接地回路）通常可以避免这个问题。例如，在混合信号应用中，通常要将模拟电源和数字电源分开，同时将在星形点处相连的模拟地和数字地分开。

3. 接地层和电源层

接地层的使用与"星形"接地系统相关。为了实施接地层，双面 PCB（或多层 PCB 的一层）的一面由连续铜制造，而且用作地。其理论基础是大量金属具有可能最低的电阻。由于使用大型扁平导体，它也具有可能最低的电感。因而，它提供了最佳导电性能，包括最大限度地降低导电平面之间的杂散接地差异电压。

当然，接地层概念还可以延伸，包括电源层，它提供类似于接地层的优势——极低阻抗的导体，但只用于一个（或多个）系统电源电压。因此，系统可能具有多个电源以及接地层。虽然接地层可以解决很多地阻抗问题，但它们并非灵丹妙药。即使是一片连续的铜箔，也会有残留电阻和电感；在特定情况下，这些就足以妨碍电路正常工作。设计人员应该注意不要在接地层注入很高电流，因为这样可能产生压降，从而干扰敏感电路。

保持低阻抗大面积接地层，对目前所有模拟电路都很重要。接地层不仅用作去耦高频电流（源于快速数字逻辑）的低阻抗返回路径，还能将 EMI/RFI 辐射降至最低。由于接地层的屏蔽作用，电路受外部 EMI/RFI 的影响也会降低。接地层还允许使用传输线路技术（微带线或带状线）传输高速数字或模拟信号，此类技术需要可控阻抗。

由于"母线（buss wire）"在大多数逻辑转换等效频率下具有阻抗，将其用作"地"完全不能接受。例如，22 号标准导线具有约 20nH/inch 的电感。由逻辑信号产生的压摆率为 10mA/ns 的瞬态电流，在此频率下流经 1inch 该导线，将形成 200mV 的无用压降：

$$\Delta V_{\mathrm{N}} = L\frac{\Delta i}{\Delta t} = 20\mathrm{nH} \times \frac{10\mathrm{mA}}{\mathrm{ns}} = 200\mathrm{mV} \tag{5-105}$$

对于具有 2V 的峰峰值范围信号，此压降会转化为约 10% 的误差（大约 3.5 位精度）。即使在全数字电路中，该误差也会大幅降低逻辑噪声裕量。

如图 5-15（a）所示为流入模拟返回路径的数字电流产生误差电压的典型情况。接地返回导线电感和电阻由模拟和数字电路共享，这会造成相互影响，最终产生误差。一个可能的解决方案是让数字返回电流路径，直接流向地平面 GND，如图 5-15（b）所示。这就是"星形"或单点接地系统的基本概念。在包含多个高频返回路径的系统中很难实现真正的单点接地，因为各返回电流导线的物理长度将引入寄生电阻和电感,所以获得低阻抗高频接地就很困难。实际操作中,电流回路必须由大面积接地层组成,以便实现高频电流下的低阻抗。如果无低阻抗接地层,则几乎不可能避免上述共享阻抗,特别是在高频情况下。

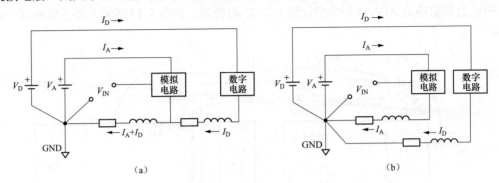

图 5-15　流入模拟返回路径的数字电流产生误差电压

(a) 错误接地;(b) 正确接地

所有集成电路接地管脚,应直接焊接到低阻抗接地层,从而将串联电感和电阻降至最低。对于高速器件,不推荐使用传统芯片插槽。即使是小尺寸插槽,额外电感和电容也可能引入无用的共享路径,从而破坏器件性能。

5.3.2　低频和高频去耦

每个电源在进入 PCB 板时,应通过高质量电解电容去耦至低阻抗接地层。这样可以将电源线路上的低频噪声降至最低。在每个独立的模拟级,各芯片封装电源管脚需要更局部、仅针对高频的滤波。如图 5-16 所示为此技术,图 5-16(a)所示的是正确实施方案,典型的 $0.1\mu F$ 芯片陶瓷电容借助过孔,直接连接到 PCB 背面的接地层,并通过第二个过孔连接到芯片的 GND 管脚上。相比之下,图 5-16(b)所示的设置方法不太理想,会给去耦电容的接地路径增加了额外的 PCB 走线电感,使有效性降低。图 5-16 中所示的铁氧体磁珠并非100%必要,但会增强高频噪声隔离和去耦,通常较为有利。这里可能需要验证磁珠,永远不会在芯片处理强电流时饱和。请注意,对于一些铁氧体,即使在完全饱和前,部分磁珠也可能变成非线性,所以如果需要功率级在低失真输出下工作,应注意这一点。

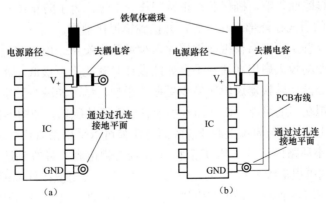

图 5-16　接地层

(a) 正确接地;(b) 错误接地

对于敏感的模拟元件，例如放大器和基准电压源，必须参考和去耦至模拟接地层。具有低数字电流的 ADC 和 DAC（和其他混合信号芯片），一般应视为模拟元件，同样接地并去耦至模拟接地层。乍看之下，这一要求似乎有些矛盾，因为转换器具有模拟和数字接口，且通常有指定为模拟接地 AGND 和数字接地 DGND 的管脚。如图 5-17 所示有助于解释这一表面困惑。

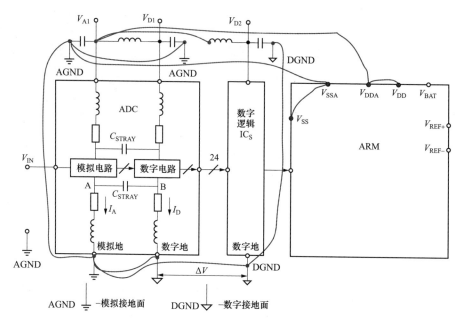

图 5-17　具有低内部数字电流的混合信号芯片的正确接地与去耦

同时具有模拟和数字电路的芯片（例如 ADC 或 DAC）内部，接地通常保持独立（芯片专门为用户设置了数字地 AGND/V_{SSA} 和模拟地 DGND/V_{SS}），以免将数字信号耦合至模拟电路内。图 5-17 显示了一个简单的转换器模型。将芯片焊盘连接到封装管脚难免产生线焊电感和电阻。快速变化的数字电流在 B 点产生电压，且必然会通过杂散电容 C_{STRAY} 耦合至模拟电路的 A 点。此外，芯片封装每个管脚间约有 0.2pF 的杂散电容，同样无法避免。作为设计人员的任务，就是排除此影响，确保芯片正常工作。不过，为了防止进一步耦合，AGND 和 DGND 应通过最短的引线在外部连在一起，并接到模拟接地层。

这种处理方式，确实可能给模拟接地层注入少量数字噪声。但这些电流非常小，只要确保转换器输出不会驱动较大扇出（通常不会如此设计）就能降至最低。将转换器数字端口上的扇出降至最低，还能让转换器逻辑转换少受振铃影响，尽可能减少数字开关电流，从而降低耦合至转换器模拟端口的可能。通过插入小型有损铁氧体磁珠，如图 5-22 所示，逻辑电源管脚 V_{D1} 和 V_{D2}，可进一步与模拟电源 V_{A1} 隔离（比如可以采用铁氧体磁珠）。转换器的内部瞬态数字电流将在小环路内流动，从 V_{D1} 和 V_{D2} 经去耦电容，最终到达模拟电路的地线层 AGND（此路径用图中粗实线表示）。因此瞬态数字电流不会出现在外部模拟接地层上，而是局限于环路内。V_{D1} 和 V_{D2} 管脚去耦电容应尽可能靠近转换器安装，以便将寄生电感降至最低。这些去耦电容，应为低电感陶瓷型，通常介于 0.01～0.1μF。需要说明的是，本例将 ARM 的数字部分的电源（V_{DD}）、备用部分的电源（V_{BAT}），都连接到它的模拟部分的电源（V_{DDA}），

它由模拟电源 V_{A2} 供电，通过铁氧体磁珠将它与模拟电源 V_{A1} 隔离。在 ARM 芯片中，已经将参考电源正端（V_{REF+}）内部连接到它的模拟部分的电源（V_{DDA}）、参考电源负端（V_{REF-}）内部连接到它的模拟地（V_{SSA}）。

如果高精度混合信号系统要充分发挥性能，最好分离模拟电路的电源（如图 5-17 所示的 V_{A1}）与数字电路（如图 5-17 所示的 V_{D1} 和 V_{D2}）的电源，即使两者电压相同。则必须具有单独的模拟地和数字地以及单独电源，这一点至关重要。事实上，虽然有些模拟电路采用+5V 单电源供电运行，但并不意味着该电路可以与微处理器、动态 RAM、电扇或其他高电流设备共用相同+5V 高噪声电源。模拟部分必须使用此类电源以最高性能运行，而不只是保持运行。这一差别必然要求我们对电源轨和接地接口给予高度注意。模拟电源应当用于为转换器供电。如果转换器具有指定的数字电源管脚 V_{DD}，应采用独立模拟电源供电，或者如图 5-17 所示进行滤波、设置铁氧体磁珠，所有逻辑电路电源管脚应去耦，且接至数字接地层，系统中的模拟地和数字地必须在某个点相连，以便让信号都参考相同的地电位。这个星点（也称为模拟/数字公共点）要精心选择，确保数字电流不会流入系统模拟部分的地。在电源处设置公共点通常比较便利。

5.3.3　模拟电路与数字电路分开布置

事实上，数字电路具有噪声。饱和逻辑（例如 TTL 和 CMOS）在开关过程中会短暂地从电源吸入大电流。但由于逻辑级的抗扰度可达数百毫伏以上，因而通常对电源去耦的要求不高。相反，模拟电路非常容易受噪声影响，包括在电源轨和接地轨上，因此，为了防止数字噪声影响模拟性能，应该把模拟电路和数字电路分开，如图 5-18 所示。很显然，多关注系统布局并防止不同信号彼此干扰，可以将噪声降至最低。高电平模拟信号应与低电平模拟信号隔离开，两者均应远离数字信号。

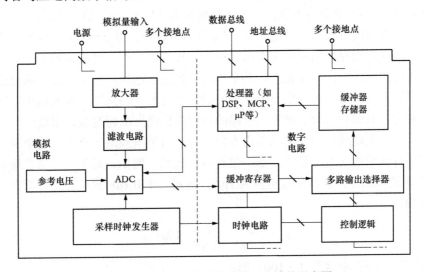

图 5-18　将模拟和数字电路分开布置的示意图

需要提醒的是，许多 ADC 和 DAC 都有单独的"模拟地"AGND 和"数字地"DGND 管脚。在设备数据手册上，通常建议用户在器件封装处将这些管脚连在一起。这点似乎与要求在电源处连接模拟地和数字地的建议相冲突；如果系统具有多个转换器，这点似乎与要求在单点处连接模拟地和数字地的建议相冲突。其实并不存在冲突。这些管脚的"模拟地"和"数字地"的标记，是指管脚所连接到的转换器内部部分，而不是管脚必须连接到的系统地。对于 ADC，这两个管脚通常应该就近连在一起，然后连接到系统的模拟地，这或许会给 PCB 板的模拟电路与数字电路分开布局带来麻烦，但是，这是必须遵循的设计准则，因为转换器的模拟部分，无法耐受数字电流经由焊线流至芯片时产生的压降，因此无法在芯片封装内部将二者连接起来，但它们可以在外部连在一起。

现场运行实践表明，采样时钟（数字信号）与模拟信号一样易受噪声影响，同时与数字信号一样易于产生噪声，因此必须与模拟和数字系统都隔离开。如果在时钟分配中使用时钟驱动器封装，应仅有一个频率时钟通过单个封装。在相同封装内的不同频率时钟间共享驱动器将产生过度抖动和串扰，并降低性能。在敏感信号穿过的地方，接地层可发挥屏蔽作用。如图 5-18 所示的所有敏感区域彼此隔离开，且信号路径尽量短。虽然实际布局不太可能如此整洁，但基本原则仍然适用。执行信号和电源连接时，有许多要点需要考虑。

首先，连接器是系统中所有信号传输线必须并行的几个位置之一，因此它们必须与接地管脚分开（形成法拉第屏蔽），以减少其间的耦合。

其次，采用多接地管脚，有一个非常重要原因，即它可以降低电路板与背板间节点的接地阻抗。对于新电路板，PCB 板连接器单一管脚的接触电阻很低（10mΩ 左右数量级），随着电路板变旧，接触电阻可能升高，电路板性能会受影响。因此通过分配额外 PCB 连接器管脚，来增加接地连接端，是非常必要的，现场经验告诉我们，在 PCB 连接器上，所有管脚中的 30%～40%设置为接地管脚是非常重要的设计技巧。出于同样的理由，每个电源连接，应有数个管脚，当然数量不必像接地管脚一样多。

5.3.4　设置到地通路

在一些交流耦合电路设计中，很容易出现一个问题，就是缺少直流偏置电流到地回路，如图 5-19（a）所示，一个电容串联在一个运算放大器的同相（+）输入端，图 5-19 中均示意出了去耦电容及其接地方法。这种交流耦合是隔离输入电压（V_{IN}）中的直流电压的一种简单方法。这种方法在高增益应用中尤为有用，在增益较高时，即使是放大器输入端的一个较小直流电压，也会影响运放的动态范围，甚至可能导致输出饱和。然而，容性耦合进高阻抗输入端而不为正输入端中的电流提供直流路径的做法会带来一些问题。输入偏置电流流经耦合电容，给其充电，直到超过放大器输入电路的额定共模电压或超过输出限值。根据输入偏置电流的极性，电容充电或者向正电源电压方向，或者向负电源电压方向，这个偏置电压会被放大器的闭环直流增益（A_{id}）放大。这一过程可能较长。例如，对于一个带有场效应晶体管（FET）输入端的放大器，若其偏置电流为 1pA，通过一个 0.1μF 的电容进行耦合，则其芯片的充电率 u_t 为：

$$u_t = \frac{u}{t} = \frac{i}{C} = \frac{1pA}{0.1\mu F} = 10\mu V/s \tag{5-106}$$

假设本例的闭环直流增益 A_{id}=100，即：

$$A_{id} = 1 + \frac{R_3}{R_2} = 100 \tag{5-107}$$

则输出漂移电压上升率为 1mV/s，可见，如果采用交流耦合示波器做短时间的测试可能无法检测出这一问题，电路要在数小时后才会发生故障。总之，避免这一问题是非常重要的，其解决方法就是如图 5-20（b）中虚线框所示，增加一个接地电阻 R_1 即可，其取值方法为：

$$R_1 = R_3 \parallel R_2 \tag{5-108}$$

输入信号的截止频率的表达式为：

$$f_C = \frac{1}{2\pi R_1 \times C_1} \tag{5-109}$$

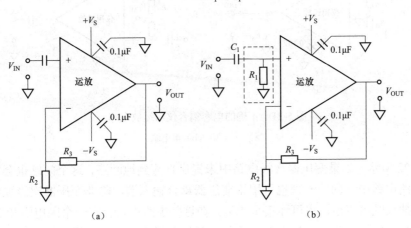

图 5-19　直流偏置电流到地回路示意图

（a）无直流偏置回路；（b）有直流偏置回路

相当于一个高通滤波器。需要提醒的是，电阻 R_1 始终会给电路带来一定噪声，因而需在电路输入阻抗、所需输入耦合电容大小与电阻引进的约翰逊噪声之间进行权衡。电阻 R_1 的典型值一般在 100kΩ～1MΩ 之间。

如图 5-20 所示的是通过两个电容进行交流耦合的基于仪用运放的放大器电路，它们也没有为输入偏置电流提供回路。这种错误设计常见于采用双电源供电 [图 5-20（a）所示] 和单电源供电 [图 5-20（b）所示] 的仪用运放放大器电路中。

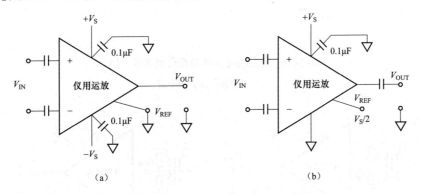

图 5-20　错误的电容耦合仪用运放电路

（a）双电源；（b）单电源

正确设计电路如图 5-21 所示。在各输入端与地之间均添加了一个高值电阻 R_A 和 R_B。对双电源仪用运放电路来说，这是一个简单而实用的解决方案。电阻为输入偏置电流提供了一个放电路径。在双电源示例中，两个输入端均以地作为参考。在单电源示例中，输入端既可以地为参考（V_{CM} 接地），也可以一个偏置电压为参考，该偏置电压通常为最大输入电压范围的一半。

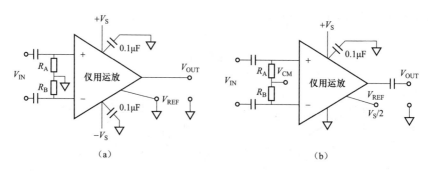

图 5-21　正确的电容耦合仪用运放电路
（a）双电源；（b）单电源

　　如图 5-22 所示，如果变压器次级电路中未提供直流到地回路，这个问题也会发生在利用变压器耦合的电路中。同一原理也可用于变压器耦合输入端，除非变压器次级绕组有中心抽头，该中心抽头既可接地，也可连接至 V_{CM}。在这些电路中，存在一个因电阻和/或输入偏置电流不匹配导致的较小失调电压误差。为使此类误差最小，可在仪用运放的两个输入端之间连接电阻值约为两个电阻 1/10（但与差分源电阻相比，该值仍较大）的另一个电阻，即从而将两个电阻桥接起来。正确的电路设计如图 5-23 所示。

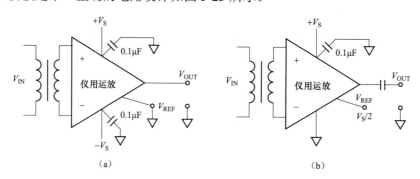

图 5-22　错误的变压器耦合仪用运放电路
（a）双电源；（b）单电源

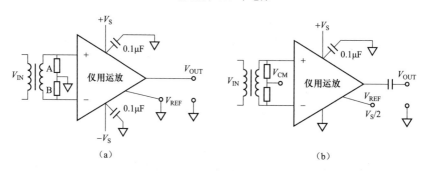

图 5-23　正确的变压器耦合仪用运放电路
（a）双电源；（b）单电源

第六章 隔 离 技 术

在嵌入式系统中，经由传感器拾取被测物理参量（如温度、压力、流量、液位、速度）转换为电量（如电压、电流），历经中间变换与信号调理电路，转变为处理器可以处理的信号后，按照既定策略或者算法，开出某些控制指令、脉冲或者某设定值的电压或电流，去驱动执行机构，完成测控任务。因此，涉及模拟输入通道、模拟输出通道、开关量输入通道和开关量输出通道，统称为 I/O 通道。绝大多数情况下，测试现场的电磁环境都会比较恶劣，为保证嵌入式系统的可靠性，都需要采取特殊的隔离措施，如变压器、电容和光耦等，对各个 I/O 通道的原方与副方（或者称为输入端与输出端）隔开，确保输入端信号电路与输出端信号电路之间、输入端电源电路与输出端电源电路之间没有直接电路耦合。

6.1 隔 离 类 型 简 介

6.1.1 概述

在许多嵌入式系统的工程应用中，传感器与接收数据的系统之间最好不要有直接的"电流"电气连接，这点有时甚至非常重要。这样可能是为了防止系统一半产生的危险电压或电流给另一半造成损坏的可能，或者是为了断开难以处理的接地环路。这即是所谓的"隔离"系统，而无电流连接却允许信号通过的布局则称为隔离栅。

如图 6-1 所示为典型嵌入式系统的 I/O 通道及其隔离框图，需要将信号获取、变换的出口与嵌入式系统 CPU 及核心器件进行隔离，经由 CPU 及核心器件处理之后的控制指令或者脉冲或者某设定值的电压或电流，经过隔离处理后，才能去驱动执行机构，进而完成既定的测控任务。其中，如图 6-1（a）所示为采用 1 级隔离的设计思路，即将 CPU 及核心器件输入和输出信号做一级隔离处理；如图 6-1（b）所示为采用 2 级隔离的设计思路，即将要传给 CPU 及核心器件的输入信号，在信号获取、变换阶段就做第 2 级隔离；将 DAC 输出信号做第 2 级隔离后再输出。究竟采用几级隔离处理方法，主要看应用场合的环境情况和设计需求条件。

由此可见，隔离用户及敏感电子部件是嵌入式系统的重要考虑事项。安全隔离用于保护用户免受有害电压影响，功能隔离则专门用来保护设备和器件。隔离栅的保护是双向的，可能是其中一个方向需要保护，甚至可能两个方向都需要保护。一种明显的应用是，传感器可能意外遇到高电压，必须对其驱动的系统进行保护。或者，传感器可能需要与后级产生的意外高电压隔离开来，以保护其工作环境。

嵌入式系统可能包含各种各样的隔离器件，如：①驱动电路中的隔离栅极驱动器；②检测电路中的隔离 ADC、放大器和传感器；③通信电路中的隔离 SPI、RS485、标准数字隔离器。无论是出于安全原因，还是为了优化性能，都要求精心选择这些器件。

虽然隔离是很重要的系统考虑，但它也存在缺点：①会提高功耗，跨过隔离栅传输数据会产生延迟；②会增加系统成本；③增加系统的 PCB 板设计的难度和复杂度。

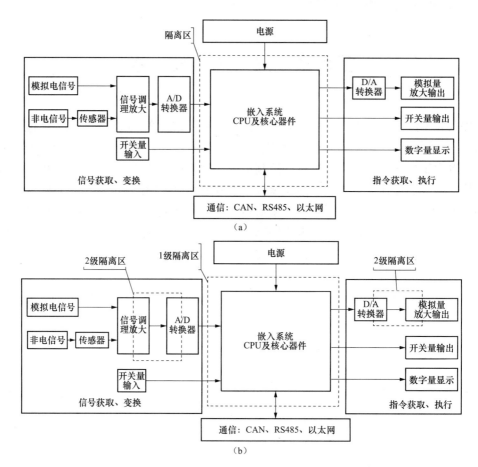

图 6-1　典型嵌入式系统的 I/O 通道及其隔离框图

（a）采用 1 级隔离的设计思路；（b）采用 2 级隔离的设计思路

6.1.2　隔离类型

就像电场、磁场或电磁辐射可能导致干扰或无用信息耦合一样，在隔离系统的设计中，可以利用这些现象来传输所需信息。最常见的隔离放大器采用变压器，其中利用的是磁场；另一常见类型则采用小型高电压电容，其中利用的是电场。光隔离器由一个 LED 和一个光电管构成，通过光（一种电磁辐射）来提供隔离。

不同的隔离器具有不同的性能。有些具有足够的线性度，能够跨越隔离栅，传输高精度模拟信号。而在其他隔离器中，则可能需要将信号转换成数字形式，然后再进行传输，以保持精度不变（请注意，这是一种常见的电压/频率变换器的典型应用）。变压器能够实现 12～16 位的模拟精度和数百 kHz 的带宽，但其最大额定电压很少超过 10kV，而且往往比这要低得多。容性耦合隔离放大器，具有较低的精度（最大值可能为 12 位）、低一些的带宽和额定电压，但其成本较低。光隔离器速度快、成本低，可以支持极高的额定电压（较常见的额定值为 4～7kV），但其模拟线性度很差，通常不适合精密模拟信号的直接耦合。

在选择隔离系统时，除了考虑线性度和隔离电压之外，还需要关注工作功率（功耗）。输入和输出电路都需要供电，而且除非隔离栅的隔离端有电池或者其他电源（虽有可能，但并不方便），否则必须提供某种形式的隔离电源。对于采用变压器隔离的系统，可以轻松地使用变压器（信号变压器或其他）来提供隔离电源，但通过容性或光学方式传输有意义的功率量是不现实的。采用这些隔离形式的系统，必须以其他方式获得隔离电源，这是优先选择变压器隔离型隔离放大器的主要因素，它们几乎无一例外都包含一个隔离电源。

隔离放大器，详见本书第三章。它具有一个输入电路，该电路与电源和输出电路存在电隔离。另外，器件的输入端和其余部分之间电容极小。因此，直流电流和最小交流耦合根本不可能存在。隔离放大器设计，用于应用与需要安全而精确地测量低频电压或电流（最高约为 100kHz），但存在高共模电压（数千瓦）且具有高共模抑制特性时，它们也适用于在高噪声环境中，通过线路接收以高阻抗形式传输的信号，以及通用测量中的安全保障。其中，直流和线路频率泄漏，必须维持在远远低于某些必要最小值的水平。主要应用于医疗设备、自动测试设备、传统电厂、核电厂工业过程控制系统。

6.2　光耦隔离器件

6.2.1　简介

1. 基本组成

光耦合器（Optical Coupler，OC）亦称光电隔离器或光电耦合器，简称光耦或者光隔。它是以光为媒介来传输电信号的器件，通常把发光器（红外线发光二极管 LED）与受光器（光敏半导体管）封装在同一管壳内，如图 6-2 所示，其中：

（1）在图 6-2（a）中，当输入端加电信号时，发光二极管（又称发光器）发出光线，受光器（又称检测器）接受光线之后就产生光电流，从输出端流出，从而实现了"电—光—电"转换，起到输入与输出隔离的作用。

（2）在图 6-2（b）中，它的原方与副方在 PCB 结构中存在明显的绝缘沟道，旨在提高绝缘距离。

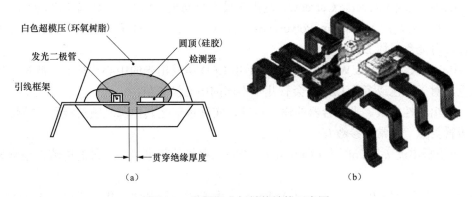

图 6-2　光耦组成与封装结构示意图

（a）光耦组成结构；（b）光耦 PCB 封装结构

2. 基本特点

以光为媒介，把输入端信号耦合到输出端的光耦合器，具有以下显著特点。

（1）光耦合器的体积小、寿命长、无触点，抗干扰能力强。

（2）光耦合器输入与输出间互相隔离，具有良好的电绝缘能力。

（3）光耦合器的电信号传输具有单向性。

（4）由于光耦合器的输入端属于电流型工作的低阻元件，因而具有很强的共模抑制能力。

（5）对于光耦合器的耦合技术而言，其关键技术在于破坏了"地"干扰的传播途径，切断了干扰信号进入后续电路的途径，有效地抑制了尖脉冲和各种噪声干扰。

鉴于光耦合器的上述优点，现已广泛用于电气绝缘、电平转换、级间耦合、驱动电路、开关电路、斩波器、多谐振荡器、信号隔离、级间隔离 、脉冲放大电路、数字仪表、远距离信号传输、脉冲放大、固态继电器（Solid StateRelay：SSR）、仪器仪表、通信设备及微机接口中。

3. 基本参数

光耦合器的基本参数主要分为四大类：输入特性参数、输出特性参数、传输特性参数、隔离特性参数。现将它们分别解释如下。

（1）输入特性参数。光耦合器的输入特性实际也就是其内部发光二极管的特性，常见的参数有以下几种。

1）正向工作电压 V_F（ForwardVoltage），是指在给定的工作电流下，LED 本身的压降。常见的小功率 LED 通常以 $I_F=20mA$ 来测试正向工作电压，当然不同的 LED，测试条件和测试结果也会不一样。

2）正向工作电流 I_F（Forward Current），是指 LED 正常发光时所流过的正向电流值。不同的 LED，其允许流过的最大电流也会不一样。

3）正向脉冲工作电流 I_{FP}（Peak Forward Current），是指流过 LED 的正向脉冲电流值。为保证寿命，通常会采用脉冲形式来驱动 LED，通常 LED 规格书中给出的 I_{FP}，通常是以 0.1ms 脉冲宽度，占空比为 0.1 的脉冲电流来计算的。

4）反向电压 V_R（ReverseVoltage），是指 LED 所能承受的最大反向电压，超过此反向电压，可能会损坏 LED。在使用交流脉冲驱动 LED 时，要特别注意不要超过反向电压。

5）反向电流 I_R（Reverse Current），是指在最大反向电压情况下，流过 LED 的反向电流。

6）允许功耗 P_D（Maximum Power Dissipation），是指 LED 所能承受的最大功耗值。超过此功耗，可能会损坏 LED。

7）中心波长 λ_P（Peak Wave Length），是指 LED 所发出光的中心波长值。波长直接决定光的颜色，对于双色或多色 LED，会有几个不同的中心波长值。

（2）输出特性参数。光耦合器的输出特性，实际也就是其内部光敏三极管的特性，与普通的三极管类似。其常见参数有以下几种。

1）集电极电流 I_C（Collector Current）。光敏三极管的集电极所流过的电流，通常表示其最大值。

2）反向击穿电压 $V_{(BR)CEO}$（C-E Voltage）。发光二极管开路，集电极电流 I_C 为规定值，集电极与发射集间的电压降。

3）反向截止电流 I_{CEO}。发光二极管开路，集电极至发射极间的电压为规定值时，流过集电极的电流为反向截止电流。

4）输出饱和电压 $V_{CE(sat)}$（C-E SaturationVoltage）。发光二极管工作电流 I_F 和集电极电流 I_C 为规定值时，并保持 $I_C/I_F \leqslant CTR_{min}$ 时（CTR_{min} 在光耦器件的技术手册中规定），集电极与发射极之间的电压降。

（3）传输特性参数。描述光耦合器的传输特性的参数有以下几种。

1）电流传输比 CTR（Current Transfer Radio）。是光耦合器的重要参数，通常用直流电流传输比来表示。当输出电压保持恒定时，它等于直流输出电流 I_C 与直流输入电流 I_F 的百分比。采用一只光敏三极管的光耦合器，CTR 的范围大多为 20%～300%（如 4N35），而 PC817 则为 80%～160%，达林顿型光耦合器（如 4N30）可达 100%～5000%，这表明欲获得同样大小的输出电流 I_C，CTR 越大的光耦所需输入电流 I_F 越小。

2）上升时间 T_R（Rise Time）和下降时间 T_F（Fall Time）。光耦合器在规定工作条件下，发光二极管输入规定电流 I_{FP} 的脉冲波，输出端管则输出相应的脉冲波，从输出脉冲前沿幅度的 10%～90%，所需时间为脉冲上升时间 T_R。从输出脉冲后沿幅度的 90%～10%，所需时间为脉冲下降时间 T_F。

3）传输延迟时间 t_{PHL} 和 t_{PLH}。从输入脉冲前沿幅度的 50% 到输出脉冲电平下降到 1.5V 时所需时间为传输延迟时间 t_{PHL}。从输入脉冲后沿幅度的 50% 到输出脉冲电平上升到 1.5V 时所需时间为传输延迟时间 t_{PLH}。

（4）隔离特性参数。描述光耦合器隔离特性的参数有以下几种。

1）输入输出间隔离电压 V_{IO}（Isolation Voltage）。指的是光耦合器输入端和输出端之间绝缘耐压值。

2）输入输出间隔离电容 C_{IO}（Isolation Capacitance）。指的是光耦合器件输入端和输出端之间的电容值。

3）输入输出间隔离电阻 R_{IO}（Isolation Resistance）。指的是半导体光耦合器的输入端和输出端之间的绝缘电阻值。

4）光耦合器件输入端和输出端之间的电容值。

总之，对于光耦合器而言，它的最重要的参数有发光二极管正向压降 V_F、正向电流 I_F、电流传输比 CTR、输入级与输出级之间的绝缘电阻、集电极-发射极反向击穿电压 $V_{(BR)CEO}$、集电极-发射极饱和压降 $V_{CE(sat)}$。此外，在传输数字信号时还需考虑上升时间、下降时间、延迟时间和存储时间等参数。

4. 使用方法

（1）注意事项。

1）合理控制光耦合器的电流传输比（CTR）。电流传输比（CTR）的允许范围是 50%～200%，其原因在于：当 $CTR<50$% 时，光耦中的 LED 就需要较大的工作电流（$I_F>5.0$mA），这会增大光耦的功耗。若 $CTR>200$% 时，在启动电路或者当负载发生突变时，光耦的输出端可能发生跳变，从而有可能将后续逻辑控制误动作，影响正常控制输出。

2）若用放大器电路去驱动光电耦合器，必须精心设计，保证它能够补偿耦合器的温度不稳定性和漂移。推荐采用线性光耦合器，其特点是 CTR 值能够在一定范围内做线性调整。上述使用的光电耦合器时工作在线性方式下，在光电耦合器的输入端加控制电压，在输出端会成比例地产生一个用于进一步控制下一级电路的电压，是单片机进行闭环调节控制，对电源输出起到稳压的作用。

3）为了彻底阻断干扰信号进入系统，不仅信号通路要隔离，而且输入或输出电路与系统的电源也要隔离，即这些电路分别使用相互独立的隔离电源。对于共模干扰，采用隔离技术，即利用变压器或线性光电耦合器或电容耦合，将输入地与输出地断开，使干扰没有回路而被抑制。在开关电源中，光电耦合器是一个非常重要的外围器件，设计者可以充分地利用它的输入输出隔离作用对单片机进行抗干扰设计，并对变换器进行闭环稳压调节。

（2）设计重点。在嵌入式系统中，由于它既包括弱电控制部分，又包括强电控制部分，采用光耦隔离可以很好地实现弱电和强电、低压和高压的隔离，达到抗干扰的目的。但是，使用光耦隔离需要考虑以下几个问题。

1）光耦直接用于隔离传输模拟量时，要考虑光耦的非线性问题。

2）光耦隔离传输数字量时，要考虑光耦的响应速度问题。就抗干扰设计而言，在嵌入式系统中，既能采用光电耦合器隔离驱动，也能采用继电器隔离驱动。一般情况下，对于那些响应速度要求不是很高的启停操作，需要采用继电器隔离来设计功率接口，这是因为继电器的响应延迟时间通常在毫秒级。对于响应时间要求很快的控制系统，则采用光电耦合器进行功率接口电路设计，因为光电耦合器的延迟时间通常都微秒级甚至更短。

3）如果输出有功率要求的话，还得考虑光耦的功率接口电路的设计问题，如直流伺服电机、步进电机、各种电磁阀等。这种接口电路一般需要由带负载能力强、输出电流大、工作电压高的电路充当。与此同时，采用新型、集成度高、使用方便的光电耦合器进行功率驱动接口电路设计，可以达到简化电路设计，降低散热的目的。工程实践表明，提高功率接口的抗干扰能力，是保证嵌入式系统正常运行的关键。

4）对于交流负载，可以采用光电可控硅驱动器进行隔离驱动设计，例如 TLP541G、4N39。光电可控硅驱动器的特点是耐压高、驱动电流不大，当交流负载电流较小时，可以直接用它来驱动；当负载电流较大时，可以外接功率双向可控硅。当需要对输出功率进行控制时，可以采用光电双向可控硅驱动器，例如 MOC3010。

（3）设计原则。使用光电耦合器，主要是为了提供输入电路和输出电路间的隔离，因此，在设计电路时，必须遵循下列原则。

1）所选用的光电耦合器件必须符合国内和国际的有关隔离击穿电压的标准。

2）由英国埃索柯姆（Isocom）公司、美国 FAIRCHILD 生产的 4N×× 系列（如 4N25、4N26、4N35）光耦合器，在国内应用已经十分普遍，可以用于单片机的输出隔离。

3）所选用的光耦器件必须具有较高的耦合系数。

6.2.2　类型特点

1. 典型类型

在嵌入式系统中，经常用到的光电耦合器件，主要有三种类型。

（1）三极管型光耦合器。本类型光耦包括交流输入型，直流输入型，互补输出型等。典型器件如 PC816、PC817、4N35 和 NEC2501H 等。例如 PC816A 和 NEC2501H 等线性光耦，常用于开关电源电路的输出电压采样和误差电压放大电路，由于开关电源在正常工作时的电压调整率不大，通过对反馈电路参数的适当选择，就可以使光耦器件工作在线性区。但由于这种光耦器件，只是在有限的范围内线性度较高，所以不适合使用在对测试精度要求较高以及测试范围要求高的场合。不过，由于其结构最为简单，输入侧由一只发光二极管构成，输出侧由一只光敏三极管构成，因此，主要用于对开关量信号的隔离与传输，比如它经常被应用于嵌入式系统的控制端子的数字信号输入回路。除此之外，还经常用到光可控硅输出型光耦合器，如 MOC3021，它是摩托罗拉生产的可控硅输出的光耦合器，输出类型为三端双向可控硅驱动，隔离电压为 7500V，输入电流为 60mA，输出电压为 400V，它常用作大功率可控硅的光电隔离触发器，且是即时触发的。与此类似的器件还有 MOC3041、MOC3061、MOC3081 等，它们都是过零触发的典型光耦合器件。

（2）集成电路型光耦合器。本类型光耦可以分为门电路输出型、施密特触发输出型和三态门电路输出型等。典型器件如 6N137、HCPL-2601 等，输入侧发光管采用了延迟效应低微的新型发光材料，输出侧为门电路和肖基特晶体管构成，大幅度提高其工作性能。这种光耦合器的频率响应速度比三极管型光耦合器的要高得多，在嵌入式系统的故障检测电路和开关电源电路中应用特别多。

（3）线性光耦合器。本类型光耦可分为低漂移型、高线性型、宽带型、单电源型和双电源型等类型，如 HCPL-7840、ACPL-C79B、ACPL-C79A、ACPL-C790、PC817A、PC111、TLP52、TLP632、TLP532、PC614、PC714 和 PS2031 等。在电路中主要用于对 mV 级微弱的模拟信号进行线性传输，在嵌入式系统电路中，往往用于输出电流的采样与放大处理、主回路直流电压的采样与放大处理。

2. 选型方法

在选择光耦合器时，需要引起重视的注意事项如下。

（1）传输信号的方式，为数字型（如 OC 门输出型、图腾柱输出型以及三态门电路输出型等）还是线性器件。

（2）必须充分认识到光耦合器为电流驱动型器件，要合理选择电路中所使用的运放或者逻辑芯片，必须保证它们拥有合适的负载能力，以便在正常工作时驱动光耦合器。

（3）传输信号的速度要求，如低速光电耦合器（包括光敏三极管、光电池等输出型）和高速光电耦合器（包括光敏二极管带信号处理电路或者光敏集成电路输出型）等不同类型。

（4）PCB 布局空间的约束性要求，有单通道、双通道和多通道光耦合器供选择，因此，当采用普通光耦合器件时，要尽量采用多光耦合器件，而不要采用单光耦合器件，因为多个器件集成在一片芯片上，有利于从材料及工艺的角度保证多个器件之间特性的一致性，而正是由于多个光耦合器特性的一致，才保证了它们对控制对象作用的一致性。

（5）隔离等级的要求，存在普通隔离光耦合器（如一般光学胶灌封低于 5kV，空封低于 2kV）和高压隔离光耦合器（可分为 10、20、30kV 等）成熟器件。

（6）满足工作电压要求，目前大多为低电源电压型光耦合器（一般为 5～15V 范围），也有大于 30V 工作电压的高电源电压型光耦合器问世。

6.2.3　典型应用

1. 在 CMOS 接口电路中的应用范例

本例选择光耦 HCPL-2300，它结合 820nm 的 AlGaAs 发光二极管和高增益光检测器。具有较低正向工作电流 I_F、高速 AlGaAs 发光器，采用独特的扩散结生产，以低驱动电流带来快速上升和下降，这些独特特性使得这款器件可以使用在 RS-232C 接口接地环路隔离并提高共模抑制能力，作为长线接收器，通过更低的 I_F 和 V_F 规格，可以在指定数据率下达到更长的连接距离，集成屏蔽检测器电路的输出为集电极开路肖特基箝位晶体管，将电容耦合共模噪声分流到地的屏蔽提供了 100V/μs 的保证瞬变抗扰度。输出电路内置集电极开路上选用阻值为 1kΩ 的上拉电阻，带给设计者使用内部电阻上拉到 5V 逻辑或使用外部上拉电阻连接到 18V 电源的 CMOS 逻辑电压的极大灵活性。HCPL-2300 的电气和开关特性可以在−40～85℃的温度范围得到保证，帮助设计者设计出可以在不同工作条件下运作的电路。下面以如图 6-3 所示的 CMOS 接口电路为例，分析光耦的外围参数设计方法。

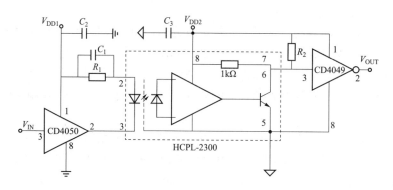

图 6-3　光耦在 CMOS 接口电路中的应用示例

光耦 HCPL-2300 的关键性参数见表 6-1，它的输出真值表见表 6-2。

表 6-1　　　　　　　　　　　　　光耦 HCPL-2300 的关键性参数

$I_{F(ON)}$ (mA)	V_F (V)	$I_{C(ON)}$ (mA)	t_{PLH} (μs)	t_{PHL} (μs)	CMR-V（μs）@V_{CM}		V_{ISO}/V_{RMS}	V_{IORM}/V_{PEAK}
					CMR-V（μs）	V_{CM}（V）		
$0.75{\geqslant}I_F{\geqslant}0.5$	≤1.65	≤25	≤0.16	≤0.2	≥100	50	≥3750	630

表 6-2　　　　　　　　　　　　　光耦 HCPL-2300 的输出真值表

LED	光耦输出
开通（ON）	低电平（LOW），$V_{OL}{\leqslant}0.5V$
断开（OFF）	高电平（HIGH），$I_{OH}{\leqslant}0.25mA$

假设 CD4050 输出的高电平为 V_{DD1}，此时流过发光二极管的电流 I_F 的表达式为：

$$I_F = \frac{V_{DD1}-V_F}{R_1} \leqslant 0.75mA \tag{6-1}$$

式中：V_F 为发光二极管开通时的管压降。因此，电阻 R_1 的约束为：

$$R_1 \geqslant \frac{V_{DD1}-V_F}{0.75mA} = \frac{5-1.65}{0.75mA} \approx 4.47k\Omega \tag{6-2}$$

流过光耦输出开关管的电流 I_C 的表达式为：

$$I_C = \frac{V_{DD2}-V_{OL}}{R_L//1k\Omega} \leqslant 25mA \tag{6-3}$$

式中：V_{OL} 为光耦输出的低电平（即光耦输出开关管的饱和压降）。因此，电阻 R_L 的约束表达式为：

$$R_1//k\Omega \geqslant \frac{V_{DD2}-V_{OL}}{25mA} = \frac{5-0.5}{25mA} \approx 180\Omega \tag{6-4}$$

不同电源 V_{DD1} 和 V_{DD2} 对应下的电阻 R_1 和 R_L 的取值见表 6-3。

表 6-3	电阻 R_1 和 R_L 的取值（采用 E48 电阻系列）			
V_{DD1}（V）	R_1	R_L	C_1（pF）	V_{DD2}（V）
5	5.11	1		5
10	13.3	2.37	20	10
15	19.6	3.16		15

2. 在 TTL 接口电路中的应用范例

本例选择光耦 HCPL-2201，它是一款光电耦合逻辑门器件，内含 GaAsP 的 LED，检测器拥有图腾柱输出和内置施密特触发器的光学接收器输入，提供逻辑兼容波形，免除额外波形的整形电路的需求。HCPL-2201 的电气和开关特性可以在 −40～85℃ 的温度范围得到保证，V_{DD} 电源为 4.5～20V，具有较低正向工作电流 I_F 和较宽 V_{DD} 电源范围，兼容 TTL、LSTTL 和 CMOS 逻辑，带来和其他高速光电耦合器相比更低的功耗，逻辑信号传播延迟为 150ns。

以如图 6-4 所示的 TTL 接口电路为例，分析光耦 HCPL-2201 的外围参数设计方法。

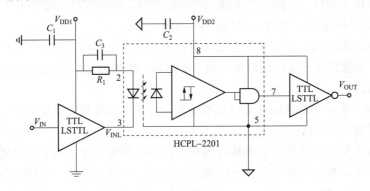

图 6-4　光耦在 TTL 接口电路中的应用示例

光耦 HCPL-22201 的关键性参数见表 6-4。

表 6-4					光耦 HCPL-2201 的关键性参数			
$I_{F(ON)}$（mA）	V_F（V）	$I_{C(ON)}$（mA）	t_{PLH}（μs）	t_{PHL}（μs）	CMR-V（μs@V_{CM}）		V_{ISO}/V_{RMS}	V_{IORM}/V_{PEAK}
					CMR-V（μs）	V_{CM}（V）		
5.0≥I_F≥1.6	≤1.95	≤25	≤0.3	≤0.3	≥1000	50	≥5000	1414

光耦 HCPL-22201 的输出真值表见表 6-5。

表 6-5	光耦 HCPL-2201 的输出真值表
LED	光 耦 输 出
开通（ON）	高电平（HIGH），V_{OH}≥2.4V
断开（OFF）	低电平（LOW），V_{OL}≤0.5V，V_{OL}

假设输入端的 TTL/LSTTL 输出的低电平即为 V_{INL}，此时流过发光二极管的电流 I_F 的表达式为：

$$I_F = \frac{V_{DD1} - V_F - V_{INL}}{R_1} \leqslant 5.0\text{mA} \qquad (6\text{-}5)$$

式中，V_F 为发光二极管开通时的管压降。因此，电阻 R_1 的约束表达式为：

$$R_1 \geqslant \frac{V_{DD1} - V_F - V_{INL}}{5\text{mA}} = \frac{5 - 1.95 - 0.5}{5\text{mA}} \approx 510\Omega \qquad (6\text{-}6)$$

电阻 R_1 一般取值 1～2kΩ 即可，电容 C_3 取值 20pF 即可。

6.3　开　关　量　接　口

6.3.1　开关量输入通道

所谓开关量输入通道，是指将现场输入的状态信号经转换、保护、滤波、隔离措施转换成计算机能够接收的逻辑信号的功能。

1. 小功率输入接口电路

所谓小功率输入接口，是指小功率输入的调理电路，如经过门电路输出 TTL 电平的调理电路，再与 CPU（如 ARM、DSP、FPGA 等）接口。

如图 6-5（a）所示的是获取开关 S 的状态信号，其中电容可以起到去抖作用；反相器充当输入缓冲器，主要选择三态门缓冲器，如 74LS244，将状态信号发送到 CPU 数据总线，可输入 8 个开关状态。

如图 6-5（b）所示的是获取开关 S 的状态信号，其中 RS 触发器可以消除开关过程的反跳，将状态信号发送到 CPU。

如图 6-5（c）所示的是基于光电耦合器获取过零点的电路图。为了提高效率，使触发脉冲与交流电压同步，要求每隔半个交流电的周期输出一个触发脉冲，且触发脉冲电压应大于 4V，脉冲宽度应大于 20μs。图 6-5（c）中 BT 为变压器，TPL521-2 为光电耦合器，起隔离作用。当正弦交流电压接近零时，光电耦合器的两个发光二极管截止，三极管 T1 基极的偏置电阻电位使之导通，产生低电平脉冲信号，T1 的输出端经过反相器，接到 ARM 的 PB0 端口，用以产生中断指令，引起中断。在中断服务子程序中，使用定时器累计移相时间，然后发出双向可控硅的同步触发信号。

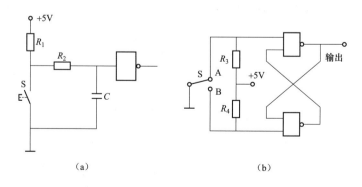

图 6-5　小功率输入接口电路（一）

（a）采用积分电路；（b）采用 RS 触发器

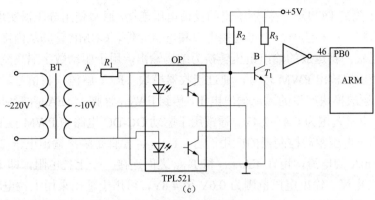

图 6-5 小功率输入接口电路（二）

（c）获取过零点

2. 大功率输入接口电路

所谓大功率输入接口，是指大功率输入的调理电路，如采用具有驱动能力的光电隔离技术，即用光耦合器进行的调理电路，再与 CPU（同前）接口。如图 6-6 所示，利用光耦将 +48V 电源的通断情况回传给 CPU 及核心器件。图 6-6 所示的反相器，充当输入缓冲器，主要选择三态门缓冲器，如 IDT54541BTLB，快速 CMOS 八路缓冲器，将状态信号发送到 CPU 数据总线。

3. ADuM3190/4190 典型应用

ADuM3190 是采用 ADI 公司 iCoupler®技术的高稳定性的隔离误差放大器，隔离电压为 2.5kV rms，它内置宽频运放，可用于设置各种常用的电源环路补偿技术，如图 6-7 所示，其速度足够快，允许反馈环路对快速、瞬变调节和过流条件做出反应。该器件还内置一个高精度 1.225V 基准电压源，为隔离误差放大器提供±1%精度，可与电源输出设定点进行比较，即输入过欠压保护模块（UnderVoltage Lock Out，UVLO）监控 V_{DD1} 电源；输出过欠压保护模块（UVLO）监控 V_{DD2} 电源，当 $V_{DD\times}$ 达到 2.8V 的上升阈值时打开内部电路；当 $V_{DD\times}$ 下降至 2.6V 以下时将误差放大器关闭至高阻抗状态。需要提醒的是，与 ADuM3190 相比，隔离误差放大器 ADuM4190 的管脚与前者全部相同，但是它们的隔离电压不同，后者为增强型，耐压为 5.0kV rms，它们的封装也不一样，前者采用 QSOP16（RQ-16），后者 SOIC16（RI-16-2）。有关隔离误差放大器 ADuM3190/4190 的更详细参数，请读者朋友阅读其参数手册。

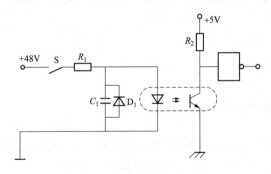

图 6-6 大功率输入接口电路

如图 6-7 所示，隔离误差放大器 ADuM3190 的输入侧的运放，具有同相管脚+IN 和反相管脚–IN，可用于隔离 DC-DC 变换器输出的反馈电压连接，通常使用分压器实现连接。COMP 管脚为运放输出脚，在补偿网络中可连接电阻和电容元件。COMP 管脚从内部驱动发送器模块（Tx）的发送端，将运放的输出电压转换为编码输出，用于驱动数字隔离变压器。在隔离器的输出侧，变压器输出 PWM 信号，通过接收器模块（Rx）解码，将信号转换为电压，驱动运放模块；将运放模块产生的隔离输出电压，传到 EA_{OUT} 管脚上。EA_{OUT} 管脚可提供 ±3mA 电流，并且电压电平范围为 0.4～2.4V，通常用于驱动 DC-DC 电路中 PWM 控制器的输入脚。对于需要更多输出电压驱动控制器的应用而言，EA_{OUT2} 管脚是隔离输出电压 2，开漏输出模式，对于最高 1mA 的电流，可在 EA_{OUT2} 和 V_{DD1} 之间连接一个上拉电阻，即 EA_{OUT2} 管脚提供最高 ±1mA 的电流，输出电压范围为 0.6V 至 4.8V，可用于输出采用上拉电阻的 5V 电源。若 EA_{OUT2} 上拉电阻连接 10～20V 电源，则输出的最小额定值为 5.0V，以便允许使用最小输入电压要求为 5V 的 PWM 控制器。

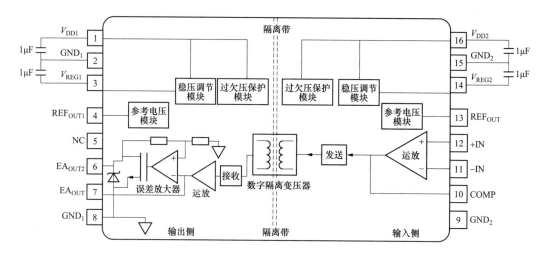

图 6-7　隔离误差放大器 ADuM3190/4190 的原理框图

隔离误差放大器 ADuM3190/4190 非常适合带原边控制器的线性反馈电源，与常用的光耦合器和分流调节器解决方案相比，在瞬态响应、功率密度和稳定性方面均有所提高。现将隔离误差放大器 ADuM3190/4190 的典型特点小结如下。

（1）初始精度：0.5%；全温度范围（–40～+125℃）精度：1%。

（2）基准电压：1.225V。

（3）低功耗工作：＜7mA（总功耗）。

（4）宽电源电压范围：

1）输入端电压 V_{DD1}：3～20V。

2）输出端电压 V_{DD2}：3～20V。

（5）带宽：400kHz。

（6）隔离电压：2.5kV rms（ADuM3190）；5.0kV rms（ADuM4190）。

ADuM3190/4190 的各个管脚名称及其功能说明见表 6-6。

如图 6-8 所示的是隔离误差放大器 ADuM3190/4190 的典型接线电路图。其中，图 6-8（a）所示为使用 EA_{OUT} 的电路接线图；图 6-8（b）所示为使用 EA_{OUT2} 的电路接线图；图 6-8（c）

所示为充当隔离运放的接线图。

表 6-6　　　　　　　隔离误差放大器 ADuM3190/4190 的各个管脚名称及其功能说明

管脚编号	管脚名称	功　能　说　明
1	V_{DD1}	输出侧的电源电压（3.0～20V）。在 V_{DD1} 和 GND_1 之间连接一个 1μF 电容
2	GND_1	输出侧的接地基准
3	V_{REG1}	输出侧的内部电源电压。在 V_{REG1} 和 GND_1 之间连接一个 1μF 电容
4	REF_{OUT1}	输出侧的基准输出电压。此管脚（$C_{REFOUT1}$）的最大电容值不得超过 15pF
5	NC	不连接。将管脚 5 连接至 GND_1，不要悬空该管脚
6	EA_{OUT2}	隔离输出电压 2，开漏输出。对于最高 1mA 的电流，可在 EA_{OUT2} 和 V_{DD1} 之间连接一个上拉电阻
7	EA_{OUT}	隔离输出电压
8	GND_1	输出侧的接地基准
9	GND_2	输入侧的接地基准
10	COMP	运放的输出脚。可在 COMP 管脚和 –IN 管脚之间连接一个环路补偿网络
11	–IN	反相运放输入脚。管脚 11 连接电源设定点和补偿网络
12	+IN	同相运放输入脚。管脚 12 可用作基准电压输入
13	REF_{OUT}	输入侧的基准输出电压。此管脚（C_{REFOUT}）的最大电容值不得超过 15pF
14	V_{REG2}	输入侧的内部电源电压。在 V_{REG2} 和 GND_2 之间连接一个 1μF 电容
15	GND_2	输入侧的接地基准
16	V_{DD2}	输入侧的电源电压（3.0V 至 20V）。在 V_{DD2} 和 GND_2 之间连接一个 1μF 电容

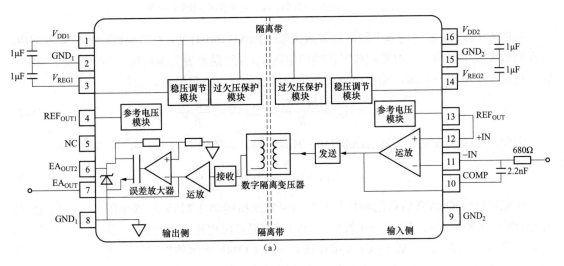

图 6-8　隔离误差放大器 ADuM3190/4190 的典型应用（一）

（a）使用 EA_{OUT} 的电路接线图

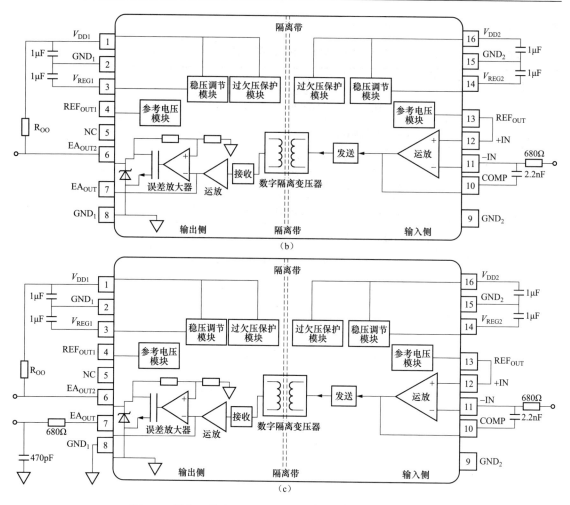

图 6-8　隔离误差放大器 ADuM3190/4190 的典型应用（二）

（b）使用 EA_OUT2 的电路接线图；（c）充当隔离运放的接线图

如图 6-9（a）所示的是基于隔离误差放大器 ADuM3190/4190，充当反馈检测的典型应用，即在原边控制中采用它，内置运放用作输出电压 V_{OUT} 的误差放大器反馈，并在运放的–IN 管脚上使用一个电阻分压器，输出电压可通过分压器的两个电阻设置，即：

$$V_{OUT} = V_{REF} \times \frac{R_1 + R_2}{R_2} = 1.225V \times \frac{R_1 + R_2}{R_2} \tag{6-7}$$

因此，在隔离误差放大器 ADuM3190 的输入侧，运放输入电压 V_{IN}，可以表示为：

$$V_{IN} = V_{OUT} \times \frac{R_2}{R_1 + R_2} = 0.3 \sim 1.5V \tag{6-8}$$

此配置反转 COMP 管脚的输出信号，该管脚连接内部 1.225V 基准电压。运放的–IN 管脚与+IN 管脚相比（V_{IN} 与 V_{REF}=1.225V 比较），如果输出电压 V_{OUT} 由于负载阶跃而下降，则–IN 管脚的分压器下降至低于+IN 基准电压，导致 COMP 管脚的输出信号变为高电平。先对运放的 COMP 输出编码，然后数字隔离变压器模块将其解码，还原后可将 ADuM3190/4190 驱动至高电平的信号。ADuM3190/4190 输出驱动 PWM 控制器的 COMP 管脚，该管脚设计为仅在低电平时将 PWM 锁存输出复位至低电平。COMP 管脚的高电平具有使锁存 PWM 比较器产生 PWM 占空比输出的效果。此 PWM 占空比输出驱动电源级,提升 V_{OUT} 电压,直到其返回稳压状态。

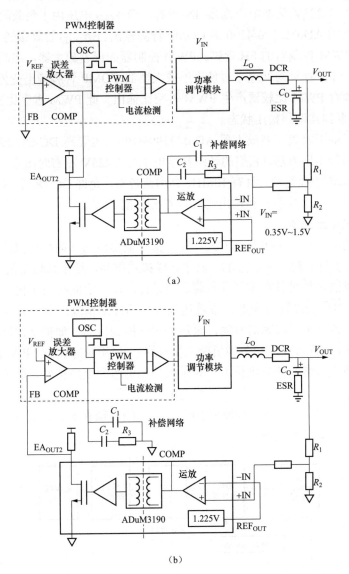

图 6-9　隔离误差放大器 ADuM3190/4190 充当反馈检测的典型应用

(a) 示例 1;(b) 示例 2

　　误差放大器 ADuM3190/4190 具有两个不同的误差放大器输出,即 EA_{OUT} 和 EA_{OUT2}。EA_{OUT} 输出可驱动±3mA,额定最大高电平输出电压至少为 2.4V,可能不足以驱动某些 PWM 控制器的 COMP 管脚。EA_{OUT2} 管脚可驱动±1mA,输出范围额定值为 5.0V,V_{DD1} 电压范围为 10~20V,足够驱动许多 PWM 控制器的 COMP 管脚。

　　若在某些应用中,EA_{OUT2} 管脚的输出最低为 5V,不足以驱动 PWM 控制器的 COMP 管脚,如 COMP 管脚工作电压为 6V 或以上,则使用 EA_{OUT2} 驱动 PWM 控制器误差放大器的

FB 管脚，如图 6-8（b）所示。PWM 控制器的 V_{REF} 电压典型值约为 1.25V 或 2.5V，为 FB 管脚提供基准电压。在图 6-8（b）中，EA$_{OUT2}$ 输出用于带有 2.5V 基准电压的 PWM 控制器。

如图 6-9（b）所示，误差放大器 ADuM3190 运放的反馈电压来自 V_{OUT} 输出分压器，并连接+IN 管脚；而+1.225V 基准电压连接–IN 管脚。当 V_{OUT} 电压由于负载阶跃而下降时，该配置产生一个趋低的 ADuM3190/4190 的 COMP 管脚输出。EA$_{OUT2}$ 管脚跟随 COMP 管脚变为低电平，并连接 PWM 控制器的 FB 管脚。PWM 控制器的误差放大器，在同相输入端，具有基准电压 V_{REF}，当 FB 管脚为低电平时使误差放大器的 COMP 管脚输出变为高电平。COMP 管脚高电平，使锁存 PWM 比较器产生 PWM 占空比输出。此 PWM 占空比输出驱动电源级，提升 V_{OUT} 电压，直到其返回稳压状态。

图 6-9 显示了基于隔离误差放大器 ADuM3190/4190，为隔离 DC-DC 转换器控制环路，提供隔离反馈的两种不同方法，它们的环路基准电压为 1.225V 左右时闭合，在温度范围内提供±1%精度。ADuM3190 运放，具有 10MHz 高增益带宽，允许 DC-DC 转换器以高开关速率工作，支持较小的输出滤波器 L 和输出滤波器 C 元件值。

6.3.2　开关量输出通道

对被控设备的驱动，常采用两种方式，即模拟量输出驱动（简称模拟式驱动）和数字量（开关量）输出驱动（简称数字式驱动）。其中，模拟式驱动，是指其输出信号（电压、电流）可变，根据控制算法，使设备在零到满负荷之间运行，在一定的时间 T 内，输出所需的能量 P，其输出受模拟器件的漂移等影响，很难达到较高的控制精度。数字式驱动，则是通过控制设备处于"开"或"关"状态的时间，来达到运行控制目的。如根据控制算法，同样要在 T 时间内输出能量 P，则可控制设备满负荷工作时间 t，采用脉宽调制（PWM）的方法，即可达到要求。采用数字电路和计算机技术，对时间控制可达到很高精度。数字式驱动逐渐取代了传统的模拟式驱动，这是未来发展的必然趋势。

开关量输出通道的基本结构，如图 6-10 所示，由输出锁存器、输出口地址译码电路、隔离模块电路和输出驱动器等组成。

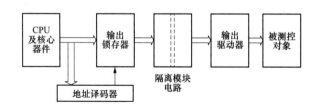

图 6-10　开关量输出通道的基本结构

本例所示的锁存器，通常可以选择带复位的八路正边沿触发的 D 型触发器，如 74LS273。隔离模块电路，可以选择光耦合器、继电器、隔离变压器等。由于驱动被控制的执行装置，需要一定的电压和电流，而主机的 I/O 口或锁存器的驱动能力很有限，因此输出通道末端，需配接能提供足够驱动功率的输出驱动电路。

1．直流负载驱动电路

直流负载驱动电路，一般有三种典型电路，即功率管驱动、达林顿驱动和场效应管驱动，如图 6-11 所示。

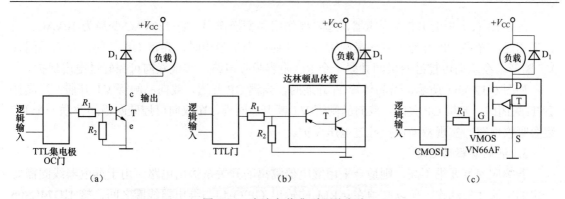

图 6-11 直流负载典型驱动电路

(a) 功率管驱动；(b) 达林顿驱动；(c) 场效应管驱动

图 6-11 (a) 所示为功率晶体管驱动电路，它适合于负载所需的电流不太大（不大于数百毫安）的场合。其中，图 (a) 中所示的开关晶体管的驱动电流必须足够大，否则晶体管会增加其管压降，来限制其负载电流，从而有可能使晶体管超过允许功耗而损坏，图 (a) 中晶体管驱动电流，采用 TTL 集电极开路门来提供。

图 6-11 (b) 所示为达林顿管驱动电路。达林顿管的特点是，具有高输入阻抗和极高的增益。由于达林顿驱动电路要求的输入驱动电流很小，因此，可用 ARM 的 GPIO 端口直接驱动。本例的 ARM 的 GPIO 端口高电平有效，如果功率较大时，应加散热器。

图 6-11 (c) 所示为功率场效应管驱动电路。功率场效应管在制造中，多采用 V 沟槽工艺，简称为 VMOS 场效应晶体管。出现 VMOS 场效应晶体管以后，中功率、大功率场效应管就成为可能，因它构成功率开关驱动电路，只需微安级输入电流，控制的输出电流却可以很大。

2. 晶闸管交流开关驱动电路

晶闸管（又称可控硅），可分为单向晶闸管和双向晶闸管。晶闸管只工作在导通或截止状态，使晶闸管导通只需要极小的驱动电流和必要的正向开通电压。一般输出负载电流与输入驱动电流之比大于 1000，是较为理想的大功率开关器件，通常用来控制交流大电压负载。由于交流电属强电，为了防止交流电干扰，晶闸管驱动电路不宜直接与数字逻辑电路相连，通常采用光电耦合器进行隔离，如图 6-12 所示。

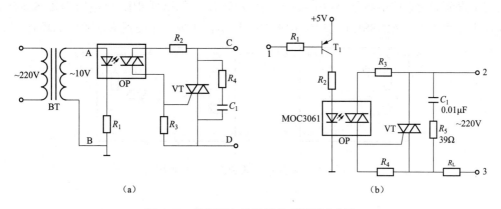

图 6-12 基于双向晶闸管的交流驱动电路

(a) 电路 1；(b) 电路 2

图 6-12（a）中的 BT 为变压器，起隔离作用和变换作用，将 220VAC 变换为 10VAC，当正半周时，光耦 OP 开通，双向晶闸管 VT 开通；当负半周时，光耦 OP 关闭，双向晶闸管 VT 断开。在双向可控硅两极间并联一个 RC 阻容吸收电路，实现双向可控硅过电压保护。

如图 6-12（b）所示，当晶体管 T_1 开通时，光耦 OP 开通，双向晶闸管 VT 开通；当晶体管 T_1 关闭时，光耦 OP 关闭，双向晶闸管 VT 断开。同理，在双向可控硅两极间并联一个 RC 阻容吸收电路，实现双向可控硅过电压保护。

3. 继电器驱动电路

若响应速度要求不高，则适合采用继电器隔离的开关量输出电路。由于继电器线圈需要一定的电流才能动作，所以必须在 ARM 的输出 GPIO 口与继电器线圈之间，接 HD74LS06 或 75452 等驱动器，如图 6-13 所示。继电器线圈是电感性负载。当电路开断时，会出现电感性浪涌电压。所以在继电器两端要并联一个泄流二极管，以保护驱动器不被浪涌电压损坏。图 6-13 为一个典型的继电器驱动电路，ARM 的 PB 口的每一位经一个反相驱动器 HD74LS06 控制一个继电器线圈。当 PB 口某一位输出高电平时，继电器线圈 i（$i=1$，…，6）上有电流流过，则继电器动作；反之，当 PB 口某一位输出为低电平时，继电器线圈 i（$i=1$，…，6）上无电流流过，开关恢复到原始状态。

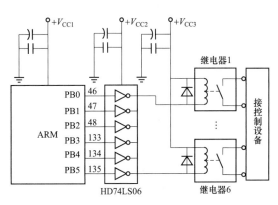

图 6-13　典型继电器驱动电路

4. 固态继电器驱动电路

固态继电器（Solid State Relay：SSR），是采用固体元件组装而成的一种新型无触点开关器件，它有两个输入端用以引入控制电流，有两个输出端用以接通或切断负载电流。器件内部有一个光电耦合器将输入与输出隔离。输入端（1、2 脚）与光电耦合器的发光二极管相连，因此，需要的控制电流很小，用 TTL、HTL、CMOS 等集成电路或晶体管就可直接驱动。

输出端用功率晶体管做开关元件的固态继电器，称为直流固态继电器，如图 6-14（a）所示，主要用于直流大功率控制场合。输出端用双向可控硅做开关元件的固态继电器（DC-SSRC），称为交流固态继电器（AC-SSR），如图 6-14（b）所示，主要用于交流大功率驱动场合。

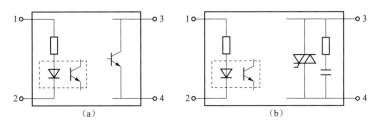

图 6-14　固态继电器 SSR 的原理框图

（a）直流 SSR；（b）交流 SSR

如图 6-15（a）所示为感性负载，对一般电阻性负载可直接加负载设备。AC-SSR 可用于 220、380V 等常用市电场合，输出断态电流一般小于 10mA，一般应让 AC-SSR 的开关电流至少为断态电流的 10 倍，负载电流如低于该值，则应并联电阻 R_P，以提高开关电流，如图 6-15（b）所示。

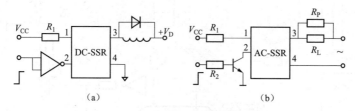

图 6-15 固态继电器 SSR 的驱动电路

（a）DC-SSR；（b）AC-SSR

5. 隔离变压器驱动电路

根据前面的讲解知道，信号的耦合方式主要有以下四种。

（1）直接耦合。上一级单元电路的输出直接（或通过电阻）与下一级单元电路的输入相连接。当然，在静态情况下，存在两个单元电路相互影响的问题。

（2）阻容耦合。通过电容 C 和电阻 R，把上一级的输出信号耦合到下一级。

（3）光电耦合。前面已经述及，光电耦合是通过光耦器件把信号传送到下一级，目前传送模拟信号的线性光电耦合器件比较贵，故多数场合中是用来传送数字信号。光电耦合方式的最大特点是实现上、下级之间的电气隔离，以防止干扰侵入。

（4）变压器耦合。通过变压器的原副绕组，把上一级信号耦合到下一级去。其优点是可以通过改变匝比与同名端，实现阻抗匹配和改变传送到下一级信号的大小与极性，以实现级间的电气隔离。但其最大缺点是制造困难，不能集成化，频率特性差、体积大、效率低。

以上四种耦合方式中，变压器耦合方式在电力电子器件的触发方面应用较多。光电耦合方式，通常应用在 I/O 端口需要电气隔离的场合。直接耦合和阻容耦合是常用的耦合方式，至于两者之间如何选择，主要取决于下一级单元电路对上一级输出信号的要求。若只要求传送上一级输出信号的交变成分，不传送直流成分，则采用阻容耦合，否则采用直接耦合。

如图 6-16 所示为利用隔离变压器传输触发指令，控制被控对象。当 ARM 的某个 GPIO 端口输出高电平时，光耦 OP_1 开通，反相器 A_2 输出高电平，MOSFET 管子 S_1 开通，隔离变压器 T_1 的原方流过电流，因此，能够控制被控对象。反之，当 ARM 的某个 GPIO 端口输出低电平时，光耦 OP_1 关闭，反相器 A_2 输出低电平，MOSFET 管子 S_1 关闭，没有电流流过隔离变压器 T_1 的原方，因此，不能控制被控对象。

6. ADuM3220/ADuM3221 典型应用

ADuM3220/ADuM3221 是采用 ADI 公司 iCoupler®技术的 4A 隔离双通道栅极驱动器。这些隔离器件将高速 CMOS 与单芯片变压器技术融为一体，具有优于脉冲变压器和栅极驱动器组合等替代器件的出色性能特征。驱动器 ADuM3220/ADuM3221 的输入与各输出之间具有真电气隔离优势，能够跨越隔离栅实现电压转换。ADuM3220 拥有直通保护逻辑，能够防止两路输出同时开启，而 ADuM3221 允许两路输出同时开启。两者均可提供默认低电平输出特性，这对栅极驱动应用来说是必不可少的。现将 ADuM3220/ADuM3221 的典型特点小结如下。

（1）峰值输出电流：4A。

（2）精密时序特性：

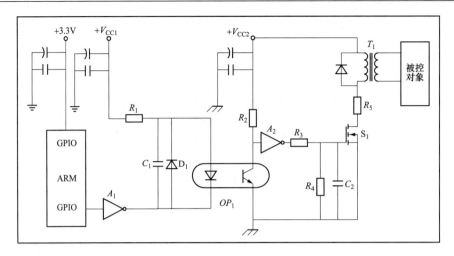

图 6-16　利用隔离变压器传输触发指令

1）隔离器和驱动器传播延迟：60ns（最大值）；

2）通道间匹配：5ns（最大值）。

（3）工作结温最高可达：125℃。

（4）3.3～5V 输入逻辑。

（5）7.6～18V 输出驱动。

（6）欠压闭锁（UVLO）：7.0V（供电为 V_{DD2}）。

（7）150℃以上时提供热关断保护。

（8）默认低电平输出。

（9）高工作频率：DC～1MHz。

（10）CMOS 输入逻辑电平。

（11）高共模瞬变抗扰度：25kV/μs。

（12）隔离电压：2.5kV rms。

欲了解更多特性，请读者朋友参考其参数手册。驱动器 ADuM3220/ADuM3221 的管脚名称及其功能说明见表 6-7。驱动器 ADuM3220 的正逻辑真值表汇总见表 6-8。驱动器 ADuM3221 的正逻辑真值表汇总见表 6-9。分析真值表 6-8 和表 6-9 得知，在电源 V_{DD1} 和 V_{DD2} 均有效时，只要两路的输入 V_{IA} 和 V_{IB} 均为高电平时，其对应的输出信号 V_{OA} 和 V_{OB} 均为低电平，可以有效防止上下桥臂直通，这是该芯片的优势所在。

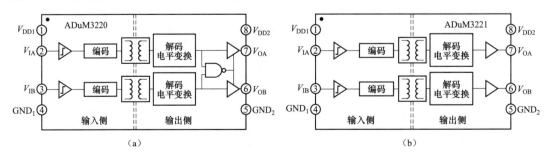

（a）　　　　　　　　　　　　　　（b）

图 6-17　驱动器 ADuM3220/ADuM3221 的原理框图

（a）ADuM3220；（b）ADuM3221

表 6-7　　　　　　　　驱动器 ADuM3220/ADuM3221 的管脚名称及其功能说明

管脚编号	管脚名称	功能描述说明
1	V_{DD1}	隔离器输入侧的电源电压（3.0～5.5V）
2	V_{IA}	逻辑输入 A（第一通道输入量）
3	V_{IB}	逻辑输入 B（第二通道输入量）
4	GND_1	地 1。隔离器输入侧的接地基准点
5	GND_2	地 2。隔离器输入侧的接地基准点
6	V_{OB}	逻辑输出 B（第一通道输出量）
7	V_{OA}	逻辑输出 A（第二通道输出量）
8	V_{DD2}	隔离器输出侧的电源电压（4.5～18V）

表 6-8　　　　　　　　　　真值表 ADuM3220（正逻辑）

V_{IA} 输入	V_{IB} 输入	V_{DD1} 状态	V_{DD2} 状态	V_{OA} 输出	V_{OB} 输出	功能说明
L	L	有电	有电	L	L	
L	H	有电	有电	L	H	
H	L	有电	有电	H	L	
H	H	有电	有电	L	L	可以有效防止上下桥背直通
X	X	无电	无电	L	L	
X	X	有电	有电	不确定	不确定	输出在 V_{DD1} 电源恢复后的 1μs 内返回到输入状态； 输出在 V_{DD2} 电源恢复后的 1μs 内返回到输入状态
备注	X=无关，L=低电平，H=高电平					

表 6-9　　　　　　　　　　真值表 ADuM3221（正逻辑）

V_{IA} 输入	V_{IB} 输入	V_{DD1} 状态	V_{DD2} 状态	V_{OA} 输出	V_{OB} 输出	功能说明
L	L	有电	有电	L	L	
L	H	有电	有电	L	H	
H	L	有电	有电	H	L	
H	H	有电	有电	H	H	可以防止上下桥背直通
X	X	无电	无电	L	L	
X	X	有电	有电	不确定	不确定	输出在 V_{DD1} 电源恢复后的 1μs 内返回到输入状态； 输出在 V_{DD2} 电源恢复后的 1μs 内返回到输入状态
备注	X=无关，L=低电平，H=高电平					

数字隔离器 ADuM3220/ADuM3221 不需要外部接口电路作为逻辑接口，但是输入和输出

供电管脚需要电源旁路。

（1）在输入侧电源 V_{DD1}，需要使用电容值在 0.01～0.1μF 之间的小型陶瓷电容，以提供良好的高频旁路。

（2）在输出侧电源 V_{DD2}，既需要使用电容值在 0.01～0.1μF 之间的小型陶瓷电容，以提供良好的高频旁路，还需要在输出电源管脚上，再增加一个 10μF 钽电容，以提供驱动 ADuM3220/ADuM3221 输出端栅极电容所需的电荷。

数字隔离器 ADuM3220/ADuM3221 的输出信号取决于输出负载（通常是 N 通道 MOSFET）的特性。如图 6-18 所示，驱动器输出对于 N 通道 MOSFET 负载的响应，可以用以下参数结合 RLC 模型进行模拟。

（1）MOSFET 开关开通等效输出电阻（R_{SW}）：根据其参数手册，该电阻大致为 1.5Ω。

（2）印刷电路板走线的电感（L_{TRACE}）：对于多层板而言，印刷电路板走线的电感的典型值为 5nH 左右。当然，如果采用从 ADuM3220/ADuM3221 输出端到 MOSFET 栅极具有短而宽的连接的精心布局时，该电感值还会更小。

（3）栅极串联电阻（R_{GATE}）：是 MOSFET 的固有栅极电阻与外加任意的串联电阻之后，该电阻需要根据 RLC 模型求取其大致取值范围。对于驱动峰值为 4A 的栅极驱动器而言，其 MOSFET 管子的典型固有栅极电阻约为 1Ω。

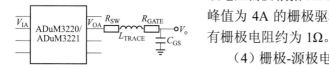

图 6-18　N 通道 MOSFET 栅极的
RLC 等效模型

（4）栅极-源极电容（C_{GS}）：该电容介于 2～10nF 之间。

研究表明，对于利用隔离器 ADuM3220/ADuM3221 充当驱动器时，其输出端具有高阻尼输出特性，添加串联栅极电阻 R_{GATE}，会抑制其输出响应，其阶跃响应的变化，可以利用 RLC 电路的 Q 因数进行描述，对于高阻尼应用而言，要求因数 Q 应小于 1，即：

$$Q = \frac{1}{R_{SW} + R_{GATE}} \times \sqrt{\frac{L_{TRACE}}{C_{GS}}} < 1 \tag{6-9}$$

因此，可以得到串联栅极电阻 R_{GATE} 的取值范围为：

$$R_{GATE} > \sqrt{\frac{L_{TRACE}}{C_{GS}}} - R_{SW} \tag{6-10}$$

运行实践与研究均表明，通过添加串联栅极电阻 R_{GATE}，可以有效减少驱动器的输出响铃振荡，从而抑制其响应。对于使用 1nF 或更小负载的应用，建议添加一个大约 5Ω 以上的串联栅极电阻 R_{GATE}。如图 6-18 所示，假设 $R_{GATE1}=5Ω$，$C_{GS}=5nF$，印刷电路板走线的电感 $L_{TRACE}=6nH$，MOSFET 开关开通等效输出电阻 $R_{SW}=1.5Ω$，由此计算得出的 Q 因数约为：

$$Q = \frac{1}{R_{SW} + R_{GATE}} \times \sqrt{\frac{L_{TRACE}}{C_{GS}}} = \frac{1}{1.5+5} \times \sqrt{\frac{6nH}{5nF}} \approx 0.17 < 1 \tag{6-11}$$

满足驱动器 ADuM3220/ADuM3221 的阻尼响应要求。图 6-19 所示为驱动器 ADuM3220/ADuM3221 的典型应用，利用它们分别带动两个 MOSFET 管子，进而控制隔离变压器，最终达到控制被控对象的目的。

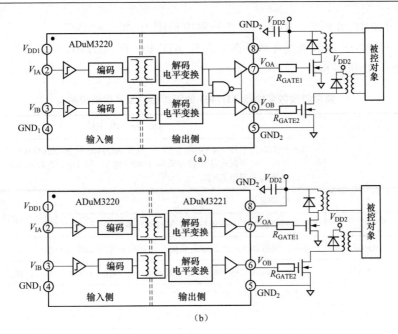

图 6-19 驱动器 ADuM3220/ADuM3221 的典型应用

（a）ADuM3220；（b）ADuM3221

6.4 通 信 接 口

6.4.1 隔离 Σ-Δ 型调制器 AD7403

1. 概述

隔离型模数变换器 AD7403 是一款高性能的二阶 Σ-Δ 型调制器，片上的数字隔离采用 ADI 公司的 iCoupler®技术，能将模拟输入信号转换为高速单比特数据流。它采用 5V 电源 V_{DD1} 供电，可输入±250mV 的差分信号（满量程±320mV）。该差分输入信号非常适合用于在要求电流隔离的高电压应用中监控分流电压。模拟输入由高性能模拟调制器连续采样，并转换为数据率最高为 20MHz 且密度为 1 的数字输出流。输出端采用串口通信，串行输入/输出可采用 5V 或 3V 电源 V_{DD2} 供电，串行接口采用数字式隔离。

现将隔离型模数变换器 AD7403 的特点小结如下。

（1）外部时钟输入速率：5～20MHz。

（2）16 位无失码。

（3）信噪比（Signal-to-noise ratio：SNR）：88dB（典型值）。

（4）有效位数（Effective number of bits：ENOB）：14.2 位（典型值）。

（5）典型失调温漂：

1）AD7403：1.6μV/℃（典型值）；

2）AD7403-8：2.0μV/℃（典型值）。

（6）片内数字隔离器：1min 5000V rms，符合 UL 1577。

（7）芯片 AD7403 采用 SOIC_16 封装（RI-16-2），工作温度范围为-40～+125℃；

AD7403-8 采用 SOIC_8 封装（RI-8-1），工作温度范围为–40～+105℃。

欲了解更多特性，请参考其参数手册。芯片 AD7403 和 AD7403-8 的管脚名称及其功能说明汇集见表 6-10 和表 6-11。

表 6-10   隔离型模数变换器 AD7403 的管脚名称及其功能说明

管脚编号	管脚名称	功　能　描　述	
1，7	V_{DD1}	输入侧的电源电压（4.5V 至 5.5V）。这是 AD7403 隔离端的电源电压，参照 GND_1。器件工作时，将电源电压连接至管脚 1 和管脚 7。将 10μF 电容与 1nF 电容并联，对每一个电源管脚去耦至 GND_1	
2	V_{IN+}	正向模拟输入	可输入±250mV 的差分信号（满量程±320mV）
3	V_{IN-}	负向模拟输入。一般情况下，与 GND_1 相连	
4，8	GND_1	输入侧的接地 1，此管脚是隔离端一侧所有电路的接地基准点	
5，6	NIC	内部不连接。这些管脚不在内部连接。与 V_{DD1}、GND_1 相连，或保持浮空	
9，16	GND_2	输出侧的接地 2。此管脚是非隔离端一侧所有电路的接地基准点	
10，12，15	NIC	内部不连接。这些管脚不在内部连接。与 V_{DD2}、GND_2 相连，或保持浮空	
11	MDAT	串行数据输出。单个位调制器输出以串行数据流的形式输入该管脚。各个位在 MCLKIN 输入的上升沿逐位移出，并在下一个 MCLKIN 上升沿有效	
13	MCLKIN	主机时钟逻辑输入。工作频率范围：5～20MHz。调制器输出的位流在 MCLKIN 的上升沿传播	
14	V_{DD2}	输出侧的电源电压：3～5.5V。该管脚用来为非隔离端提供电源电压，并且相对于 GND_2。采用 100nF 电容将此电源去耦至 GND_2	

表 6-11   隔离型模数变换器 AD7403-8 的管脚名称及其功能说明

管脚编号	管脚名称	功　能　描　述	
1	V_{DD1}	输入侧的电源电压（4.5～5.5V）。这是 AD7403-8 隔离端的电源电压，参照 GND_1。器件工作时，将电源电压连接至管脚 1 和管脚 7。将 10μF 电容与 1nF 电容并联，对每一个电源管脚去耦至 GND_1	
2	V_{IN+}	正向模拟输入	可输入±250mV 的差分信号（满量程±320mV）
3	V_{IN-}	负向模拟输入。一般情况下，与 GND_1 相连	
4	GND_1	输入侧的接地 1。此管脚是隔离端一侧所有电路的接地基准点	
5	GND_2	输出侧的接地 2。此管脚是非隔离端一侧所有电路的接地基准点	
6	MDAT	串行数据输出。单个位调制器输出以串行数据流的形式输入该管脚。各个位在 MCLKIN 输入的上升沿逐位移出，并在下一个 MCLKIN 上升沿有效	
7	MCLKIN	主机时钟逻辑输入。工作频率范围：5～20MHz。调制器输出的位流在 MCLKIN 的上升沿传播	
8	V_{DD2}	输出侧的电源电压：3～5.5V。该管脚用来为非隔离端，提供电源电压，并且相对于 GND_2。采用 100nF 电容将此电源去耦至 GND_2	

2. 应用技巧

隔离型变换器 AD7403 是电流检测应用的理想器件，通过获取分流器 R_{SHUNT} 上的电压获取被测电流。流经外部分流器的负载电流在 AD7403 的输入端产生电压。AD7403 可将流经电流分流器的模拟输入与数字输出隔离开。通过选择具有不同阻值的分流器，可以检测不同的被测电流。

芯片 AD7403 作为隔离 ADC，可将模拟输入信号，转换为高速（最高频率为 20MHz）、单个位数据流；ADC 输出每个位数据的平均时间与输入信号直接成正比。如图 6-20 所示为使用 AD7403 在模拟输入、电流分流器或分流器和数字输出之间提供隔离的典型应用电路。数字滤波器将对数字输出进行处理，以提供 N 位字。

变换器 AD7403 的差分模拟输入功能，通过开关电容电路来实现。该电路实现一个二阶 ADC 变换，能够将输入信号转换为 1 位输出流。采样时钟（MCLKIN）提供转换过程时钟信号以及输出数据帧时钟。需要提醒的是，该时钟源从 MCU 提供给芯片 AD7403。ADC 变换器连续对模拟输入信号进行采样，并将其与内部电压基准进行比较。在理想状态下，0V 差分信号可以使 MDAT 输出管脚完成 0-1 转换。该输出处于高、低电平状态的时间相等。250mV 差分输入也可生成由 0、1 组成的数据流；信号处于高电平状态的时间占 89.06%。−250mV 差分输入也可生成由 0、1 组成的数据流；信号处于高电平状态的时间占 10.94%。在理想状态下，320mV 差分输入可生成一个全 1 数据流。在理想状态下，−320mV 差分输入可生成一个全 0 数据流。绝对满量程范围为 ±320mV，而额定满量程性能范围为 ±250mV，见表 6-12。

表 6-12　　　　　　　　　　　　　芯片 AD7403 的模拟输入范围

模拟输入	幅值（mV）
正满量程数值	+320
额定工作正输入	+250
零	0
额定工作负输入	−250
负满量程数值	−320

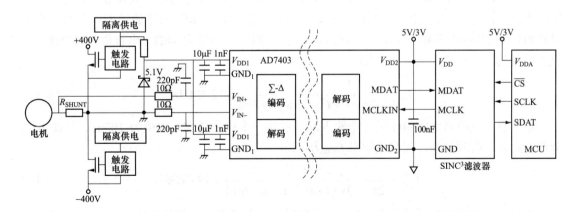

图 6-20　隔离型变换器 AD7403 在监测分流器端电压的典型应用

如何选择分流器 R_{SHUNT}，是本例的一个重点。现场运行实践表明，与变换器 AD7403 结合使用的分流器 R_{SHUNT} 取值，是由设计需求（电压、电流和功率）决定的。取值较小的分流器，可降低功耗，而且低电感电阻可防止感应产生电压尖峰，良好的容差器件则可减小电流波动。当时，取值较小的分流器的端电压也会较小，导致传送到变换器 AD7403 的信号幅值较小，对提高信噪比不利。数值较高的分流器电阻，采用变换器 AD7403 的全性能输入范围，从而具有最大的 SNR 性能。低数值电阻功耗较低，但无法利用全性能输入范围。而 AD7403 即使在较低的输入信号水平下，都能提供出色的性能，从而允许使用低数值分流电阻，并保持系统性能。所以，选择分流器 R_{SHUNT} 的电阻值是低功耗与精度这两个要求折中的结果。若要选择合适的分流器 R_{SHUNT} 电阻，首先应确定流过分流器 R_{SHUNT} 电阻的电流有效值 I_{RMS}（A），即：

$$I_{RMS} = \frac{P_W}{1.73 \times V \times \xi \times \alpha} \tag{6-12}$$

式中：P_W 为电机功率，W；V 为电机电源电压，V；ξ 为电机效率，%；α 为电源效率，%。为了确定流过分流器 R_{SHUNT} 的峰值电流 I_{MAX}，应考虑电机相位、电流以及系统中可能出现的全部过载的过载系数 η。当检测电流 I_{RMS}，A 已知时，那么，被测电流的峰值 I_{MAX} 可以表示为：

$$I_{MAX} = I_{RMS} \times \sqrt{2} \times \eta \tag{6-13}$$

将 AD7403 的电压范围（±250mV）除以被测电流的峰值 I_{MAX}，即可获得分流器 R_{SHUNT}，即：

$$R_{MAX} = \frac{250mV}{I_{MAX}} = \frac{250mV}{I_{RMS} \times \sqrt{2} \times \eta} \tag{6-14}$$

如果分流器 R_{SHUNT} 的功耗过大，可以减小分流器 R_{SHUNT} 电阻，此时所用的 ADC 输入范围较小。分流器 R_{SHUNT} 必须要能够承受大小为 I^2R 的功耗。如果超过该电阻的功耗额定值，则其值可能会漂移，或者电阻受损而造成开路。一旦开路，可能会导致变换器 AD7403 管脚上的差分电压超过绝对最大额定值。如果被测电流的高频成分较大，请选择电感较低的分流器 R_{SHUNT}。需要提醒的是，变换器 AD7403 在较低输入信号范围内的性能，允许使用较小的分流值，同时依旧保持高性能水平和整体系统效率，这是该芯片的优势之所在。

虽然变换器 AD7403 的抗噪能力不错，但是，还是需要在它的输入端设置滤波器，提高其抗干扰能力。本例在它的两个输入端，各使用一个简单的 RC 低通滤波器，并将变换器 AD7403 直接连接在分流器 R_{SHUNT} 的两端。本例采用的电阻值是 10Ω，电容值为 220pF，此为共模滤波器，其截止频率 $f_{共模}$ 为：

$$f_{共模} = \frac{1}{2\pi \times R \times C} = \frac{10^{12}}{2\pi \times 10 \times 220} \approx 72.4MHz \tag{6-15}$$

还可以在变换器 AD7403 的两个输入端，并接一个瓷片电容，取值为 100nF，如图 6-21 所示，此为差模滤波器，其截止频率 $f_{差模}$ 为：

$$f_{差模} = \frac{1}{2\pi \times 10 \times (2 \times 100nF + 0.22nF)} \approx 79.6kHz \tag{6-16}$$

本例推荐使用 SINC³ 滤波器，作为一种典型的具有低通特性的数字滤波器，它比 AD7403 调制器高一阶，后者是二阶调制器。假设采用频率为 20MHz 的外部时钟频率，如果抽取率为 256，则生成的 16 位字速率为 20M/256=78.1ksps。SINC³ 滤波器的一个主要优点，是具有陷波特性，可以将陷波点设在和电力线相同的频率，抑制其干扰。陷波点与输出数据速率（转换时间的倒数）直接相关。SINC³ 滤波器的建立时间三倍于转换时间。

本例将 AD7403 与一个 SINC³ 滤波器搭配使用。该滤波器可在现场可编程门阵列（FPGA）或数字信号处理器（DSP）上实现。SINC 滤波器的传递函数可以表示为：

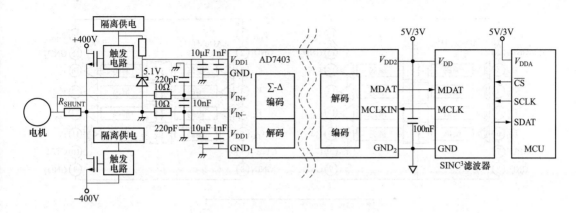

图 6-21 改进输入滤波器的测试电路

$$H(z) = \left(\frac{1}{DR} \times \frac{1 - Z^{-DR}}{1 - Z^{-1}} \right)^{N} \tag{6-17}$$

式中：DR 为抽取率；N 为 SINC 滤波器阶数。SINC 滤波器的吞吐速率，由所选调制器时钟 M_{CLK} 和抽取速率决定，即：

$$吞吐速率 = \frac{M_{CLK}}{DR} \tag{6-18}$$

随着抽取速率上升，SINC 滤波器的数据输出大小也会增加，则输出数据大小可以表示为：

$$数据大小 = N \times \log_2 DR \tag{6-19}$$

16 个最高有效位用来返回 16 位结果。对于 $SINC^3$ 滤波器而言，可由滤波器传递函数，得到 –3dB 滤波器截止频率，该值为吞吐速率的 0.262 倍。SINC 滤波器的特性见表 6-13。

表 6-13 $SINC^3$ 滤波器特性（$M_{CLKIN}=20MHz$）

抽取率（DR）	吞吐速率（kHz）	输出数据大小（位）	截止频率（kHz）	吞吐速率/截止频率
32	625	15	163.7	0.26192
64	312.5	18	81.8	0.26176
128	156.2	21	40.9	0.26184379
256	78.1	24	20.4	0.261203585
512	39.1	27	10.2	0.260869565

6.4.2 四通道数字隔离器 ADUM141x

1. 概述

四通道数字隔离器 ADUM141x，包含 ADuM1410/ADuM1411/ADuM1412 三种型号，其中 ADuM1410 含有 4 个输入/输出通道，ADuM1411 含有 3 个输入/输出通道和 1 个输出/输入通道，ADuM1412 含有 2 个输入/输出通道和 2 个输出/输入通道，它们的原理框图如图 6-22 所示。

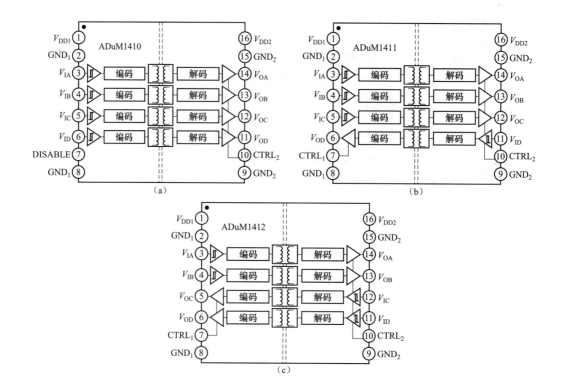

图 6-22　四通道数字隔离器 ADUM141x 的原理框图

(a) ADuM1410；(b) ADuM1411；(c) ADuM1412

　　将高速 CMOS 与单芯片空芯变压器技术融为一体，具有优于光耦合器等替代器件的出色性能特征。现将四通道数字隔离器 ADUM141x 的特点小结如下。

（1）双向通信。

（2）3V/5V 电平转换。

（3）工作温度最高可达 105℃。

（4）数据速率最高可达 10Mbps。

（5）5V 电源。

1）每个通道 1.3mA（最大值，0～2Mbps）；

2）每个通道 4.0mA（最大值，10Mbps）。

（6）3V 电源：

1）每个通道 0.8mA（最大值，0～2Mbps）；

2）每个通道 1.8mA（最大值，10Mbps）。

（7）高共模瞬变抗扰度：＞25kV/μs。

（8）16 管脚宽体 SOIC_16 封装（RW-16），符合 RoHS 标准。

（9）UL 认证：1min 2500V rms/min，符合 UL 1577 标准。

　　欲了解更多特性，请参考其参数手册。隔离器 ADuM1410、ADuM1411 和 ADuM1412 的管脚名称及其功能说明分别见表 6-14～表 6-16。

表 6-14 隔离器 ADuM1410 的管脚名称及其功能说明

管脚编号	管脚名称	功 能 描 述
1	V_{DD1}	隔离器输入侧的电源电压（2.7～5.5V）
2	GND_1	输入侧的地 1。隔离器输入侧的接地基准点。管脚 2 与管脚 8 内部互连，并且建议将二者均连至 GND_1
3	V_{IA}	逻辑输入 A
4	V_{IB}	逻辑输入 B
5	V_{IC}	逻辑输入 C
6	V_{ID}	逻辑输入 D
7	禁用	输入禁用。禁用隔离器输入，暂停直流刷新电路。输出处于 $CTRL_2$ 所决定的逻辑状态
8	GND_1	输入侧的地 1。隔离器第 1 侧的接地基准点。管脚 2 与管脚 8 内部互连，并且建议将二者均连至 GND_1
9	GND_2	输出侧的地 2。隔离器第 2 侧的接地基准点。管脚 9 与管脚 15 内部互连，并且建议将二者均连至 GND_2
10	$CTRL_2$	默认输出控制。控制输入电源断开时输出所处的逻辑状态。当 $CTRL_2$ 为高电平或断开且 V_{DD1} 关闭时，V_{OA}、V_{OB}、V_{OC} 和 V_{OD} 输出为高电平。当 $CTRL_2$ 为低电平且 V_{DD1} 关闭时，V_{OA}、V_{OB}、V_{OC} 和 V_{OD} 输出为低电平。当 V_{DD1} 电源接通时，此管脚不起作用
11	V_{OD}	逻辑输出 D
12	V_{OC}	逻辑输出 C
13	V_{OB}	逻辑输出 B
14	V_{OA}	逻辑输出 A
15	GND_2	输出侧的地 2。隔离器输出侧的接地基准点。管脚 9 与管脚 15 内部互连，并且建议将二者均连至 GND_2
16	V_{DD2}	隔离器输出侧的电源电压（2.7～5.5V）

表 6-15 隔离器 ADuM1411 的管脚名称及其功能说明

管脚编号	管脚名称	功 能 描 述
1	V_{DD1}	隔离器输入侧的电源电压（2.7～5.5V）
2	GND_1	输入侧的地 1。隔离器输入侧的接地基准点。管脚 2 与管脚 8 内部互连，并且建议将二者均连至 GND_1
3	V_{IA}	逻辑输入 A
4	V_{IB}	逻辑输入 B
5	V_{IC}	逻辑输入 C
6	V_{OD}	逻辑输出 D
7	$CTRL_1$	默认输出控制。控制输入电源断开时输出所处的逻辑状态。当 $CTRL_1$ 为高电平或断开且 V_{DD2} 关闭时，V_{OD} 输出为高电平。当 $CTRL_1$ 为低电平且 V_{DD2} 关闭时，V_{OD} 输出为低电平。当 V_{DD2} 电源接通时，此管脚不起作用
8	GND_1	输入侧的地 1。隔离器输入侧的接地基准点。管脚 2 与管脚 8 内部互连，并且建议将二者均连至 GND_1

管脚编号	管脚名称	功　能　描　述
9	GND_2	输出侧的地 2。隔离器输出侧的接地基准点。管脚 9 与管脚 15 内部互连，并且建议将二者均连至 GND_2
10	$CTRL_2$	默认输出控制。控制输入电源断开时输出所处的逻辑状态。当 $CTRL_2$ 为高电平或断开且 V_{DD1} 关闭时，V_{OA}、V_{OB} 和 V_{OC} 输出为高电平。当 $CTRL_2$ 为低电平且 V_{DD1} 关闭时，V_{OA}、V_{OB} 和 V_{OC} 输出为低电平。当 V_{DD1} 电源接通时，此管脚不起作用
11	V_{ID}	逻辑输入 D
12	V_{OC}	逻辑输出 C
13	V_{OB}	逻辑输出 B
14	V_{OA}	逻辑输出 A
15	GND_2	输出侧地 2。隔离器输出侧的接地基准点。管脚 9 与管脚 15 内部互连，并且建议将二者均连至 GND_2
16	V_{DD2}	隔离器输出侧的电源电压（2.7～5.5V）

表 6-16　　　　　　　　　　隔离器 ADuM1412 的管脚名称及其功能说明

管脚编号	管脚名称	功　能　描　述
1	V_{DD1}	隔离器输入侧的电源电压（2.7～5.5V）
2	GND_1	输入侧的地 1。隔离器输入侧的接地基准点。管脚 2 与管脚 8 内部互连，并且建议将二者均连至 GND_1
3	V_{IA}	逻辑输入 A
4	V_{IB}	逻辑输入 B
5	V_{OC}	逻辑输出 C
6	V_{OD}	逻辑输出 D
7	$CTRL_1$	默认输出控制。控制输入电源断开时输出所处的逻辑状态。当 $CTRL_1$ 为高电平或断开且 V_{DD2} 关闭时，V_{OC} 和 V_{OD} 输出为高电平。当 $CTRL_1$ 为低电平且 V_{DD2} 关闭时，V_{OC} 和 V_{OD} 输出为低电平。当 V_{DD2} 电源接通时，此管脚不起作用
8	GND_1	地 1。隔离器第 1 侧的接地基准点。管脚 2 与管脚 8 内部互连，并且建议将二者均连至 GND1
9	GND_2	地 2。隔离器第 2 侧的接地基准点。管脚 9 与管脚 15 内部互连，并且建议将二者均连至 GND_2
10	$CTRL_2$	默认输出控制。控制输入电源断开时输出所处的逻辑状态。当 $CTRL_2$ 为高电平或断开且 V_{DD1} 关闭时，V_{OA} 和 V_{OB} 输出为高电平。当 $CTRL_2$ 为低电平且 V_{DD1} 关闭时，V_{OA} 和 V_{OB} 输出为低电平。当 V_{DD1} 电源接通时，此管脚不起作用
11	V_{ID}	逻辑输入 D
12	V_{IC}	逻辑输入 C
13	V_{OB}	逻辑输出 B
14	V_{OA}	逻辑输出 A
15	GND_2	输出侧的地 2。隔离器输出侧的接地基准点。管脚 9 与管脚 15 内部互连，并且建议将二者均连至 GND_2
16	VDD_2	隔离器输出侧的电源电压（2.7～5.5V）

隔离器 ADuM1410、ADuM1411 和 ADuM1412 的正逻辑真值表见表 6-17。

表 6-17　　　　隔离器 ADuM1410、ADuM1411 和 ADuM1412 的正逻辑真值表

V_{Ix} 输入 [1]	$CTRL_x$ 输入 [2]	$V_{DISABLE}$ 状态 [3]	V_{DDI} 状态 [4]	V_{DDO} 状态 [5]	V_{Ox} 输出 [1]	描　述
H	X	L 或 NC	有电	有电	H	正常工作，数据为高
L	X	L 或 NC	有电	有电	L	正常工作，数据为低
X	H 或 NC	H	X	有电	H	输入禁用输出，处于 $CTRL_x$ 所决定的默认状态
X	L	H	X	有电	L	输入禁用输出，处于 $CTRL_x$ 所决定的默认状态
X	H 或 NC	X	无电	有电	H	输入无电。输出处于 $CTRL_x$ 所决定的默认状态。输出在 V_{DDI} 电源恢复后的 1μs 内恢复到输入状态
X	L	X	无电	有电	L	输入无电。输出处于 $CTRL_x$ 所决定的默认状态。输出在 V_{DDI} 电源恢复后的 1μs 内恢复到输入状态
X	X	X	有电	无电	Z	输出无电。输出管脚处于高阻态。输出在 V_{DDO} 电源恢复后的 1μs 内恢复到输入状态
备注	1. V_{Ix} 和 V_{Ox} 指给定通道（A、B、C 或 D）的输入和输出信号； 2. $CTRL_x$ 指给定通道（A、B、C 或 D）输入侧的默认输出控制信号； 3. 仅 ADuM1410 提供； 4. V_{DDI} 指给定通道（A、B、C 或 D）输入侧的电源； 5. V_{DDO} 指给定通道（A、B、C 或 D）输出侧的电源					

2. 应用技巧

为了提高芯片的抗干扰能力，必须要在其输入侧和输出侧的供电管脚上，进行电源旁路和去耦处理，包括以下几点。

（1）输入侧的电源 V_{DD1} 的旁路电容，可以方便地连接在管脚 1 和管脚 2 之间，电容值应该在 0.01μF 与 0.1μF 之间。

（2）输出侧的电源 V_{DD2} 的旁路电容，可以方便地连接在管脚 15 和管脚 16 之间，电容值应该在 0.01μF 与 0.1μF 之间。

（3）电容两端到输入电源管脚的走线总长应该小于 20mm。

（4）还应考虑管脚 1 与管脚 8 及管脚 9 与管脚 16 之间的旁路，除非各封装上的两个接地管脚，靠近封装相连。当然，如果是采用多层板的话，由于专门设置了地线层，这个问题就会变得更加简单，而不必专门考虑了。

在应用实践中，有多种方法可以隔离 USB 接口。例如，可以利用一个外部 SIE 来避免隔离 D_+ 和 D_- 的难题，该 SIE 由一个采用单向信号的串行接口（如 SPI 等）控制。SPI 为单向接口，因而更容易隔离，如图 6-23 所示说明了这种方法。光耦合器的传播延迟会严重限制隔离 SPI 的速度，因此本例使用一个四通道数字隔离器 ADuM1411。外部 USB 控制器，从其缓冲器发送数据，缓冲器通过 SPI 接口加载。虽然外部 SIE 以外设最快的数据速率传输数据，但总线的有效数据速率，受制于控制器使 SIE 缓冲器保持填满的能力。这种情况下，数字隔离器的传播延迟可能是一个瓶颈。由于使用外部 SIE，这种方法会占用较大的 PCB 板空间，

而且可能需要修改外设驱动。

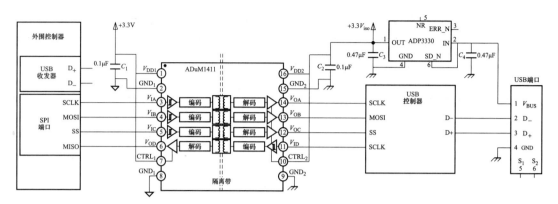

图 6-23　基于四通道数字隔离器 ADuM1411 的 USB 接口电路

6.4.3　全速/低速 USB 数字隔离器 ADuM3160

图 6-23 示意了基于四通道数字隔离器 ADuM1411，构建的 USB 接口电路。当然，还有一个更简单的方法，就是利用单芯片 USB 数字隔离器 ADuM3160，直接隔离 D+和 D–线路，如图 6-24 所示。其中，图（a）表示 ADuM31601 的管脚图；图（b）表示它与 ARM、USB 服务端之间的接口框图；图（c）表示利用 USB 数字隔离器 ADuM3160，构建的接口实施例。

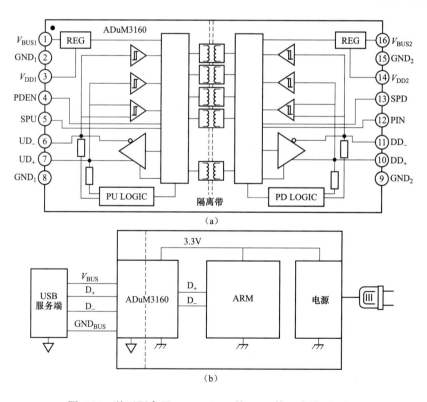

图 6-24　基于隔离器 ADuM3160 的 USB 接口电路（一）

（a）ADuM3160 的管脚图；（b）与 ARM 和 USB 服务端接口框图

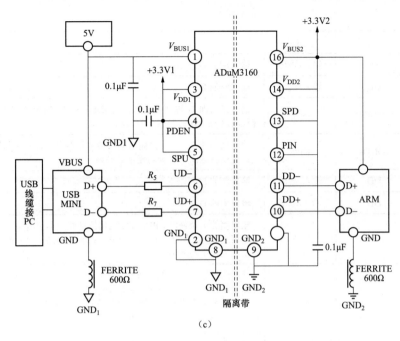

图 6-24　基于隔离器 ADuM3160 的 USB 接口电路（二）

（c）接口实施例

　　由于隔离器 ADuM3160 是一款采用 ADI 公司 iCoupler®技术的 USB 端口隔离器，它将高速 CMOS 工艺与单片空芯变压器技术相结合，可提供优异的工作性能，并且很容易与低速 1.5Mbps 和全速数据速率 12Mbps 的 USB 兼容外设集成，因此，本例专门对其进行介绍。

　　隔离器 ADuM3160 的管脚名称及其功能说明小结见表 6-18，其正逻辑的真值表见表 6-19。

表 6-18　　　　　　　　隔离器 ADuM3160 的管脚名称及其功能说明

管脚编号	管脚名称	方向	功 能 说 明
1	V_{BUS1}	电源	输入侧的输入电源。如果隔离器由 USB 总线电压 4.5～5.5V 供电，则将 V_{BUS1} 管脚连接到 USB 电源总线。如果隔离器从一个 3.3V 电源供电，则将 V_{BUS1} 连接到 V_{DD1} 和外部 3.3V 电源。需要一个旁路电容旁路至 GND_1
2	GND_1	回路	输入侧的地 1。隔离器输入侧的接地基准点。管脚 2 与管脚 8 内部互连；建议将这两个管脚均连至公共地
3	V_{DD1}	电源	输入侧的输入电源。如果隔离器由 USB 总线电压 4.5～5.5V 供电，则 V_{DD1} 管脚应通过一个旁路电容至 GND_1。可能需要上拉的信号线，如 PDEN 和 SPU 等，应与此管脚相连。如果隔离器从一个 3.3V 电源供电，则将 V_{BUS1} 连接到 V_{DD1} 和外部 3.3V 电源。需要一个旁路电容旁路至 GND_1
4	PDEN	输入	下拉使能。退出复位状态时读取此管脚。该管脚必须连接到 V_{DD1}，才能正常工作。在退出复位状态的同时，如果此管脚连接到 GND_1，则输出侧的下拉电阻断开，允许进行缓冲器阻抗测量
5	SPU	输入	速度选择输入侧的缓冲器。高电平有效逻辑输入。当 SPU 为高电平时，选择全速压摆率、时序和逻辑规则；当 SPD 为低电平时，选择低速压摆率、时序和逻辑规则。此输入必须通过连接到 V_{DD1} 而设为高电平，或者通过连接到 GND_1 而设为低电平，并且必须与管脚 13 保持一致（两个管脚同时为高电平或低电平）

续表

管脚编号	管脚名称	方向	功　能　说　明
6	UD₋	输入/输出	输入侧的 D₋
7	UD₊	输入/输出	输入侧的 D₊
8	GND₁	回路	输入侧的地 1。隔离器输入侧的接地基准点。管脚 2 与管脚 8 内部互连；建议将这两个管脚均连至公共地
9	GND₂	回路	输出侧的地 2。隔离器输出侧的接地基准点。管脚 9 与管脚 15 内部互连；建议将这两个管脚均连至公共地
10	DD₊	输入/输出	输出侧的 D₊
11	DD₋	输入/输出	输出侧的 D₋
12	管脚	输入	输出侧的上拉使能。PIN 控制输出侧的端口上拉电阻的电源连接。它可以连接到 V_{DD2}，用于上电时的操作，或者连接到一个外部控制信号，用于需要延迟枚举的应用
13	SPD	输入	速度选择输出侧的缓冲器。高电平有效逻辑输入。当 SPU 为高电平时，选择全速电压摆率、时序和逻辑规则；当 SPD 为低电平时，选择低速电压摆率、时序和逻辑规则。此输入必须通过连接到 V_{DD2} 而设为高电平，或者通过连接到 GND₂ 而设为低电平，并且必须与管脚 5 保持一致（两个管脚同时为高电平或低电平）
14	V_{DD2}	电源	输出侧的输入电源。如果隔离器由 USB 总线电压 4.5~5.5V 供电，则 V_{DD2} 管脚应通过一个旁路电容到 GND₂。可能需要上拉的信号线，如 SPD 等，可以与此管脚相连。如果隔离器从一个 3.3V 电源供电，则将 V_{BUS2} 连接到 V_{DD2} 和外部 3.3V 电源。需要一个旁路电容旁路至 GND₂
15	GND₂	回路	输出侧的地 2。隔离器输出侧的接地基准点。管脚 9 与管脚 15 内部互连；建议将这两个管脚均连至公共地
16	V_{BUS2}	电源	输出侧的输入电源。如果隔离器由 USB 总线电压 4.5~5.5V 供电，则将 V_{BUS2} 管脚连接到 USB 电源总线。如果隔离器从一个 3.3V 电源供电，则将 V_{BUS2} 连接到 DD2 和外部 3.3V 电源。需要一个旁路电容旁路至 GND₂

表 6-19　　　　　　　　　隔离器 ADuM3160 的真值表（正逻辑）

V_{SPU} 输入	V_{UD+}、V_{UD-} 状态	V_{BUS1}、V_{DD1} 状态	V_{BUS2}、V_{DD2} 状态	V_{DD+}、V_{DD-} 状态	V_{PIN} 输入	V_{SPD} 输入	描　述
高	有源	上电	上电	有源	高	高	输入和输出逻辑设置为全速逻辑规则和时序
低	有源	上电	上电	有源	高	低	输入和输出逻辑设置为低速逻辑规则和时序
低	有源	上电	上电	有源	高	高	不允许。V_{SPU} 和 V_{SPD} 必须设为相同的值。USB 主机检测到通信错误
高	有源	上电	上电	有源	高	低	不允许。V_{SPU} 和 V_{SPD} 必须设为相同的值。USB 主机检测到通信错误
X	Z	上电	上电	Z	低	X	输入侧对 USB 线缆呈现为断开状态
X	X	未上电	上电	Z	X	X	当 V_{DD1} 上没有电源时，输出侧数据输出驱动器在 32 位时间内回到高阻态。输出侧在高阻态初始化
X	Z	上电	未上电	X	X	X	当 V_{DD2} 上没有电源时，输入侧在 32bit 时间内断开上拉电阻并禁用输入侧驱动器
备注	X 表示无关位；Z 表示高阻抗输出状态						

欲了解更多特性，请参考其参数手册。本例所使用的数字隔离器 ADuM3160，可以确保 ARM 和外设（PC）的驱动均无须修改，其内部逻辑通过 USB 协议确定 D_+ 和 D_- 的方向，并且相应地激活或者停用驱动。现将隔离器 ADuM3160 的设计要点小结如下。

（1）ADuM3160 数字隔离器的逻辑接口不需要外部接口电路。全速工作时，器件每一侧的 D+ 和 D− 线路需要一个 $24\Omega\pm1\%$ 串联端接电阻，低速应用时，不需要这些电阻。

（2）输入和输出供电管脚需要电源旁路。芯片输入和输出两侧的 V_{BUSx} 与 V_{DDx} 之间应安装旁路电容；容值至少应为 $0.1\mu F$，电容应为低 ESR 型。电容两端到电源管脚的走线总长不应超过 10mm。还应考虑输入侧的管脚 2 与管脚 8、输出侧的管脚 9 与管脚 15 之间的旁路，除非各封装侧的两个接地端，靠近封装连接（比如采用多层板时）。所有逻辑电平信号均为 3.3V，并应以本地 V_{DDx} 管脚或来自外部源的 3.3V 逻辑信号为参考。

（3）在多数 USB 收发器中，3.3V 电压是通过 LDO 稳压器从 5V 的 USB 总线获得。ADuM3160 的输入侧和输出侧均内置 LDO 稳压器。LDO 的输出在 V_{DD1} 和 V_{DD2} 管脚上提供。某些情况下，特别是隔离的外设侧，可能没有 5V 电源可用。ADuM3160 能够旁路稳压器，直接采用 3.3V 电源工作。

（4）每侧有两个电源管脚：V_{BUSx} 和 V_{DDx}。如果 V_{BUSx} 接 5V 电源，则内部稳压器产生 3.3V 电压为 xD_+ 和 xD_- 驱动器供电。V_{DDx} 可以外接 3.3V 电源，以实现外部旁路并为外部上拉电阻提供偏置。如果只有 3.3V 电源可用，则可以利用它为 V_{BUSx} 和 V_{DDx} 供电。这将禁用稳压器，并直接从 3.3V 电源为耦合器供电。

（5）USB 主机通过电缆为 ADuM3160 的输入侧供电；外设电源为 ADuM3160 的输出侧供电。

（6）隔离器的 DD_+/DD_- 线路与外设控制器（如 ARM）接口；UD_+/UD_- 通过 USB 线路连接到电缆或主机（如 PC）。

（7）外设的数据速率是固定的，在设计时确定。ADuM3160 具有配置管脚 SPU 和 SPD，用户可通过设置这两个管脚，使耦合器输入侧和输出侧与该速度相匹配。

（8）当 USB 电缆外设端的 D_+ 或 D_- 线路被拉高时，开始 USB 枚举，该事件的时序由耦合器输出侧的 PIN 输入控制。

（9）上拉和下拉电阻位于耦合器内部。只需外部串联电阻和旁路电容便可工作，除了上拉电阻的延迟应用外，ADuM3160 对 USB 流量是透明的，无须修改外设，便可提供隔离。

6.4.4　信号和电源隔离 CAN 收发器 ADM3053

1. 概述

作为一款隔离控制器区域网络（CAN）物理层收发器，隔离收发器 ADM3053，将双通道隔离器、CAN 收发器和 ADI 公司的 isoPower® DC/DC 转换器集成于单个 SOIC 表贴封装中，符合 ISO 11898 标准。现将隔离收发器 ADM3053 的典型特点小结如下。

（1）2.5kV rms 信号和电源隔离 CAN 收发器，1min 2500V rms/min，符合 UL 1577。

（2）集成 isoPower 的隔离 DC/DC 转换器。

（3）V_{CC} 工作电压：5V；V_{IO} 工作电压：5V 或 3.3V。

（4）高速：数据速率最高可达 1Mbps。

（5）总线支持 110 个或更多节点。

（6）高共模瞬变抗扰度：$>25kV/\mu s$。

（7）工业温度范围：-40～+85℃，支持宽体 20 管脚 SOIC 封装（RW-20）。

欲了解更多特性，请参考其参数手册。如图 6-25 所示为隔离收发器 ADM3053 的原理框图，其信号和电源隔离 CAN 收发器，内置一个 isoPower 集成 DC/DC 转换器，无须为逻辑接口提供外部接口电路。

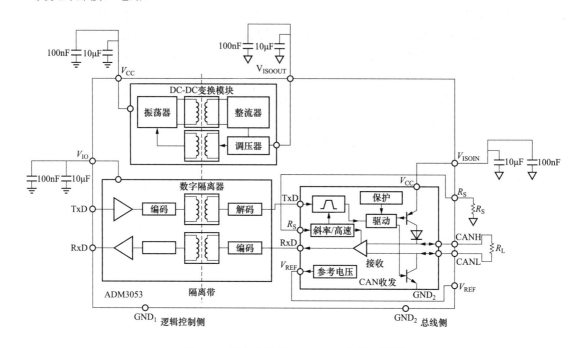

图 6-25　隔离收发器 ADM3053 的原理框图

隔离收发器 ADM3053 的输入和输出供电管脚需要电源旁路，如图 6-25 所示，它的电源部分采用一个频率为 180MHz 的振荡器，通过其芯片级变压器有效地传输电能。此外，在正常工作模式下 iCouple 的数据部分在电源管脚上引入开关瞬变。在多个工作频率下都需要旁路电容。噪声抑制需要一个低电感高频电容，而纹波抑制和适当的调整则需要一个大容值的电容。这些电容都连接在管脚 GND_1 和管脚 6（V_{IO}）之间，以提供电源 V_{IO}，建议在 GND_1 和管脚 6（V_{IO}）之间采用一个 100nF 电容和一个 10nF 电容。此外，建议在管脚 8（V_{CC}）和管脚 9（GND_1）之间连接两个电容，以提供电源 V_{CC}。电容 V_{ISOIN} 和 V_{ISOOUT} 连接在管脚 11（GND_2）和管脚 12（V_{ISOOUT}）之间，推荐电容值分别为 100nF 和 10μF。建议在管脚 19（V_{ISOIN}）和管脚 20（GND_2）之间连接一个 100nf 电容和一个 10nF 电容，推荐的最佳做法是采用一个极低电感陶瓷电容，或者类似的更小电容。电容两端到电源管脚的走线总长应该小于 10mm。

2. 应用技巧

CAN 总线有主动和被动两种状态。当 CANH 和 CANL 之间的差分电压大于 0.9V 时，总线呈主动状态；当 CANH 和 CANL 之间的差分电压小于 0.5V 时，总线呈被动状态。当总线处于主动状态时，CANH 管脚处于高电平状态，CANL 管脚处于低电平状态；当总线处于被动状态时，CANH 和 CANL 管脚均处于高阻抗状态。

芯片的管脚 18（R_S）支持两种工作模式。

（1）高速模式。在高速工作模式下，发送器输出晶体管以尽可能快的速度在开、关两种状态之间进行切换。在这一模式下，未对上升和下降斜率进行限定。建议采用一根屏蔽导线，以免出现 EMI 问题。通过将管脚 18 与地相连，可选择高速模式。

（2）斜率控制模式。在斜率控制模式下，允许采用一根非屏蔽双绞线或一对平行的线作为总线。为降低 EMI，应对上升斜率和下降斜率加以限制。上升斜率和下降斜率可通过管脚 18 与地之间连接一个电阻来编程。斜率与管脚 18 的输出电流值成比例变化。

发送的真值表见表 6-20，接收的真值表见表 6-21。芯片 ADM3053 的信号隔离是在接口的逻辑侧实现的。该器件通过数字隔离部分和收发器部分实现信号的隔离。施加到 TxD 管脚的数据以逻辑地（GND_1）为参考点，它通过在隔离栅上耦合出现在收发器部分，此时以隔离地（GND_2）为参考。同样的，单端接收器输出信号以收发器部分的隔离地为参考，它通过在隔离栅上耦合出现在 RXD 管脚，此时以逻辑地（GND_1）为参考。信号隔离侧通过 V_{IO} 管脚来供电，可接收 3.3V 或 5V 的逻辑信号。

表 6-20　　　　　　　　　　　芯片 ADM3053 发送的真值表

电源状态		输入		输出		
V_{IO}	V_{CC}	TxD	总线状态	CANH	CANL	
开	开	L	主动	H	L	
开	开	H	被动	Z［高阻（关）］	Z［高阻（关）］	
开	开	悬空	被动	Z［高阻（关）］	Z［高阻（关）］	
关	开	X（无关）	被动	Z［高阻（关）］	Z［高阻（关）］	
开	关	L	不确定	I（不确定）	I（不确定）	

表 6-21　　　　　　　　　　　芯片 ADM3053 接收的真值表

电源状态		输入		输出
V_{IO}	V_{CC}	V_{ID}=CANH−CANL	总线状态	RxD
开	开	≥0.9V	主动	L
开	开	≤0.5V	被动	H
开	开	0.5V<V_{ID}<0.9V	X（无关）	I（不确定）
开	开	输入开路	被动	H
关	开	X（无关）	X（无关）	I（不确定）
开	关	X（无关）	X（无关）	H

ADM3053 电源隔离功能由一个 isoPower 集成隔离 DC/DC 转换器实现。ADM3053 的 DC/DC 转换器部分的工作原理，对大多数现代电源来说都是通用的，即它采用副边控制器结构，集成隔离脉宽调制（PWM）反馈。V_{CC} 电源为振荡电路供电，该电路可将电流切换至一个芯片级空芯变压器。传输至副边的电源经过整流并调整到 5V。副（V_{ISO}）边控制器通过产生 PWM 控制信号调整输出，该控制信号通过专用 iCoupler 数据通道被送到原（V_{CC}）边。PWM 调制振荡电路来控制传送到副边的功率。通过反馈可以实现更高的功率和效率。

如图 6-26 所示为隔离收发器 ADM3053 的典型应用示例，即 CAN 控制器经由隔离收发器 ADM3053，与外设 CAN 接插件接口。本例示意图中给出了两套电源，即 5V 和 3.3V/5V。电源 5V，为隔离收发器 ADM3053 的内置 DC-DC 模块提供电源，进而生成隔离电源 V_{ISOOUT}，它与芯片的电源管脚 V_{ISOIN} 相连，电源 3.3V/5V，为芯片的 V_{IO} 和 CAN 控制器供电。

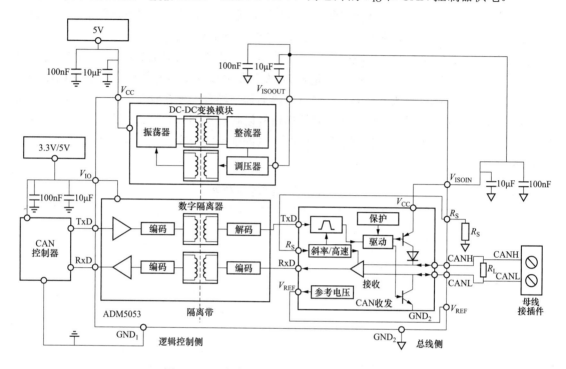

图 6-26　隔离收发器 ADM3053 的典型应用示例

6.4.5　隔离单通道 RS-232 收发器 ADM3251E

1. 概述

收发器 ADM3251E 是一款高速、2.5kV 完全隔离、单通道 RS-232/V.28 收发器，采用 5V 单电源供电。由于 R_{IN} 和 T_{OUT} 管脚提供高压 ESD 保护，因此该器件非常适合在恶劣的电气环境中工作，或频繁插拔 RS-232 电缆的场合。无须使用单独的隔离 DC-DC 转换器，ADI 公司的芯片级变压器 iCoupler® 技术，能够同时用于隔离逻辑信号和集成式 DC-DC 转换器，因此该器件可提供整体隔离解决方案。现将其典型特点小结如下。

（1）2.5kV 完全隔离（电源和数据）RS-232 收发器。

（2）集成 isoPower 的隔离 DC/DC 转换器。

（3）460kbps 数据速率。

（4）1 个发射器和 1 个接收器。

（5）满足 EIA-232E 标准。

（6）R_{IN} 和 T_{OUT} 管脚提供高压 ESD 保护：

1）接触放电：±8kV。

2）气隙放电：±15kV。

（7）高共模瞬态抑制：>25kV/μs。

（8）2500V rms/min，符合 UL 1577。

（9）工作温度范围：–40～+85℃，20 管脚宽体 SOIC 封装（RW-20）。

欲了解更多特性，请参考其参数手册。如图 6-27 所示为收发器 ADM3251E 的原理框图，管脚名称及其功能说明见表 6-22。

表 6-22　　　　　　　　　　　收发器 ADM3251E 的管脚名称及其功能说明

管脚编号	管脚名称	功 能 描 述
1	NC	不连接。此管脚应总保持无连接
2，3	V_{CC}	电源输入管脚。V_{CC} 与地之间需要 0.1μF 去耦电容。当 V_{CC} 管脚有 4.5～5.5V 之间的电压时，集成的 DC-DC 转换器即被使能。如果这个电压降低到 3.0～3.7V 之间，集成的 DC-DC 转换器即被禁用
4，5，6，7，10	GND	地
8	R_{OUT}	接收器输出。此管脚输出 CMOS 逻辑电平
9	T_{IN}	发射器（驱动器）输入。此管脚接受 TTL/CMOS 电平
11	GND_{ISO}	隔离器原边的参考地
12	V_-	内部产生的负电源
13，14	C_{2-}，C_{2+}	电荷泵电容的正和负连接。这两个管脚连接外部电容 C_2：推荐使用 0.1μF 电容，但可以使用最大 10μF 的更大的电容
15	R_{IN}	接收器输入。这个输入接受 RS-232 信号电平
16	T_{OUT}	发射器（驱动器）输出。此管脚输出 RS-232 信号电平
17，18	C_{1-}，C_{2+}	电荷泵电容的正和负连接。这两个管脚连接外部电容 C_1：推荐使用 0.1μF 电容，但可以使用最大 10μF 的更大的电容
19	V_+	内部产生的正电源
20	V_{ISO}	隔离器副边经隔离的电源电压。V_{ISO} 与地之间需要 0.1μF 去耦电容。当集成的 DC-DC 转换器使能时，V_{ISO} 管脚不能用于为外部电路供电。如果集成的 DC-DC 转换器禁用时，通过给此管脚提供 3.0～5.5V 的电压来为副边提供电源

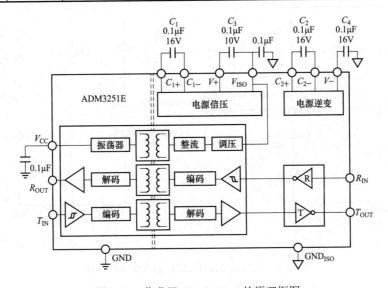

图 6-27　收发器 ADM3251E 的原理框图

作为高速、2.5kV 完全隔离、单通道 RS-232 收发器，其采用单电源供电，内部电路包含以下几个主要电路。

（1）电源与数据的隔离。

（2）电荷泵电压转换器。

（3）5.0V 逻辑到 EIA/TIA-232E 的发射器。

（4）EIA/TIA-232E 到 5.0V 逻辑的接收器。

收发器 ADM3251E 内置的 DC-DC 转换器的工作原理，与大多数现今供电电源设计相同。V_{CC} 为振荡电路提供电源，该电路将开关电流输入一个芯片级空心变压器。能量被传输到副边，在这里经整流后成为高压直流。电源被线性地调整到 5.0V 左右，并提供给副边数据模块和 V_{ISO} 管脚。V_{ISO} 管脚不能被用于为外部电路供电。由于振荡器运行在与负载无关的固定的高频率上，多余的能量被消耗在输出电压调整过程中。变压器线圈和其他器件的有限空间也会增加内部的电源消耗。这会导致较低的电源转换效率。

2. 应用技巧

收发器 ADM3251E 可以在 DC-DC 转换器使能或禁用时工作。收发器 ADM3251E 内部的 DC-DC 转换器的状态，是由输入的 V_{CC} 电压控制的。在正常工作模式下，V_{CC} 被设置为 4.5～5.5V 之间，此时内部 DC-DC 转换器是使能的。要禁用收发器 ADM3251E 内部的 DC-DC 转换器，需要更低的 3.0～3.7V 的 V_{CC} 电压。如图 6-28（a）所示为收发器 ADM3251E 的 DC-DC 转换器使能时的典型工作电路（V_{CC}=4.5～5.5V，本例采用隔离电源供电）；如图 6-28（b）所示为收发器 ADM3251E 的 DC-DC 转换器禁用时的典型工作电路（V_{CC}= 3.0～3.7V），需要外供电源。在这个模式下，用户必须为 V_{ISO} 管脚提供外部隔离的电源。V_{ISO} 管脚需要 3.0～5.5V 的隔离副边电压和 12mA（最大值）的副边输入电流 I_{ISO}。ADM3251E 的信号通道此时可继续正常工作。本例采用 3.0～5.5V 的隔离电源，为芯片管脚 V_{ISO} 供电。

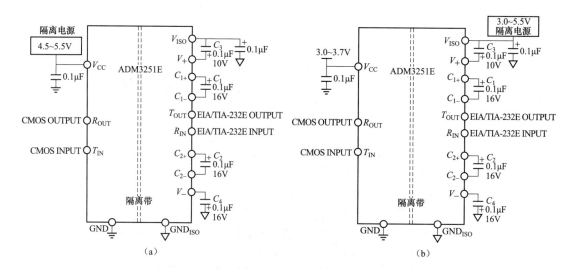

图 6-28　收发器 ADM3251E 的典型工作电路

（a）DC-DC 转换器使能时；（b）DC-DC 转换器禁用时

收发器 ADM3251E 的 T_{IN} 管脚，接受 TTL/CMOS 输入电平。T_{IN} 管脚的驱动器输入信号以逻辑地（GND）为参考，它被耦合到隔离栅上，经反相，然后出现在收发器部分，以隔离地（GND_{ISO}）为参考。同样地，接收器输入（R_{IN}）接受 RS-232 信号电平，以隔离地（GND_{ISO}）为参考。R_{IN} 输入在隔离栅经耦合和反相后出现在 R_{OUT} 管脚，以逻辑地（GND）为参考。需要提醒的是，对于管脚 R_{IN} 而言，在芯片内部已经集成了 $5k\Omega$ 的上拉电阻。经过隔离栅的数字信号传输，使用的是 iCoupler 技术。芯片级变压器绕组，将数字信号从隔离栅的一侧磁耦合至另外一侧，将数字输入，编码为波形后，能够激励变压器初级绕组。在次级绕组，感应的波形被解码为最初发送的二进制值。在 V_{CC} 输入电压检测电路中有迟滞。一旦 DC-DC 转换器启动，输入电压必须降低到开启阈值以下来禁用转换器。这一功能确保转换器不会因为高噪声输入电源进入振荡状态。

如图 6-29 所示为收发器 ADM3251E 的典型供电电路图，其中图（a）表示采用变压器进行隔离方式，给低压差稳压器 ADP3330 供电，其输出为 3.3V，再为收发器 ADM3251E 的 V_{CC} 管脚供电，由于收发器 ADM3251E 的 V_{CC} 管脚电压为 3.3V，表明内部的 DC-DC 模块禁用。再用同样的方式，为收发器 ADM3251E 的 V_{ISO} 管脚供电，由于稳压器 ADP3330 的最大负载电流为 200mA、ADP3330 在室温条件下可达到 $\pm 0.7\%$ 的优秀精度，温度、线路和负载变化的精度为 $\pm 1.4\%$，因此，能够满足收发器 ADM3251E 的 V_{ISO} 的电源要求。

要使 ADM3251E 在内部 DC-DC 转换器禁用时工作，只要给 V_{CC} 管脚提供 $3.0 \sim 3.7V$ 之间的电压，给 V_{ISO} 管脚提供以 GND_{ISO} 为参考的 $3.0 \sim 5.5V$ 之间的隔离电源。具有中心抽头变压器和 LDO 的变压器驱动电路可以用于产生隔离电源，如图 6-29（a）所示。中心抽头变压器提供 5V 电源的电气隔离。变压器的初级绕组采用一对相位相差 180°的方波作为激励。一对肖特基二极管和一个滤波电容则用来从次级绕组中产生整流信号。ADP3330 线性稳压器为 ADM3251E 的总线侧电路（V_{ISO}）提供稳压电源。

本例所选择的 ADP3330 属于 ADP330x 系列精密低压差稳压器，其输入电压范围为+2.9V 至+12V。在 200mA 时，其压差仅为 140mV（典型值）。该器件还具有安全限流、热过载保护和关断特性。在关断模式下，地电流降至 $2\mu A$ 以下。在小负载情况下，ADP3330 具有 $34\mu A$（典型值）超低静态电流。

如图 6-29（b）所示为不采用变压器隔离方式，而是直接采用 DC-DC 电源模块，选择 24V 输入，3.3V 输出的模块，可以简化电路设计，况且 24V/3.3V 的 DC-DC 电源模块非常易于采购获取。如图 6-29 所示电路中的稳压器 ADP3330，在其输出端通过电容 C_{NR} 和电阻 R_{NR}，构建低通滤波器。运行实践表明，电容 C_{NR} 的取值范围为 $10 \sim 500pF$ 之间，一旦 C_{NR} 的取值超过 500pF，电阻 R_{NR} 的取值为 $100k\Omega$。

6.4.6 双通道 I^2C 隔离器 ADM3260

1. 概述

ADM3260 基于 iCoupler® 和 isoPower® 芯片级变压器技术，是一款支持热插拔的数字和电源隔离器，集成两路无闩锁、双向通信通道，提供完整的隔离 I^2C 接口和集成式隔离 DC-DC 转换器，支持最高 150mW 隔离电源转换。现将双通道 I^2C 隔离器 ADM3260 的典型特点小结如下。

（1）isoPower 的隔离 DC/DC 转换器：

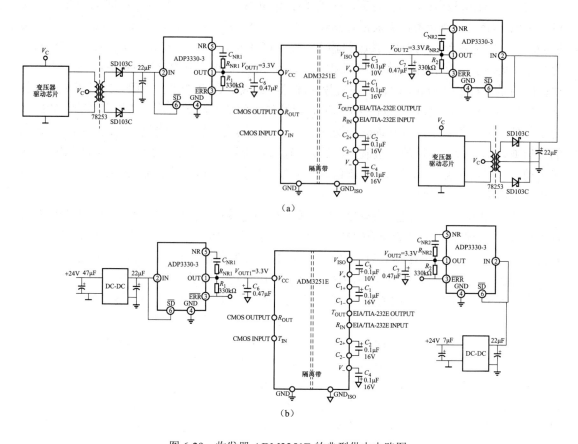

图 6-29　收发器 ADM3251E 的典型供电电路图

（a）采用变压器进行隔离；（b）采用隔离的 DC-DC 模块充当外供电源

1）3.15V 或 5.25V 调节输出；

2）输出功率：最高 150mW；

3）高共模瞬变抗扰度：＞25kV/μs。

（2）iCoupler 的 I^2C 数字隔离器：

1）双向 I^2C 通信；

2）3.0～5.5V 电源/逻辑电平；

3）开漏接口；

4）适合热插拔应用；

5）30mA 吸电流能力；

6）1000kHz 工作频率；

7）隔离电压：2500V rms 持续 1min。

（3）20 管脚 SSOP 封装，爬电距离为 5.3mm。

（4）提供 20 管脚 SSOP 封装（RS-20），并具有–40～+105℃的工作温度范围。

欲了解更多特性，请参考其参数手册。如图 6-30 所示为 I^2C 隔离器 ADM3260 的原理框图，该隔离器的管脚名称及其功能说明见表 6-23。

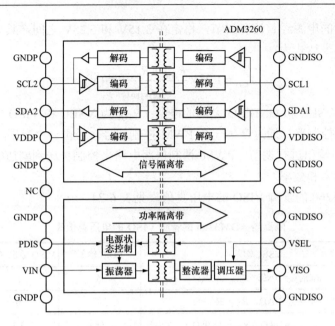

图 6-30 I^2C 隔离器 ADM3260 的原理框图

表 6-23 隔离器 ADM3260 的管脚名称及其功能说明

管脚编号	管脚名称	功 能 说 明
1，5，7，10	GNDP	原边的参考地。所有 GNDP 管脚连接到原边参考地
2	SCL2	原边时钟输入/输出
3	SDA2	原边数据输入/输出
4	VDDP	数字隔离器原边电源输入，3.0～5.5V
6，15	NC	不连接。请勿连接该管脚
8	PDIS	禁用电源。PDIS 接 VIN 时，电源进入低功耗待机模式； PDIS 接 GNDP 时，电源转换器被激活
9	VIN	isoPower 转换器原边电源输入，3.0～5.5V
11，14，16，20	GNDISO	隔离侧的参考地。所有 GNDISO 管脚连接到隔离参考地
12	VISO	数字隔离器隔离侧电源和外部负载的副边电源电压输出。输出电压可在 3.15～5.25V 范围内调整
13	VSEL	输出电压设置。在 VISO 和 GNDISO 之间提供一个热匹配电阻网络，以对所需输出电压进行分压，从而与 1.25V 基准电压匹配。VISO 电压可编程为超出 VIN 的 20%或低于 VIN 的 75%，但必须位于允许的输出电压范围内
17	VDDISO	数字隔离器隔离侧电源输入，3.0～5.5V
18	SDA1	隔离侧数据输入/输出
19	SCL1	隔离侧时钟输入/输出

2. 应用技巧

集成 DC-DC 转换器、支持热插拔的双通道 I^2C 隔离器 ADM3260，它的 DC-DC 转换器的工作原理，对大多数当今电源来说都是通用的。它采用分离的控制器结构，集成隔离脉宽调制（PWM）反馈。VIN 为振荡电路提供电源，该电路将开关电流输入到一个芯片级空芯变压器。输送至副边的电源经整流和调节，稳定在 3.15V 和 5.25V 之间，具体数值取决于接分压器参数取值，其表达式为：

$$V_{\text{ISO}} = 1.23 \times \frac{R_{\text{TOP}} + R_{\text{BOTTOM}}}{R_{\text{BOTTOM}}} (\text{V}) \tag{6-20}$$

式中：R_{BOTTOM} 为 VSEL 和 GNDISO 之间的电阻；R_{TOP} 为 VSEL 和 VISO 之间的电阻。副边输出电压 VISO 的控制器，通过产生一个 PWM 控制信号，经由一个专用 iCoupler 数据通道送回原边 VIN，对输出进行调节。PWM 调制振荡电路来控制传送到副边的功率。通过反馈可以实现更高的功率和效率。

隔离器 ADM3260 的管脚 VISO 的电压真值表见表 6-24。

表 6-24　　　　　　　　　隔离器 ADM3260 的管脚 VISO 的电压真值表

VDDP（V）	VSEL 输入	PDIS 输入	VISO 输出（V）	备注
5	R_{BOTTOM}=10kΩ，R_{TOP}=30.9kΩ	低	5	
5	R_{BOTTOM}=10kΩ，R_{TOP}=30.9kΩ	高	0	
3.3	R_{BOTTOM}=10kΩ，R_{TOP}=16.9kΩ	低	3.3	
3.3	R_{BOTTOM}=10kΩ，R_{TOP}=16.9kΩ	高	0	
5	R_{BOTTOM}=10kΩ，R_{TOP}=16.9kΩ	低	3.3	
5	R_{BOTTOM}=10kΩ，R_{TOP}=16.9kΩ	高	0	
3.3	R_{BOTTOM}=10kΩ，R_{TOP}=30.9kΩ	低	5	不推荐使用
3.3	R_{BOTTOM}=10kΩ，R_{TOP}=30.9kΩ	高	0	

隔离 ADM3260 的 DC-DC 转换器的功率水平见表 6-25。

表 6-25　　　　　　　　　隔离 ADM3260 的 DC-DC 转换器的功率水平

输入电压（V）	输出电压（V）	输出功率（mW）
5.0	5.0	150
5.0	3.3	150
3.3	3.3	66

基于隔离器 ADM3260 的典型隔离 I²C 节点电路如图 6-31 所示。数字隔离器模块的 VDDISO 和 VDDP 电源均具有欠压闭锁功能，以确保信号通道仅在满足特定条件情况下才工作。这样可以避免上电/关断期间输入逻辑低电平信号意外拉低 I²C 总线。其中包括输入侧和输出侧总线所需的上拉电阻。VDDP 和 GNDP 之间以及 VDDISO 和 GNDISO 之间需要 0.01~0.1μF 的旁路电容。隔离器 ADM3260 的集成式 DC-DC 转换器的电源，需要使用低 ESR 电容进行旁路，电容应尽可能接近芯片焊盘，该芯片电源输入、输出端，需要若干无源元件以便有效旁路电源，以及设置输出电压和旁路内核稳压器。

隔离器 ADM3260 的 VIN 的旁路电容，连接在管脚 VIN 和管脚 GNDP 之间最方便，VISO 的旁路电容连接在管脚 VISO 和管脚 GNDISO 之间最方便。为了抑制噪声并降低纹波，至少需要并联两个电容。针对 VIN，推荐的电容值为 0.1μF 和 10μF。较小的电容必须具有低 ESR，例如，使用 NP0 或 X5R 陶瓷电容。若需要进一步控制 EMI/EMC，可再并联一个 10nF 电容。低 ESR 电容两端到输入电源的走线总长不得超过 2mm。

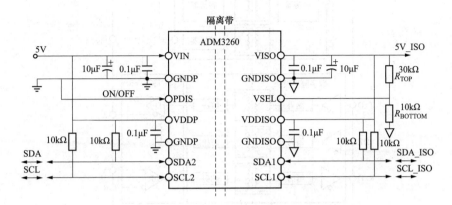

图 6-31　基于隔离器 ADM3260 的典型隔离 I²C 节点电路

6.4.7　信号和电源隔离 RS-485 收发器 ADM2682E/ADM2687E

1. 概述

收发器 ADM2682E/ADM2687E，作为信号和电源隔离 RS-485 收发器，集成了一个 5kV rms 隔离 DC/DC 电源，省去了外部 DC/DC 隔离模块，且提供±15kV ESD 保护功能。其中，收发器 ADM2682E 的数据速率为 16Mbps，收发器 ADM2687E 的数据速率为 500kbps。收发器 ADM2682E/ADM2687E，将一个 3 通道隔离器、一个三态差分线路驱动器、一个差分输入接收器和 ADI 公司的 isoPower®DC/DC 转换器，集成于单封装中。它们采用 5V 或者 3.3V 单电源供电，实现完全集成的信号和电源隔离 RS-485 解决方案。另外，ADM2682E/ADM2687E 驱动器具有高电平有效使能特性，具有低电平有效接收器使能特性，禁用时可使接收器输出进入高阻态，具有限流和热关断特性，可防止发生输出短路以及总线竞争导致功耗过大的情况。现将它们的典型特点如下。

（1）5kV rms 隔离 RS-485/RS-422 收发器，可配置为半双工或全双工。

（2）isoPower®集成式隔离 DC/DC 转换器。

（3）RS-485 输入/输出管脚。

（4）提供±15kV ESD 保护。

（5）符合 ANSI/TIA/EIA RS-485-A-98 和 ISO 8482：1987（E）标准。

（6）数据速率：16Mbps（ADM2682E），500kbps（ADM2687E）。

（7）5V 或 3.3V 电源供电。

（8）总线最多支持与 256 个节点连接。

（9）开路和短路故障保护接收器输入。

（10）高共模瞬变抗扰度：＞25kV/μs。

（11）工作温度范围：−40～+85℃。

（12）16 管脚宽体 SOIC 封装（RI-16-1），超过 8mm 的爬电距离和电气间隙。

欲了解更多特性，请参考其参数手册。如图 6-32 所示为收发器 ADM2682E/ADM2687E 的原理框图。收发器 ADM2682E/ADM2687E 的管脚名称与功能说明见表 6-26。

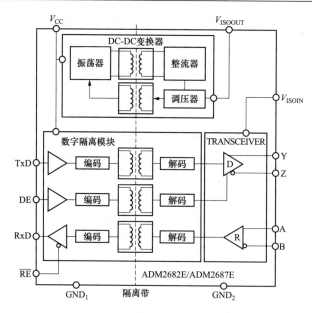

图 6-32 收发器 ADM2682E/ADM2687E 的原理框图

表 6-26		收发器 ADM2682E/ADM2687E 的管脚名称与功能说明
管脚编号	管脚名称	功 能 描 述
1	GND$_1$	逻辑侧的电源地
2	V_{CC}	逻辑侧的电源。建议在管脚 2 和管脚 1 之间连接一个 0.1μF 和一个 0.01μF 去耦电容
3	RxD	接收器输出数据。当（A–B）≥–30mV 时输出为高电平，当（A–B）≤–200mV 时输出则为低电平。当接收器被禁用时，也就是/RE 拉高时，输出为三态
4	$\overline{RE}$	接收器使能输入。低电平有效输入。输入为低电平时使能接收器，输入为高电平时则禁用接收器
5	DE	驱动器使能输入。输入为高电平时使能驱动器，输入为低电平时则禁用驱动器
6	TxD	驱动器输入。由驱动器传输的数据从此管脚输入
7	V_{CC}	逻辑侧的电源。建议在管脚 7 和管脚 8 之间连接一个 0.1μF 和一个 10μF 去耦电容
8	GND$_1$	逻辑侧的电源地
9	GND$_2$	总线侧的电源地
10	V_{ISOOUT}	总线侧的隔离电源输出。该管脚必须从外部连接至 V_{ISOIN}。建议在管脚 10 和管脚 9 之间连接一个 10μF 储能电容和一个 0.1μF 去耦电容
11	Y	驱动器同相输出
12	Z	驱动器反相输出
13	B	接收器反相输入
14	A	接收器同相输入
15	V_{ISOIN}	总线侧的隔离电源输入。该管脚必须从外部连接至 V_{ISOOUT}。建议在管脚 15 和管脚 16 之间连接一个 0.1μF 和一个 0.01μF 去耦电容
16	GND$_2$	总线侧的电源地

2. 应用技巧

收发器 ADM2682E/ADM2687E 的发送逻辑真值表见表 6-27。收发器 ADM2682E/ADM2687E 的接收逻辑真值表见表 6-28。

表 6-27　　　　　　　　收发器 ADM2682E/ADM2687E 的发送逻辑真值表

输入		输出	
DE	TxD	Y	Z
H	H	H	L
H	L	L	H
L	X（无关）	Z［高阻抗（关）］	Z［高阻抗（关）］
X（无关）	X（无关）	Z［高阻抗（关）］	Z［高阻抗（关）］

表 6-28　　　　　　　　收发器 ADM2682E/ADM2687E 的接收逻辑真值表

输入		输出
A–B	$\overline{RE}$	RxD
≥−0.03V	L 或 NC（不连接）	H
≤−0.2V	L 或 NC（不连接）	L
−0.2V＜A–B＜−0.03V	L 或 NC（不连接）	I（不确定）
输入开路	L 或 NC（不连接）	H
X	H	Z［高阻抗（关）］

收发器 ADM2682E/ADM2687E 的 5kV rms 电源隔离是通过集成 isoPower 的隔离式 DC/DC 转换器实现的。ADM2682E/ADM2687E 的 DC/DC 转换器部分的工作原理与当今大多数电源相同，即采用副边控制器结构，集成隔离脉宽调制（PWM）反馈。V_{CC} 电源为振荡电路供电，该电路可将电流切换至一个芯片级空芯变压器，传输至副边的电源经过整流并调整到 3.3V；副边控制器 V_{ISO}，通过产生 PWM 控制信号调整输出，该控制信号通过专用 iCoupler（5kV rms 信号隔离）数据通道，被送到原边 V_{CC}；PWM 调制振荡电路来控制传送到副边的功率，通过反馈可以实现更高的功率和效率。

对于收发器 ADM2682E/ADM2687E 而言，在多个工作频率下都需要旁路电容。噪声抑制需要一个低电感高频电容，而纹波抑制和适当的调整则需要一个大容值的电容，这些电容接在管脚 1（逻辑侧的电源地 GND_1）和管脚 2（逻辑侧的电源 V_{CC}）之间，以及管脚 7（逻辑侧的电源 V_{CC}）和管脚 8（逻辑侧的电源地 GND_1）之间。总线侧的隔离电源输入 V_{ISOIN} 和总线侧的隔离电源输出 V_{ISOOUT} 的电容，分别接在管脚 9（总线侧的电源地 GND_2）和管脚 10（V_{ISOOUT}）之间，以及管脚 15（V_{ISOIN}）和管脚 16（总线侧的电源地 GND_2）之间。

为了抑制噪声并降低纹波，至少需要并联两个电容，其中较小的电容靠近器件。如图 6-33 所示，管脚 1（GND_1）和管脚 2（V_{CC}）之间的电容，建议取值为 0.1μF 和 0.01μF；管脚 7（V_{CC}）和管脚 8（GND_1）之间的电容，建议取值为 10μF 和 0.1μF；管脚 9（GND_2）和管脚 10（V_{ISOOUT}）之间的电容，建议取值为 10μF 和 0.1μF；管脚 15（V_{ISOIN}）和管脚 16（GND_2）之间的电容，建议取值为 0.1μF 和 0.01μF。小电容建议采用极低电感的陶瓷电容或等效电容。电容到输入电源管脚的走线长度越短越好，最好总长度不超过 10mm 为宜。

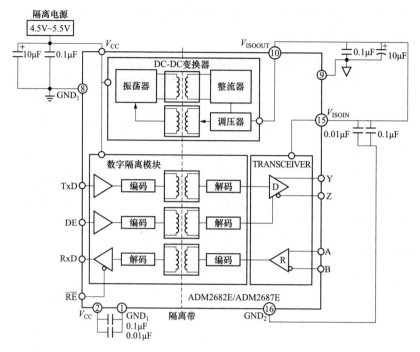

图 6-33   收发器 ADM2682E/ADM2687E 的去耦电容接线示意图

收发器 ADM2682E/ADM2687E 的 5kV rms 信号隔离，是在接口的逻辑侧实现的。该器件通过数字隔离部分和收发器部分，实现信号的隔离，如图 6-33 所示。施加到 TxD 和 DE 管脚的数据，以逻辑侧的电源地 GND$_1$ 为参考，它通过在隔离栅上的耦合出现在收发器部分，此时以总线侧的电源地 GND$_2$ 为参考。同样的，单端接收器输出信号，以收发器部分的总线侧的电源地 GND$_2$ 为参考，它通过在隔离栅上的耦合出现在 RxD 管脚，此时以逻辑侧的电源地 GND$_1$ 为参考。

接收器 ADM2682E/ADM2687E 的输入端，具有开路和短路故障保护特性。当输入端为开路或者短路时，确保接收器输出为高电平。在线路空闲状态下，总线上没有驱动器被使能时，在接收器端接电阻上的电压衰减到 0V。对于传统的收发器来说，接收器的输入阈值在−200mV 到+200mV 之间，这意味着在 A 和 B 管脚处需要外部偏置电阻以确保接收器的输出处于已知状态。短路故障保护接收器输入特性，可将接收器输入阈值指定在−30～−200mV 之间，因此无须偏置电阻。被保证的负阈值，意味着当 A 和 B 之间的电压衰减到 0V 时，接收器的输出确保为高电平。

6.4.8   SPI 专用隔离器 ADuM3150

1. 概述

SPI 是串行外设接口（Serial Peripheral Interface），其通信特点是四条线完成两个部件之间的高速通信，即主输出被动输入 MOSI、主输入被动输出 MISO、时钟 CLK 和片选/CS。本书以 SPI 高速接口的专用数字隔离器 ADuM3150 为例进行讲解。

芯片 ADuM3150 是一款 3.75kV rms、6 通道 SPIsolator™数字隔离器，针对 SPI 通信进行数字隔离器处理。它是基于 ADI 公司的 iCoupler®芯片级变压器技术，在 CLK、MI/SO 和

MO/SI（斜杠表示特定输入和输出连接，在隔离器两端形成对应 SPI 总线信号的数据路径）、/SSS（输入从机的从机选择）和/MSS（来自主机的从机选择）的 SPI 总线信号中，具有低传播延迟特性，可支持最高 17MHz 的 SPI 时钟速率。隔离器 ADuM3150 还额外提供两个独立的低数据速率隔离通道，每个方向一个通道。器件以 250kbps 数据速率对慢速通道中的数据进行采样和串行化，并伴有 2.5μs 抖动。它还支持器件主机侧的延迟输出时钟。该输出可与主机上的额外时钟端口搭配，以支持最高 40MHz 的时钟性能。现将其典型特点小结如下。

（1）延迟时钟模式下支持最高 40MHz 的 SPI 时钟速度。

（2）4 线模式下支持最高 17MHz 的 SPI 时钟速度。

（3）4 个高速、低传播延迟、SPI 信号隔离通道。

（4）2 个 250kbps 数字通道。

（5）延迟补偿时钟线。

（6）提供 20 管脚 SSOP 封装（RS-20），爬电距离为 5.1mm。

（7）工作温度最高可达：125℃。

（8）额定电介质隔离电压：3750V rms，持续 1min。

（9）高共模瞬变抗扰度：>25kV/μs。

类似产品如 ADuM3151、ADuM3152 和 ADuM3153，多通道 SPI 隔离器，隔离电压也为 3.75kV rms。欲了解更多特性，请参考其数据手册。如图 6-34 所示为数字隔离器 ADuM3150 的原理框图。

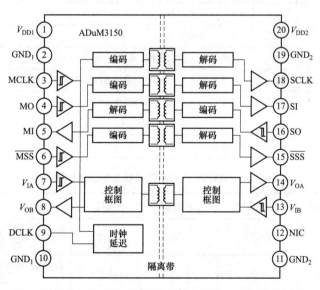

图 6-34　数字隔离器 ADuM3150 的原理框图

隔离器 ADuM3150 集成四个高速通道，对于 CLK、MI/SO 和 MO/SI 前三个通道，B 级的低传播延迟或 A 级的高噪声抗扰度，分别进行了优化。两个等级之间的不同之处在于 A 级器件在这三个通道中增加了一个毛刺滤波器，用于提升传播延迟性能。B 级器件的最大传播延迟为 14ns，在标准四线式 SPI 中支持 17MHz 的最大时钟速率。然而，由于 B 级中不存在毛刺滤波器，因此应当保证系统中没有短于 10ns 的杂散毛刺。在 B 级器件中，短于 10ns 的毛刺会导致毛刺的第二边沿被忽略。这种脉冲条件在输出端表现为杂散数据传输，刷新后或下一个有效数据边沿时即会校正。在噪声环境中，建议使用 A 级器件。

隔离器 ADuM3150 的管脚名称及其功能说明见表 6-29。该器件关断默认状态的正逻辑真值表见表 6-30。隔离器 ADuM3150 与 SPI 信号路径名称对应的管脚名称见表 6-31。

表 6-29   隔离器 ADuM3150 的管脚名称及其功能说明

管脚编号	管脚名称	方向	功 能 说 明
1	V_{DD1}	电源	主机侧的输入电源。需要一个从 V_{DD1} 到 GND$_1$ 再到局部接地的旁路电容
2，10	GND$_1$	回波	主机侧的地 1。隔离器主机侧的接地基准点
3	MCLK	时钟	来自主机控制器的 SPI 时钟
4	MO	输入	来自主机 MO/SI 线路的 SPI 数据
5	MI	输出	从从机到主机 MI/SO 线路的 SPI 数据
6	MSS	输入	来自主机的从机选择。此信号使用低电平有效逻辑。从下一个时钟或数据边沿开始，从机选择管脚可能需要长达 10ns 的建立时间，具体取决于速度等级
7	V_{IA}	输入	低速数据输入 A
8	V_{OB}	输出	低速数据输出 B
9	DCLK	输出	延迟时钟输出。此管脚提供 MCLK 的延迟副本
11，19	GND$_2$	回波	从机侧的地 2。隔离器从机侧的接地基准点
12	NIC	无	无内部连接。此管脚内部不连接，且在 ADuM3150 中无功能
13	V_{IB}	输入	低速数据输入 B
14	V_{OA}	输出	低速数据输出 A
15	SSS	输出	输入从机的从机选择。此信号使用低电平有效逻辑
16	SO	输入	从从机到主机 MI/SO 线路的 SPI 数据
17	SI	输出	从主机到从机 MO/SI 线路的 SPI 数据
18	SCLK	输出	来自主机控制器的 SPI 时钟
20	V_{DD2}	电源	从机侧的输入电源。需要一个从 V_{DD2} 到 GND$_2$ 再到局部接地的旁路电容

表 6-30   隔离器 ADuM3150 的关断默认状态的正逻辑真值表

V_{DD1} 状态	V_{DD2} 状态	主机侧输出	从机侧输出	$\overline{SSS}$	备注
未上电	上电	（高阻）	（高阻）	（高阻）	未上电一侧的输出为高阻态且在地的一个二极管压降范围内
上电	未上电	（高阻）	（高阻）	（高阻）	未上电一侧的输出为高阻态且在地的一个二极管压降范围内

表 6-31   隔离器 ADuM3150 中 SPI 信号路径名称对应的管脚名称

SPI 信号路径	主机侧 1	数据方向	从机侧 2
CLK	MCLK	→	SCLK
MO/SI	MO	→	SI
MI/SO	MI	←	SO
SS	MSS	→	SSS

表 6-31 总结了隔离器 ADuM3150 中 SPI 信号路径和管脚名称之间的关系，以及数据传输方向。数据路径与 SPI 模式无关。CLK 和 MO/SI SPI 数据路径针对传播延迟和通道间匹配进行了优化。MI/SO SPI 数据路径针对传播延迟进行了优化。该器件不与时钟通道同步，因此相对于数据线的时钟极性或时序都不会受到限制。/SS（从机选择信号）通常是低电平有效信号。它在 SPI 和 SPI 类总线中具有很多不同的功能。这些功能中的很多都是边沿触发；因此，无论在 A 级还是 B 级中，/SS 路径都集成毛刺滤波器。毛刺滤波器可防止短脉冲传播至输出端，或者防止产生其他误差。在 B 级中，/MSS 信号要求在第一个有效时钟边沿之前具有 10ns 建立时间，以弥补毛刺滤波器增加的传播时间。

2. 应用技巧

隔离器 ADuM3150 中，其低速数据通道作为经济型隔离数据路径，用于时序不太重要的场合。器件给定一侧的全部高速和低速输入的直流值均同时采样、打包后通过隔离线圈传输到另一侧。器件会比较高速通道以保证直流精度，而低速数据传输至适当的低速输出端。然后以相反的过程在器件的另一侧读取输入，将其打包并回发；其过程类似。高速通道的直流正确性数据在内部处理，而低速数据则在输出端同步输出。该双向数据传送由自由工作的内部时钟来调节。由于数据根据此时钟在离散时间采样，低速通道的传播延迟为 400ns～1.7μs，具体取决于输入数据边沿随内部采样时钟而变化的位置。如图 6-35 所示为隔离器 ADuM3150 的低速通道的行为。分析图 6-35 得知：

（1）A 点：采样前，数据最大可能改变 2.5μs，然后需要大约 100ns 才能传播至输出端。这表现为传播延迟时间存在 2.5μs 的不确定性。

（2）B 点：不足最小低速脉冲宽度的数据脉冲可能根本不会被发送，因为可能并未对它们采样。

延迟时钟 DCLK 的功能是为了以超过限值（通常由传播延迟所确定）的速度，传输 SPI 数据。在四线式 SPI 应用中，最大时钟速度由以下要求确定：数据在一个时钟边沿移出，而返回数据在互补时钟边沿移入。在隔离系统中，隔离器造成的延迟非常大。第一个时钟边沿告诉从机提供数据，且必须通过隔离器传播。从机对此做出响应，将数据通过隔离器回传给主机。数据必须在互补时钟边沿以前返回主机，以便正确移入主机。在如图 6-36 所示的标准 SPI 配置示例中，如果隔离器 ADuM3150 具有 50ns 的传播延迟，从机做出的响应需要超过 100ns 的时间才能回到主机。这意味着，SPI 总线最快的时钟周期为 200ns 或 5MHz，并且需假定处于理想条件下，比如无走线传播延迟或从机延迟，以简化分析。

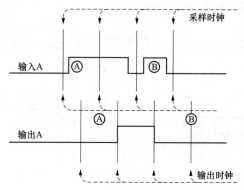

图 6-35　隔离器 ADuM3150 的低速通道的行为

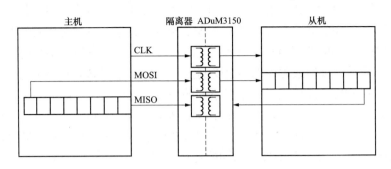

图 6-36 隔离器 ADuM3150 的标准 SPI 配置

为了避免 SPI 时钟的这种限制，可用如图 6-37 所示的使用第二个接收缓冲器以及一个时钟信号，且该信号经过延迟处理与从机返回的数据相匹配。过去，为了实现合适的时钟延迟，需要通过匹配隔离器通道回送时钟副本，并使用延迟时钟将从机数据移入第二个缓冲器中。使用额外通道的代价非常高昂，因为这么做会额外消耗一个高速隔离器通道。

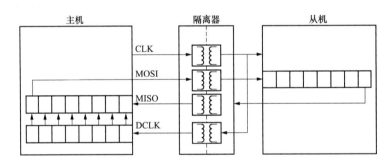

图 6-37 使用隔离通道延迟的高速 SPI 配置

需要说明的是，隔离器 ADuM3150 在主机侧集成延迟电路，无须额外高速通道，如图 6-38 所示。DCLK 在生产测试阶段经过调整，匹配每个隔离器的往返传播延迟。DCLK 信号可按照前述方案使用，就像时钟信号与从机发出的数据一起传播。该配置的时钟速率最高可达 40MHz。MI/SO 数据由 DCLK 移入副边接收缓冲器，随后由主机内部传送至其目标位置。隔离器 ADuM3150 无须额外使用成本高昂的隔离器通道，即可实现这些数据传输速度。需要注意的是，为清晰起见，图 6-38 中未显示/SS 通道。

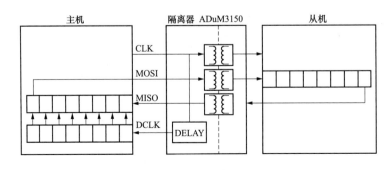

图 6-38 隔离器 ADuM3150 使用精密时钟延迟的高速 SPI 配置

　　隔离器 ADuM3150 的逻辑接口，不需要外部接口电路。建议为输入和输出电源 V_{DD1} 和 V_{DD2} 管脚提供电源旁路，建议电容取值为 10μF 和 0.1μF。如图 6-39 所示，为了抑制噪声并降低纹波，至少需要并联两个电容，其中较小的电容靠近器件。如图 6-39 所示，管脚 1（V_{DD1}）和管脚 2（GND_1）之间的电容，建议取值为 0.1μF 和 0.01μF；管脚 20（V_{DD2}）和管脚 19（GND_2）之间的电容，建议取值为 10μF 和 0.1μF；电容两端到输入电源管脚的走线总长应该小于 20mm。

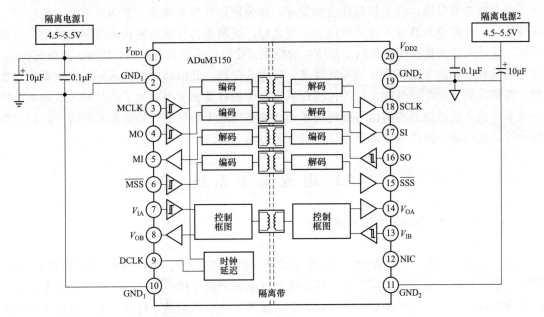

图 6-39　隔离器 ADuM3150 的去耦电容接线示意图

第七章 工程应用实例

当今社会的发展，就是信息社会的发展。作为信息处理系统的三个构成单元，传感器、通信系统、计算机，在嵌入式系统蓬勃发展之际，逐渐成为智能传感和测量网络的组件及其关键，反过来促使其在传感和测量系统中的应用，使得传感器具有准确、快捷、高效等特点。为了确保传感和测量系统充分发挥其性能、展现其优势，其信号处理技术的工程化设计与处理，将最大限度地推动性能良好的传感和测量系统的普及和使用。为了满足嵌入式应用的特殊要求，嵌入式系统的模拟信号处理技术，必须在功能上与标准微处理器和谐统一，即将电路设计、抗电磁干扰措施、可靠性分析等方面协同一起。

7.1 电流采集系统

7.1.1 有关 4～20mA 测试系统设计

1. 概述

在工业现场，用一个仪表放大器，来完成信号的调理并进行长线传输，会产生以下问题：第一，由于传输的信号是电压信号，传输线会受到噪声的干扰；第二，传输线的分布电阻会产生电压降；第三，在现场如何提供仪表放大器的工作电压也是个问题。为了解决上述问题和避开相关噪声的影响，需要用电流来传输信号，因为电流对噪声并不敏感。那么，为什么选择 4～20mA 而不是 0～20mA（当然也有选择 0～20mA 的，只是所占比例偏少而已）呢？用 4mA 表示零信号，而不是 0mA，是用来检测线路开路的，如果 0mA 是最小电流值的话，那么开路故障就检测不到了；用 20mA 表示信号的满刻度，而低于 4mA 高于 20mA 的信号用于各种故障的报警。

4～20mA 电流环在结构上由两部分即变送器和接收器组成，变送器一般位于现场端、传感器端或模块端，而接收器一般在 PLC 和计算机端，它一般在控制器内。在测控现场，4～20mA 电流环有两种类型：二线制和三线制。当监控系统需要通过长线驱动现场的驱动器件如阀门等时，一般采用三线制变送器，供电电源是二根电流传输线以外的第三根线。除此之外，很多测控系统是采用二线制变送器。

在二线制 4～20mA 电路应用中，为了避免 50/60Hz 的工频干扰，采用电流来传输信号，其工作电源和信号共用一根导线，工作电源由接收端提供。二线制需要考虑的主要问题有：

（1）电路环中的接收器的数量：更多的接收器将要求变送器有较低的工作电压。

（2）变送器所必需的工作电压要有一定的阈量。

（3）决定传感器的激励方法是电压还是电流。

带有电压调节和参考电路的二线制方案，如 TI 公司的 XTR115/116，它们是用于 4～20mA 信号的精密的信号转换器，包含有 5V 电压的稳压电路，可以向外部电路供电。一个精密的片上基准电压可以用于电压偏置或者传感器的激励。如 AD 公司的 AD421，是一款完整的环路供电、数字 4～20mA 转换器,专为满足工业控制领域智能发射器需求而设计的,内置+1.25V

和+2.5V精密基准电压源,特别适合扩展4~20mA智能发射器的16位分辨率和单调性的DAC模块。

三线制4~20mA电路,在设计上是由变送器端,提供工作电源,为避免50/60Hz的工频干扰,采用电流来传输信号。三线制需要考虑的主要问题有:

(1)电流环路中的接收器的数量。

(2)更多的接收器要求变送器拥有更高的工作电压。

(3)保证变送器所必需的工作电压,并应该有一定的阈量。

TI公司的三线制的变送器应用方案,如XTR110,它是一个用于模拟信号传送的精密的电压-电流转换器,可以将0~5V或0~10V的输入电压直接转换到4~20mA、0~20mA、5~25mA的输出信号。XTR110含有精密的电阻网络,以适应不同的输入输出要求。一个10V的电压参考可以用于驱动外部电路。

2．设计需求

现将4~20mA电流采集系统的设计需求,小结如下:

(1)采用仪用运放构建放大器电路。

(2)电源采用5V单电源供电。

(4)输出满量程：2.5V。

(5)直接与ARM接口,利用它的内置ADC模块。

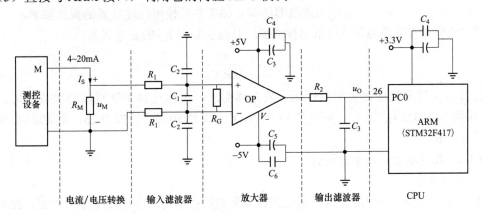

图7-1 4~20mA采集系统电路图

3．设计步骤

现将主要设计步骤小结如下。

(1)选择仪用运放。本例选择仪用运放 INA103,根据它的参数手册,得到其输出电压u_O的表达式为:

$$u_O = G \times u_M = \left(1 + \frac{6k\Omega}{R_G}\right) \times u_M \tag{7-1}$$

式中：G为仪用运放INA103的增益；R_G为运放的增益电阻；u_M为采样电阻R_M的端电压,其可以表示为:

$$u_M = I_S \times R_M \tag{7-2}$$

(2)选择增益电阻。考虑到处理精度需要,采样电阻R_M,选择E192电阻数值系列,精度高（±0.1%）。兼顾信噪比、运放 INA103 的增益电阻 R_G 的取值，现采样取值为 2.46Ω，于是增益电阻 R_G 根据下面的表达式进行计算取值，即：

$$R_G = \frac{6k\Omega}{\dfrac{u_O}{I_S \times R_M} - 1} = \frac{6k\Omega}{\dfrac{2.5V}{20mA \times 2.46\Omega} - 1} = 120.45\Omega \qquad (7\text{-}3)$$

选择 E192 电阻数值系列，高精度（±0.1%），因此，增益电阻 R_G 的取值为 120Ω，所以，运放 INA103 的输出电压 u_O 可以表达为：

$$u_O = \left(1 + \frac{6k\Omega}{R_G}\right) \times I_S \times R_M = \left(1 + \frac{6000}{120}\right) \times 20mA \times 2.46\Omega = 2.5092V \qquad (7\text{-}4)$$

与设计值 2.5V 非常接近，相对误差为 （2.5092–2.5）/2.5×100%≈0.368%。

（3）设计滤波器。为了提高测试系统的抗干扰能力，本例采用两级滤波器。其中，第一级滤波器包含共模电压滤波器和差模电压滤波器，它们的截止频率 f_{C1_C} 和 f_{C1_D} 分别为：

$$\begin{cases} f_{C1\_C} = \dfrac{1}{2\pi R_1 C_2} \\ f_{C1\_D} = \dfrac{1}{2\pi R_1 (C_2 + 2C_1)} \end{cases} \qquad (7\text{-}5)$$

式中：f_{C_C} 和 f_{C_D} 分别为共模电压滤波器的截止频率和差模电压滤波器的截止频率。

第二级滤波器为常规的 RC 低通滤波器，其截止频率 f_{C2} 的表达式为：

$$f_{C2} = \frac{1}{2\pi R_2 C_3} \qquad (7\text{-}6)$$

读者朋友只需要根据实际测试场合的具体需求，灵活选择上述滤波器参数即可。本例 ARM 采用 STM32F417 芯片，利用其 PC0（ADC123_IN10）的管脚为 26，采集运放 INA103 的输出电压 u_O。

7.1.2 高端电流测试系统设计

1. 设计需求

电流监控功能，在电源管理、电磁阀控制和电机控制等许多应用中非常关键。在负载的高端监控电流，就可以实现精确的电流检测和诊断保护，防止对地 GND 短路。因此，本例以监控某电机系统电流为例进行讲解。现将设计需求小结如下。

（1）采用高端测试方法。

（2）被测电流±125A（峰值）。

（3）回路电源：35V rms。

（4）采用隔离 ADC 与 ARM 接口。

2. 设计步骤

现将整个设计过程小结如下。

（1）分析参数。

1）采样电阻为 R_S=1mΩ，电阻端电压 V_{RS}/V=±125A（峰值）×0.001Ω=±0.125V；

2）输出电压范围：0.05～2.5V。

测试需求参数小结见表 7-1。

表 7-1   电 流 测 试 需 求 参 数

输入电流 I_{in_max}/A	电阻端电压 V_{RS}/V	备注
125	0.125	
输入电流 I_{in_min}/A	电阻端电压 V_{RS}/V	
−125	−0.125	采样电阻 1mΩ
输入 V_{in_max}/V	输出 V_{out_max}/V	
0.125	2.5	
输入 V_{in_min}/V	输出 V_{out_min}/V	
−0.125	0.05	

假设电平转换电路的表达式为：

$$V_{OUT} = k \times V_{IN} + V_{REF} \tag{7-7}$$

式中：k 为输出电压表达式的比例系数；V_{REF} 为初始值。现将表 7-1 中的相关参数，代入式（7-7）中，得到下面的表达式：

$$\begin{cases} 2.5 = k \times 0.125 + V_{REF} \\ 0.05 = k \times (-0.125) + V_{REF} \end{cases} \tag{7-8}$$

解得输出电压表达式比例系数 k 和初始值 V_{REF} 分别为：

$$\begin{cases} k = \dfrac{2.5 - 0.05}{0.125 \times 2} = 9.8 \\ V_{REF} = \dfrac{2.5 + 0.05}{2} = 1.275 \end{cases} \tag{7-9}$$

那么输出电压 V_{OUT} 的表达式为：

$$V_{REF} = 9.8 \times V_{IN} + 1.275 = (19.6 \times V_{IN} + 2.55) \times 1/2 = (k_1 \times V_{IN} + 2.55) \times k_2 \tag{7-10}$$

式中：比例系数 k 为输出电压增益 k_1 和 k_2 之乘积，且分别为：

$$\begin{cases} k = k_1 \times k_2 \\ k_1 = 19.6 \\ k_2 = \dfrac{1}{2} \end{cases} \tag{7-11}$$

（2）设计电路拓扑。放大器采用两级结构，第一级为电流/电压转换电路，第二级为放大电路，如图 7-2 所示。将第二级为放大电路的输出电压传送给隔离 ADC，完成模数转换和隔离处理之后，传送到嵌入式处理器（Embedded Processor：EP）进行采集，图中没有示意滤波器框图。

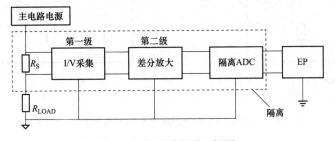

图 7-2　测试系统原理框图

（3）选择电流测量用运放。第一级电流/电压转换电路。选择 AD8210 之类的电流采集运放，采用单电源供电（典型电源电压为 5V），是典型的差动放大器，非常适合在大共模电压环境下，放大幅值较小的差分电压信号。其工作范围为–2～+65V，耐压范围为–5～+68V，输入共模电压范围为–2～+65V，失调漂移为 $1\mu V/℃$（典型值），增益漂移为 10ppm/℃（典型值），直流信号的共模抑制比为 120dB（典型值），100kHz 的共模抑制比为 80dB（典型值），工作温度范围是–40～+125℃，缓冲输出电压，5mA 输出驱动能力。

对于 AD8210 而言，利用 5V 电源和 V_{REF1} 和 V_{REF2} 管脚时，输出失调可在 0.05～4.9V 范围内调整，如图 7-3 所示，即：

1）当 V_{REF1} 管脚与 V_+ 管脚相连、V_{REF2} 管脚与 GND 管脚相连时，输出设置为半量程。

2）当 V_{REF1} 和 V_{REF2} 与 GND 相连时，可提供从地电压附近开始的单极性输出。

3）当 V_{REF1} 和 V_{REF2} 与 V_+ 相连时，可提供从 V_+ 附近开始的单极性输出。

4）通过向 V_{REF1} 和 V_{REF2} 施加外部电压，可获得其他失调。

差动放大器 AD8210 的不同配置及其输出电压的实测值见表 7-2。

表 7-2　　　　　　　　　差动放大器 AD8210 的不同配置及其输出电压情况

V_{REF1}	V_{REF2}	V_{out}		备注
未接	未接	$V_{out}=I_{in}\times R_S\times 20$		电源 V$_+$=5V，见图 7-3（a）所示
接 2 脚（GND）	接 2 脚（GND）	设计：$V_{out}=20\times V_{in}$		$0V\leqslant V_{in}\leqslant 0.25V$，V$_+$=5V，见图 7-3（b）所示
		实测：$V_{out}=19.4\times V_{in}+0.05$		
接 6 脚（V$_+$）	接 6 脚（V$_+$）	设计：$V_{out}=-20\times V_{in}$		$-0.25V\leqslant V_{in}\leqslant 0V$，V$_+$=5V，见图 7-3（c）所示
		实测：$V_{out}=-19.4\times V_{in}+0.05$		
接 V_{REF}	接 V_{ref}	设计：$V_{out}=\pm 20\times V_{in}+2.5$		$-0.125V\leqslant V_{in}\leqslant 0.125V$，V$_+$=5V，$0\leqslant V_{ref}\leqslant V_+$，见图 7-3（d）所示
		实测：$V_{out}=\pm 19.4\times V_{in}+2.475$		

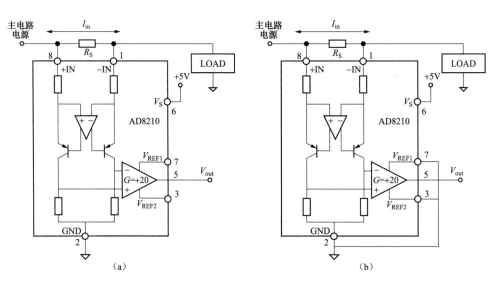

图 7-3　差动放大器 AD8210 的不同配置电路图（一）

（a）参考电压未接；（b）参考电压接 GND

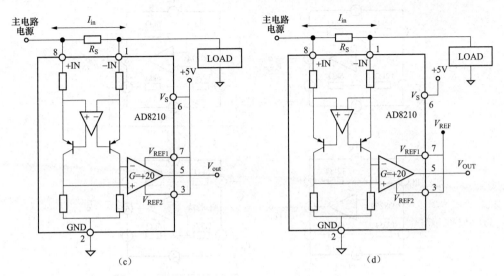

图 7-3 差动放大器 AD8210 的不同配置电路图（二）

（c）参考电压接 V_+；（d）参考电压接 V_{ref}

（4）选择放大器运放。第二级放大电路，选择差分放大器，如 AD8274，具有卓越的交流与直流性能，超低漂移为 3ppm/℃（最大值），高精度为 2.5V 或 3.0V ± 1mV（最大值），低噪声为 $100nV/\sqrt{Hz}$，最大增益误差为 0.03%，最大失调电压为 700μV，最小共模抑制比（CMRR）为 83dB，电源电压：±2.5V～±18V。选择 AD8274 充当放大器的另外一个原因就是，它无须外部元件就可以配置为 $G=2$、±1/2 和 1.5 的差分放大器，如图 7-4 所示。差动放大器 AD8274 的不同配置情况小结见表 7-3。

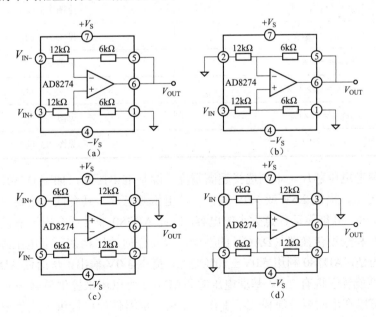

图 7-4 差动放大器 AD8274 的不同配置（一）

（a）$G=1/2$；（b）$G=1/2$；（c）$G=2$；（d）$G=2$

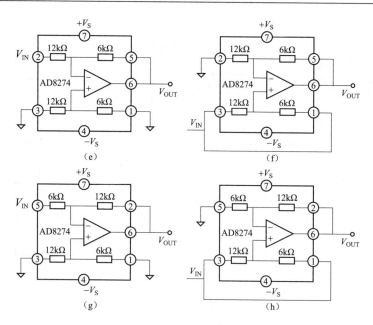

图 7-4　差动放大器 AD8274 的不同配置（二）

（e）$G=-1/2$；（f）$G=3/2$；（g）$G=-2$；（h）$G=3$

表 7-3　　　　　　　　　　　差动放大器 AD8274 的不同配置情况

V_{OUT}	电路图
$V_{OUT}=(V_{IN+}-V_{IN-})\times 1/2$	见图 7-3（a）
$V_{OUT}=V_{IN}\times 1/2$	见图 7-3（b）
$V_{OUT}=2\times(V_{IN+}-V_{IN-})$	见图 7-3（c）
$V_{OUT}=2\times V_{IN}$	见图 7-3（d）
$V_{OUT}=-V_{IN}\times 1/2$	见图 7-3（e）
$V_{OUT}=V_{IN}\times 3/2$	见图 7-3（f）
$V_{OUT}=-2\times V_{IN}$	见图 7-3（g）
$V_{OUT}=3\times V_{IN}$	见图 7-3（h）

（5）选择参考电压芯片。本例选择超高精度带隙基准电压源，如 AD780，它利用 4.0V 至 36V 的输入电压，提供 2.5V 或 3.0V 输出。该电压源芯片，具有低初始误差、低温度漂移和低输出噪声特性，并能驱动任意大小的电容，因此 AD780 非常适合用于增强高分辨率模数转换器（ADC）和数模转换器（DAC）的性能，以及任何通用精密基准电压源应用。

需要注意的是，AD780 利用 5.0V±10%输入，提供 3.0V 输出，从而使 ADC 的动态范围提升 20%，其性能优于现有 2.5V 基准电压源。AD780 可以用来提供最高 10mA 的源电流或吸电流，并且可以在串联或分流模式下工作，无须外部器件便可提供正或负输出电压，因此适合几乎所有的高性能基准电压源应用。AD780 上的管脚提供的输出电压，随温度呈线性变化，因此该部分可以配置为温度传感器，同时提供稳定的 2.5V 或 3.0V 输出。AD780 以 PDIP

和 SOIC 封装提供三个等级。AD780AN、AD780AR、AD780BN、AD780BR 和 AD780CR 的额定工作温度范围为–40～+85℃。

（6）构建测试系统。本例选择隔离 ADC 模块 AD7403，该测试系统的原理图，如图 7-5 所示。

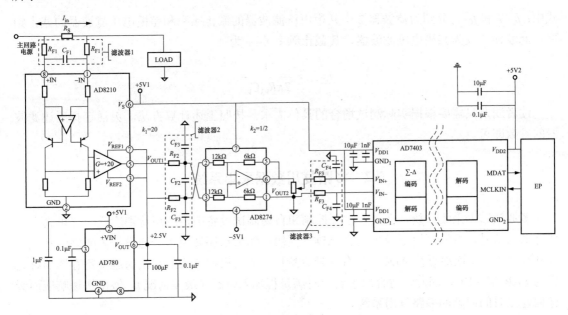

图 7-5　电流采集系统原理图

图 7-5 中示意了三个滤波器，即在获取采样电阻的端电压之前，采用滤波器 1 滤波之后，传送到第一级电流/电压转换电路，该电路的增益为 $k_1=20$，电流/电压转换电路的输出信号经由滤波器 2 滤波之后，传送到第二级放大电路，该电路的增益为 $k_2=1/2$，第二级放大电路的输出信号经由滤波器 3 滤波之后，传送到隔离 ADC 模块处理，最后传送到 EP 进行数据采集和处理。

第一级电流/电压转换电路的输出电压 V_{out1} 的表达式为：

$$V_{OUT1} = \pm 20 \times V_{IN} + 2.5 \qquad (7\text{-}12)$$

第二级放大电路的输出电压 V_{out2} 的表达式为：

$$V_{out2} = (\pm 20 \times V_{in} + 2.5) \times 1/2 = 1.25 \pm 10 \times V_{in} \qquad (7\text{-}13)$$

滤波器 1 的截止频率 f_{C1} 的表达式为：

$$f_{C1} = \frac{1}{2\pi \times 2 \times R_{F1} \times C_{F1}} \qquad (7\text{-}14)$$

根据电流采集运放 AD8210 的参数手册要求得知，滤波器 1 的滤波电阻 R_{F1} 的取值大小，会对该运放的输出增益带来误差，该误差表达式为：

$$增益误差\% = 100 - 100 \times \frac{2k\Omega}{2k\Omega - R_{F1}} \qquad (7\text{-}15)$$

因此，建议滤波器 1 的滤波电阻 R_{F1} 的取值不采购 100Ω 为宜。滤波器 2 包含共模电压滤波器和差模电压滤波器，它们的截止频率 f_{C2_c} 和 f_{C2_D} 分别为：

$$\begin{cases} f_{C2\_C} = \dfrac{1}{2\pi R_{F2} C_{F3}} \\[4mm] f_{C2\_D} = \dfrac{1}{2\pi R_{F2}(C_{F3} + 2C_{F2})} \end{cases} \tag{7-16}$$

式中：f_{C2_C} 和 f_{C2_D} 分别为滤波器 2 中共模电压滤波器的截止频率和差模电压滤波器的截止频率。滤波器 3 仅为共模电压滤波器，其截止频率 f_{C3_C} 为：

$$f_{C3\_C} = \dfrac{1}{2\pi R_{F3} C_{F4}} \tag{7-17}$$

读者朋友只需要根据实际测试场合的具体需求，按照上述计算方法，灵活选择所述滤波器的参数即可。

7.2　多路复用数据采集系统

多通道数据采集系统，在工业过程控制和自动测试设备中，应用特别广泛。它可将众多传感器的信号，多路复用至最少量的 ADC 模块，随后依序转换每一通道。大幅降低功耗、尺寸和成本。逐次逼近型 ADC，具有低延迟特性，通常根据它们的逐次逼近型寄存器而称它们为 SAR 型 ADC，因此，适合用于要求对满量程输入阶跃（最差情况），做出快速响应而无任何建立时间问题的多路复用系统。

多路复用数据采集系统要求采用宽带放大器，以便驱动 ADC 的满量程（FS）输入范围时可以快速建立。此外，对多路复用通道进行开关和顺序采样，必须与 ADC 转换周期同步。相邻输入之间的巨大电压差，使采集系统易受各个通道之间串扰的影响。为了避免产生较大误差，完整的信号链（包括多路复用器和放大器），必须建立至所需精度，一般以串扰误差或建立误差表示。

高性能、多路复用数据采集系统，要求具备可靠的性能、灵活的功能以及高精度，同时还要满足功耗、空间和散热要求。本例着重讨论基于高性能精密 SAR 的 ADC 的多路复用数据采集系统的相关问题，包括该系统设计时需要考虑关键的因素、性能情况和应用指导。如图 7-6 所示为一个数据采集系统的原理框图，它包括多路复用器、ADC 驱动器和 SAR 型 ADC。现将它们分别进行介绍。

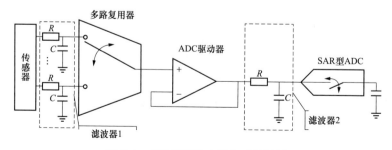

图 7-6　多路复用数字采集系统框图

（1）多路复用器。多路复用器的快速输入切换和宽带宽性能是实现高性能的关键。多路复用器的开启或关断时间，表示应用数字控制输入与输出超过 V_{OUT} 的幅值 90% 之间的延迟，如图 7-7 所示。

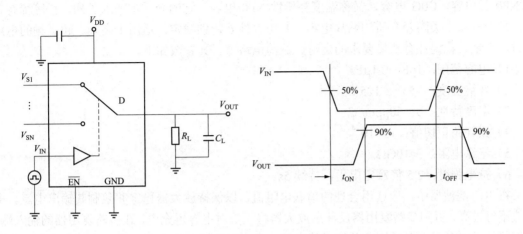

图 7-7 典型多路复用器的开关时间

当多路复用器切换通道时，其输入端会产生电压毛刺或反冲现象，该反冲与开启和关断时间、导通电阻以及负载电容成函数关系。具有低导通电阻的大开关通常需采用大输出电容，而每次输入端开关时，都必须将其充电至新电压。如果输出未能建立至新电压，则将产生串扰误差。因此，要求：

1）多路复用器的带宽足够大。

2）其输入端必须使用缓冲放大器或大电容，才能建立至满量程阶跃。

3）由于流过导通电阻的漏电流，将产生增益误差，因此应尽可能降低导通电阻或者采用导通电阻影响最小的电路。

（2）ADC 驱动器。在切换选通多路复用器的输入通道时，ADC 的驱动放大器，必须在指定的采样周期内，建立一个大电压阶跃，即要求输入电压可从负满量程变化到正满量程，也可能从正满量程变化到负满量程，因此，在短时间内，可创建大输入电压阶跃。那么，该驱动放大器必须具备较宽的大幅值信号带宽和较快的建立时间，才能适应和满足该阶跃信号的输入需求。此外，压摆率或输出限流，还会导致非线性特征。同时，驱动放大器必须建立降低或者抑制反冲电压的电路，由于该反冲电压，是由于采集周期开始时，SAR 型 ADC 输入端的充电再平衡所致，这可能会成为多路复用系统中输入建立的瓶颈。通过降低 ADC 的吞吐速率，可缓解建立时间问题，提供更长的采集时间，从而允许放大器有充分时间建立至所需精度。

（3）RC 滤波器。为处理来自多路复用器输入端的反冲电压，在多路复用器的设计过程中，其常规的处理方式是使用低输出阻抗缓冲器，如跟随器。SAR 型 ADC 的输入带宽（几十兆赫）和 ADC 驱动器的输入带宽（几十到几百兆赫），都高于采样频率，且所需的输入信号带宽，通常为几十到几百兆赫范围内，因此，在多路复用器的输入端，使用 RC 抗混叠滤波器，如图 7-6 所示的滤波器 1，作为输入滤波器，它可以防干扰被测信号（混叠）折回目标带宽，并缓解建立时间问题。

每个输入通道使用的滤波器电容值，都应根据下列权衡条件仔细选择：①大电容有助于衰减来自多路复用器的反冲，但大电容也会降低前一级放大器级的相位裕量，使其不稳定；

②对于高品质因素 Q、低温度系数以及各种电压下电气特性稳定的 RC 滤波器,建议采用 C0G 或 NP0 类电容。C0G 电容,又称温度补偿性 NP0 电容,它的介质中加入了铷、钐等稀有金属,是一种属 I 类陶瓷介质的贴片电容。其电气性能特别稳定,适用于高频、超高频的电路和对电容量、稳定性有严格要求的定时、振荡电路等。其参数如下。

1) 电容范围:1pF~0.1μF。

2) 环境温度:-55~+125℃。

3) 温度特性:0±30ppm/℃。

4) 损耗角正切值:15×10^{-4}。

5) 绝缘电阻:≥10GΩ。

6) 抗电强度:2.5 倍额定电压,持续 5s。

在 RC 滤波器中,应选用合理的串联电阻值,以保持放大器稳定并限制其输出电流。电阻值不可过高,否则多路复用器反冲后放大器将无法对电容再充电。在多路复用器的输入端,测得的信号中含有来自通道开关的反冲电压。在多路复用器输入端,设置缓冲放大器,有助于降低该反冲电压。若由于成本或空间等原因无法使用输入缓冲放大器,则可在输入端添加一个经过优化的 RC 滤波器,如图 7-6 所示的滤波器 2,它可以降低反冲和串扰的影响。

7.2.1　设计需求

现将多路复用数据采集系统的设计需求,小结如下。

(1) 输入信号范围:±5、±10V 可选。

(2) 输入通道数:4。

(3) 输入信号频率范围:0~200Hz。

7.2.2　电路设计

如图 7-8 所示是一种多路复用数据采集系统的电路图,它采用以下几个关键性器部件及其电路。

(1) 采用 ADA4096-4,充当 4 个输入信号的缓冲通道,它为信号源提供高阻抗,并将输入与多路复用器开关瞬态隔离,针对高于或低于±15V 供电、轨达 32V 的输入,具有防止发生反相或闩锁的过压保护功能,因而无须额外的过压保护电路。

(2) 在缓冲器输入端,设置 RC 滤波器,它具有高频噪声滤波功能。

(3) 采用 ADG1204 多路复用器,它具有低漏极电容(<4pF),可最大程度减少反冲电荷。

(4) 采用 ADA4898-1 运放构建缓冲器,缓冲多路复用器的输出,最大限度降低多路复用器开关的导通电阻的不良影响,降低由于导通电阻带来的测试误差。

(5) 采用 AD7982 的 18 位分辨率 SAR 型 ADC,不过它需要差分驱动器来实现最优性能。在这类应用场合,ADC 驱动器接收差分或单端信号,并执行所需的电平转换以在适当的电平下驱动 ADC 输入端。

本示例电路中,可以获取并转换数字化标准工业信号电平,包括:±5V、±10V、0~10V 和 0~20mA。输入缓冲器还提供过压保护,从而消除了传统肖特基二极管保护电路的相关漏电流误差。需要说明的是,图 7-8 中并没有对器件 ADA4096-4、ADA4898-1 给出电源的去耦电路,实际上,电源旁路对于电路稳定、频率响应、失真和电源抑制(PSR)性能至关重要。

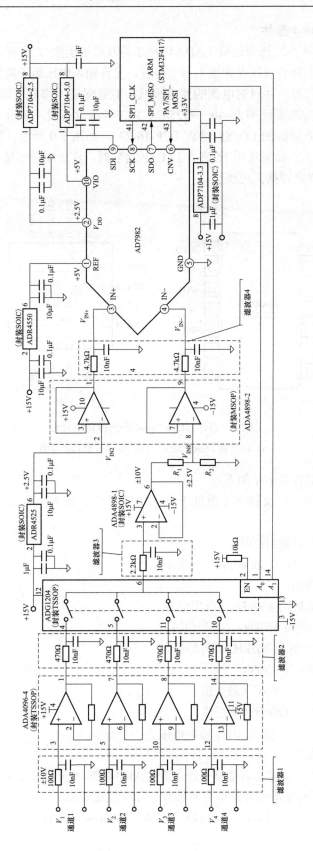

图 7-8 多路复用数据采集系统的电路图

7.2.3 ADA4096-4 器件

器件 ADA4096-4 为四通道运放（ADA4096-2 为双通道运放），具有微功耗特性和轨到轨输入/输出范围。它们拥有过压保护输入和二极管，允许输入电压高于或低于供电轨 32V，非常适合工业现场的应用，并且对电源的要求极低，能够保证工作电压范围为 3～30V。芯片 ADA409x 系列的额定温度范围为−40～+125℃扩展工业温度范围，采用 14 管脚的 TSSOP 封装（RU-14）或者 16 管脚的 LFCSP 封装（CP-16-27），如图 7-9 所示。需要提醒的是，对于器件 ADA4096-4 而言，如果选用 16 管脚 LFCSP 封装时，具有裸露焊盘，为实现最佳电气和散热性能，应将此焊盘焊接到地线层。

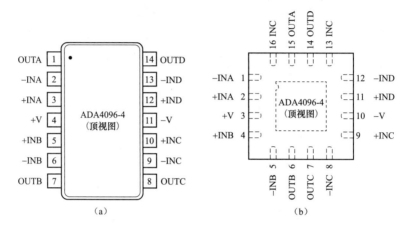

图 7-9   器件 ADA4096-4 的两种典型封装

（a）14 管脚 TSSOP 封装；（b）16 管脚 LFCSP 封装

现将它们的典型特点小结如下。

（1）输入过压保护，支持高于或低于供电电压 32V，输入电压最高可以超出电源电压±32V 而不会反相。

（2）轨到轨输入和输出摆幅。

（3）低功耗：每个放大器 60μA（典型值）。

（4）单位增益带宽：

1）VSY=±15V 时为 800kHz（典型值）；

2）VSY=±5V 时为 550kHz（典型值）；

3）VSY=±1.5V 时为 465kHz（典型值）。

（5）单电源供电：3～30V。

（6）低失调电压：300μV（最大值）。

（7）高开环增益：120dB（典型值）。

（8）噪声密度低：≤27nV/$\sqrt{\text{Hz}}$ 噪声电压。

（9）单位增益稳定。

欲了解更多特性，请参考其数据手册。器件 ADA4096-4 的管脚定义及其功能描述小结见表 7-4。现将它的正负电源的旁路电容的推荐值和位置说明如下。

（1）取值 0.1μF 瓷片电容，应尽可能靠近 ADA4096-4 的电源管脚。

（2）取值 10μF 的电解质电容（选择 X5R）应与 0.1μF 电容相邻，但不必靠近。

表 7-4   器件 ADA4096-4 的管脚定义及其功能描述

管脚编号		管脚名称	功能描述
14 管脚 TSSOP	16 管脚 LFCSP		
1	15	OUTA	输出通道 A
2	1	−INA	负输入通道 A
3	2	+INA	正输入通道 A
4	3	+V	正电源电压
5	4	+INB	正输入通道 B
6	5	−INB	负输入通道 B
7	6	OUTB	输出通道 B
8	7	OUTC	输出通道 C
9	8	−INC	负输入通道 C
10	9	+INC	正输入通道 C
11	10	−V	负电源电压
12	11	+IND	正输入通道 D
13	12	−IND	负输入通道 D
14	14	OUTD	输出通道 D
不适用	13	NIC	内部不连接
不适用	16	NIC	内部不连接
不适用	裸露焊盘（EP）	裸露焊盘（EPAD）	裸露焊盘。对于 ADA4096-4（仅针对 16 管脚 LFCSP 封装），将裸露焊盘接地

7.2.4　ADG1204 器件

器件 ADG1204 是一款互补金属氧化物半导体（CMOS）型模拟多路复用器，它内置四个采用 iCMOS（工业 CMOS）工艺设计的单通道，工作电压高达 33V。该多路复用器具有超低电容和电荷注入特性，根据 3 位二进制地址线 A0、A1 和 EN 所确定的地址，它将四路输入之一，切换至公共输出 D 端。当 EN 管脚为逻辑 0 时，该器件将被禁用。接通时，各开关在两个方向的导电性能相同，输入信号范围可扩展至电源电压范围。在断开条件下，达到电源电压的信号电平被阻止。所有开关均为先开后合式。

现将多路复用器 ADG1204 的典型特点，小结如下。

（1）1.5pF 关断电容。

（2）电荷注入小于 1pC。

（3）电源电压范围：33V。

（4）导通电阻：120Ω。

（5）额定电源电压：±15、+12V。

（6）3V 逻辑兼容输入。

（7）轨到轨工作。

（8）典型功耗：<0.03μW。

（9）两种典型封装：14 的管脚 TSSOP 封装（RU-14）和 12 管脚的 LFCSP 封装（CP-12-4）封装，如图 7-10 所示。

欲了解更多特性，请参考其数据手册。需要提醒的是，对于多路复用器 ADG1204 而言，如果选用 12 管脚 LFCSP 封装时，具有裸露焊盘，为实现最佳电气和散热性能，应将此焊盘焊接到 V_{SS}（负电源脚上）电源层上。

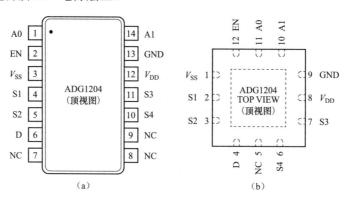

图 7-10   多路复用器 ADG1204 的典型封装

（a）14 管脚 TSSOP 封装；（b）12 管脚 LFCSP 封装

多路复用器 ADG1204 的原理框图，如图 7-11 所示。其管脚定义及其功能描述小结见表 7-5。多路复用器 ADG1204 的切换通道的真值表见表 7-6，当管脚 EN 输入为低电平时，器件被禁止并且所有开关都关闭；当管脚 EN 输入为高电平时，A_x 逻辑输入由开关决定。

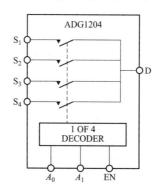

图 7-11   多路复用器 ADG1204 的原理框图

多路复用器 ADG1204 的管脚定义及其功能描述见表 7-5。

表 7-5   多路复用器 ADG1204 的管脚定义及其功能描述

管脚编号		管脚名称	功 能 描 述
TSSOP	LFCSP		
1	11	A_0	逻辑控制输入
2	12	EN	高电平有效数字输入。当输入为低电平时，器件被禁止并且所有开关都关闭。当输入为高电平时，A_x 逻辑输入由开关决定

管脚编号		管脚名称	功 能 描 述
TSSOP	LFCSP		
3	1	V_{SS}	通常为负电压
4	2	S_1	源极。可以是输入或输出
5	3	S_2	源极。可以是输入或输出
6	4	D	漏极。可以是输入，也可以是输出
7~9	5	NC	不连接
10	6	S_4	源极。可以是输入或输出
11	7	S_3	源极。可以是输入或输出
12	8	V_{DD}	通常为正电压
13	9	GND	接地（0V）参考
14	10	A_1	逻辑控制输入

表 7-6 多路复用器 ADG1204 的切换通道的真值表

EN	A_1	A_0	S_1	S_2	S_3	S_4
0	X	X	断开	断开	断开	断开
1	0	0	开通	断开	断开	断开
1	0	1	断开	开通	断开	断开
1	1	0	断开	断开	开通	断开
1	1	1	断开	断开	断开	开通

7.2.5 AD4898-x 器件

器件 ADA4898-1（单运放）和 ADA4898-2（双运放）是一款超低噪声和失真、单位增益稳定、电压反馈型运放，非常适合于电源电压为 ±5～±16V 的 16bit 和 18bit 系统的驱动器，它具有线性低噪声输入级和内置补偿电路，具有宽电源电压范围、低失调电压和宽带宽的特点，实现了高压摆率和低噪声。现将该运放的典型特点小结如下。

（1）超低噪声：

1）0.9nV/$\sqrt{Hz}$；

2）2.4pA/$\sqrt{Hz}$；

3）1.2nV/$\sqrt{Hz}$ @10Hz。

（2）超低失真：500kHz 下，–93dBc。

（3）宽电源电压范围：±5～±16V。

（4）高速：

1）–3dB 带宽：65MHz（G=+1）；

2）压摆率：55V/μs。

（5）单位增益稳定。

（6）低输入失调电压：最大值 160μV。

（7）低输入失调电压漂移：$1\mu V/℃$。

（8）低输入偏置电流：$-0.1\mu A$。

（9）低输入偏置电流漂移：$2nA/℃$。

（10）电源电流：$8mA$。

欲了解更多特性，请参考其数据手册。如图 7-12 所示的是器件 ADA4898-1 和 ADA4898-2 的典型封装，前者是单通道 8 管脚，采用 SOIC_N_EP（RD-8-1）封装；后者是双通道 8 管脚，采用 SOIC_N_EP（RD-8-2）封装。

器件 ADA4898-1 和 ADA4898-2 的管脚定义及其功能描述小结分别见表 7-7 和表 7-8。

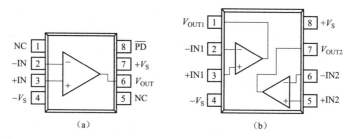

图 7-12   器件 ADA4898-1 和 ADA4898-2 的典型封装

（a）器件 ADA4898-1 封装；（b）器件 ADA4898-2 封装

表 7-7   器件 **ADA4898-1** 的管脚定义及其功能描述

管脚编号	管脚名称	功 能 描 述
1	NC	不连接
2	$-IN$	反相输入
3	$+IN$	同相输入
4	$-V_S$	负电源
5	NC	不连接
6	V_{OUT}	输出
7	$+V_S$	正电源
8	$\overline{PD}$ EP	掉电（$-$） 裸露焊盘。可以连接到负电源（$-V_s$）或悬空

表 7-8   器件 **ADA4898-2** 的管脚定义及其功能描述

管脚编号	管脚名称	功 能 描 述
1	V_{OUT1}	输出 1
2	$-IN1$	反相输入 1
3	$+IN1$	同相输入 1
4	$-V_S$	负电源
5	$+IN2$	同相输入 2
6	$-IN2$	反相输入 2

管脚编号	管脚名称	功　能　描　述
7	V_{OUT2}	输出 2
8	$+V_S$ EP	正电源 裸露焊盘。可以连接到负电源（$-V_S$）或悬空

电源旁路对于电路稳定、频率响应、失真和电源抑制性能至关重要。器件 ADA4898 的电源旁路，已针对频率响应和失真性能进行优化。现将它的正负电源的旁路电容的推荐值和位置说明如下。

（1）取值 0.1μF 瓷片电容，应尽可能靠近 ADA4898 的电源管脚。

（2）取值 10μF 的电解质电容（选择 X5R）应与 0.1μF 电容相邻，但不必靠近。

正负电源之间的电容有助于提高电源抑制和失真性能，在某些情况下，增加并联电容可以改善频率和瞬态响应性能。

需要提醒的是，在条件许可的情况下，应使用地线层和电源层。它们可以降低电源层及接地回路的电阻和电感。输入和输出端接电阻、旁路电容应尽可能靠近 ADA4898。输出负载接地和旁路电容接地点，应返回至接地层上的同一点，以使走线寄生电感、响铃振荡和过冲小，并且提高失真性能。ADA4898 封装具有裸露焊盘，为实现最佳电气和散热性能，应将此焊盘焊接到负电源层，此裸露焊盘俗称热焊盘。

7.2.6　AD7982 器件

模数转换器 AD7982 是一款 18 位、逐次逼近型 ADC，采用单电源（VDD）供电。它内置一个低功耗、高速、18 位采样 ADC 和一个多功能串行接口端口。在 CNV 上升沿，AD7982 对 IN+ 与 IN_ 管脚之间的电压差进行采样，这两个管脚上的电压摆幅通常在 0～V_{REF} 之间、相位相反。基准电压 REF 由外部提供，并且可以独立于电源电（VDD）。功耗和吞吐速率呈线性变化关系。SPI 兼容串行接口，还能够利用 SDI 输入，将几个 ADC 以菊花链形式连接到一个三线式总线上，并提供一个可选的繁忙指示。通过独立电源 VIO，该器件可与 1.8、2.5、3V 和 5V 逻辑兼容。AD7982 采用 10 管脚 MSOP 封装（RM-10）或 10 管脚 QFN（LFCSP）封装（CP-10-9），如图 7-13 所示。

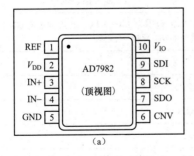
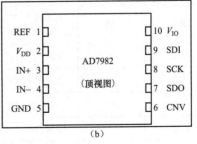

图 7-13　转换器 AD7982 的典型封装

（a）10 管脚 MSOP 封装；（b）10 管脚 LFCSP 封装

现将转换器 AD7982 的典型特点小结如下。

（1）18 位分辨率、无失码。

（2）吞吐速率：1MSPS。

（3）低功耗：

1）4mW（1MSPS，仅 V_{DD}）；

2）7mW（1MSPS，总功耗）；

3）70μW（10kSPS）；

（4）积分非线性（INL）：典型值±1LSB，最大值±2LSB。

（5）动态范围：99dB。

（6）真差分模拟输入范围：$\pm V_{REF}$（V_{REF} 在 2.5～5.0V 之间）。

（7）采用 2.5V 单电源供电，提供 1.8V/2.5V/3V/5V 逻辑接口。

（8）串行接口：SPI$^{®}$/QSPI^{TM}/MICROWIRE^{TM}/DSP 兼容。

（9）工作温度范围：−40～+85℃。

欲了解更多特性，请参考其数据手册。如图 7-14 所示的是转换器 AD7982 的简化原理框图。

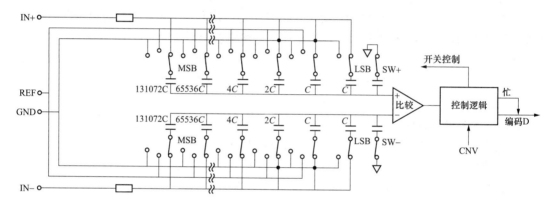

图 7-14　转换器 AD7982 的简化原理框图

转换器 AD7982 的管脚定义及其功能描述小结见表 7-9。

表 7-9　　　　　　　　　　　　转换器 AD7982 的管脚定义及其功能描述

管脚编号	管脚名称	类型	功　能　描　述
1	REF	AI	基准输入电压。REF 范围为 2.4～5.1V。此管脚参考 GND 管脚，应靠近使用 10μF 电容去耦至 GND 管脚
2	V_{DD}	P	电源
3	IN+	AI	正向差分模拟输入
4	IN−	AI	负向差分模拟输入
5	GND	P	电源地
6	CNV	DI	转换输入。此输入具有多个功能。在上升沿可启动转换并选择器件的接口模式：链模式或 $\overline{CS}$ 模式。$\overline{CS}$ 模式下，CNV 为低电平时 SDO 管脚使能。链模式下，数据应在 CNV 为高电平时读取
7	SDO	DO	串行数据输出。转换结果通过此管脚输出，与 SCK 同步
8	SCK	DI	串行数据输出。转换结果通过此管脚输出，与 SCK 同步

管脚编号	管脚名称	类型	功能 描 述
9	SDI	DI	串行数据输入。此输入提供多个功能。如下选择 ADC 接口模式：如果 SDI 在 SNV 上升沿期间为低电平，则选择链模式。此模式下 SDI 用作数据输入，以将两个或更多 ADC 的转换结果以菊花链方式传输到单一 SDO 线路上。SDI 上的数字数据电平通过 SDO 输出，延迟 18 个 SCK 周期。如果 SDI 在 CNV 上升沿期间为高电平，则选择 $\overline{CS}$ 模式。此模式下，SDI 或 CNV 在低电平时均可使能串行输出信号。当转换完成时，如果 SDI 或 CNV 为低电平，繁忙指示功能被使能
10	VIO EPAD	P	输入/输出接口数字电源。此管脚的标称电源与主机接口电源相同（1.8、2.5、3V 或 5V）。裸露焊盘。对于管脚架构芯片级封装（LFSCP），裸露焊盘应连接 GND
备注	AI=模拟输入，DI=数字输入，DO=数字输出，P=电源		

需要提醒的是：

（1）转换器 AD7982 如果选择 LFSCP 封装，它具有裸露焊盘，为实现最佳电气和散热性能，应将此焊盘焊接到地线层。

（2）为了提高其性能，现将它的基准输入电压端 REF、电源端 V_{DD}、输入/输出接口数字电源端 VIO 的旁路电容的推荐值和位置说明如下：

1）取值 0.1μF 瓷片电容，应尽可能靠近上述三种电源管脚。

2）取值 10μF 的电解质电容（选择 X5R）应与 0.1μF 电容相邻，但不必靠近。

3）AD7982 使用两个电源管脚：为减少所需的电源数，AD7982 中 VIO 和 V_{DD} 的电源时序无关，可以将内核电源 V_{DD}、数字输入/输出接口电源 VIO，可以连在一起。

4）VIO 可以与 1.8～5.5V 的任何逻辑直接接口。

（3）本例采用/CS 模式（三线式且无繁忙指示）连接图（SDI 高电平）。将 SDI 连接到 VIO 时，CNV 上的上升沿启动转换，选择/CS 模式，并强制 SDO 进入高阻态。无论 CNV 状态如何，SDO 都会保持高阻态，直至转换完成。最小转换时间之前，CNV 可用于选择其他 SPI 器件，如模拟多路复用器，但 CNV 必须在最小转换时间逝去前，返回低电平，接着在最大可能转换时间内保持低电平，以保证生成繁忙信号指示（如需要的话，可以利用 ARM 的 GPIO 端口获取）。转换完成时，SDO 从高阻态变为低阻态。可以将 SDO 线路，设置为上拉方式（上拉电阻 47kΩ）接着该上拉方式，此转换可用作中断信号，以启动由数字主机控制（如 ARM）的数据读取。转换器 AD7982 接着进入采集阶段并关断。数据位则在随后的 SCK 下降沿逐个输出，MSB 优先。数据在 SCK 的上升沿和下降沿均有效。虽然上升沿可以用于捕捉数据，但使用 SCK 下降沿的数字主机能实现更快的读取速率，只要它具有合理的保持时间。在可选的第 19 个 SCK 下降沿之后，或者当 CNV 变为高电平时（以最先发生者为准），SDO 返回高阻态。

（4）虽然转换器 AD7982 很容易驱动，但是，对于驱动放大器选择，还需要注意以下事项：

1）驱动放大器所产生的噪声必须足够低，以保持 AD7982 的信噪比（SNR）和转换噪声性能。在采集阶段，AD7982 的模拟输入（IN_+ 或 IN_-）的阻抗可以看成是由 R_{IN} 和 C_{IN} 串联构成的网络与电容 C_{PIN} 的并联组合。C_{PIN} 主要包括管脚电容。R_{IN} 典型值为 400Ω，是由串联电阻与开关的导通电阻构成的集总元件。C_{IN} 典型值为 30pF，主要包括 ADC 采样电容。在采样阶段，开关闭合时，输入阻抗受限于 C_{PIN}。R_{IN} 和 C_{IN} 构成一个单极低通滤波器，可以降低不良混叠效应并限制噪声。因此，来自驱动器的噪声由 R_{IN} 和 C_{IN} 所构成的 AD7982 模拟输入电路单极低通滤波器进行滤波，或者由外部滤波器进行滤波。

2）对于交流应用，驱动器的 THD 性能应与转换器 AD7982 相当，因为当驱动电路的源阻抗较低时，可以直接驱动 AD7982。高源阻抗会显著影响交流特性，特别是 THD。

3）对于多通道、多路复用应用，驱动放大器和 AD7982 模拟输入电路，必须使电容阵列以 18 位水平（0.0004%，4ppm），建立满量程阶跃。在放大器的数据手册中，更常见的是规定 0.01%～0.1%的建立时间。这可能与 18 位水平的建立时间显著不同，因此选择之前应进行验证。

4）适合应用于转换器 AD7982 的驱动放大器的型号小结见表 7-10。

表 7-10　　　　适合应用于转换器 AD7982 的驱动放大器的型号

放大器的名称	典 型 特 点
ADA4941	极低噪声、低功耗、单端至差分
ADA4841	极低噪声、小尺寸、低功耗
AD8021	极低噪声、高频
AD8022	低噪声、高频
OP184	低功耗、低噪声、低频
AD8655	5V 单电源、低噪声
AD8605，AD8615	5V 单电源、低功耗

7.2.7　电源和参考电压芯片选型

1. 稳压电源概述

电源是嵌入式系统中不可缺少的重要组成部分，电源选型及其外围参数设计的好坏，将直接决定了该系统设计的成败。客观地讲，出现电源设计问题的原因主要有：①由于设计者硬件设计经验不足；②集成稳压芯片品种繁多、手册说明不规范，特别是 DC-DC 转换器。电源设计过程中，除了有电压和电流基本要求之外，还需要对效率、噪声、纹波、体积、抗干扰等性能指标有着一定的约束。此外，对于采用电池供电的便携式嵌入式系统的电源来说，还要有电源管理的考虑。

按照调整管的工作状态来分，直流稳压电源可以分为两大类：一类是线性稳压电源；另一类是开关稳压电源。调整管工作在线性状态的称为线性稳压器；调整管工作在开关状态的称为开关型稳压器。线性稳压电源可以细分为两种：一种是普通线性稳压器；另一种是低压差线性稳压器（Low Dropout Regulator，LDO）。开关电源稳压器也可以细分为两种：一种是电容式 DC-DC 转换器，即常说的电荷泵；另一种是电感式 DC-DC 转换器，即通常所说的 DC-DC 转换器。

需要说明的是，实际的线性稳压器还应当具有许多其他的功能，比如负载短路保护、过压关断、过热关断、反接保护等，很多芯片的调整管采用 MOSFET。普通线性稳压器的特点如下。

（1）调整管功耗较大，电源效率低，一般只有 45%左右。

（2）体积大，需要占用较大的板子空间。

（3）发热严重，要求较高的场合需要安装散热器。

（4）静态电流较大，一般在毫安级。

（5）需要外接容量较大的低频滤波电容，增大了电源的体积。

低压差线性稳压器的工作原理，与普通线性稳压器的原理完全一样，都是通过控制调整管上的压降变化来稳定输出电压。二者的差异在于采用的调整管结构的不同，从而使 LDO 比普通线性稳压器压差更小，功耗更低。当用在降压并且输入/输出电压很接近的场合，选用 LDO 稳压器是一种不错的选择，因为当输入/输出压差较小时，LDO 可以达到较高的效率。此外，LDO 具有极高的信噪抑制比，非常适合用于对噪声敏感的小信号的处理电路供电电源。同时，由于没有开关时大的电流变化所引发的电磁干扰，所以便于设计。

2. ARM 电源 3.3V 芯片选型

本书选择 STM32F417 系列芯片为例进行讲解，之前章节均没有讲述它的电源芯片选型，此节对此补充说明。ARM 的 3.3V 电源，选择 CMOS、低压差线性调节器 ADP7104（型号为 ADP7104ACPZ-3.3-R7）。调节器 ADP7104 采用 3.3～20V 电源供电，最大输出电流为 500mA。这款高输入电压 LDO 适用于调节 19～1.22V 供电的高性能模拟和混合信号电路。该器件能够提供高电源抑制、低噪声特性，仅需一个 1μF 小型陶瓷输出电容，便可实现出色的线路与负载瞬态响应性能。现将调节器 ADP7104 的典型特点，小结如下。

（1）输入电压范围：3.3～20V。

（2）最大输出电流：500mA。

（3）低噪声：15μV rms（固定输出型）。

（4）PSRR 性能：60dB（10kHz，V_{OUT}=3.3V）。

（5）反向电流保护。

（6）低压差：350mV（500mA）。

（7）初始精度：±0.8%。

（8）提供 8 管脚的 LFCSP 封装（CP-8-5）和 8 管脚的窄体 SOIC 封装（RD-8-2），如图 7-15 所示，在小尺寸薄型电路板空间中，能够满足高达 500mA 的输出电流的应用需求。不论选择 LFSCP 封装，还是选择窄体 SOIC 封装，它们都具有裸露焊盘，为实现最佳电气和散热性能，应将此焊盘焊接到地线层。

欲了解更多特性，请参考其数据手册。调节器 ADP7104 的管脚定义及其功能描述见表 7-11。

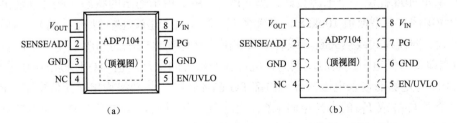

图 7-15　调节器 ADP7104 的典型封装

（a）窄体 SOIC 封装；（b）LFCSP 封装

表 7-11 调节器 ADP7104 的管脚定义及其功能描述

管脚编号	管脚名称	功 能 描 述
1	V_{OUT}	调节输出电压。V_{OUT} 至 GND 接 1μF 或更大的旁路电容
2	SENSE/ADJ	检测反馈端（SENSE）。测量负载上的实际输出电压，并将其馈入误差放大器。应使 SENSE 管脚尽可能靠近负载，使得调节器输出与负载之间的压降的影响最小。此功能仅适用于固定电压选项。调整输入（ADJ）。外部电阻分压器设置输出电压。此功能仅适用于可调电压选项
3	GND	接地端
4	NC	请勿连接该管脚
5	EN/UVLO	使能输入（EN）。将 EN 接到高电平，调节器启动；将 EN 接到低电平，调节器关闭。若要实现自动启动，请将 EN 接 VIN。可编程欠压闭锁（UVLO）。使用可编程 UVLO 功能时，上下限由编程电阻决定
6	GND	接地端
7	PG	电源良好。此开漏输出需要一个外部上拉电阻（典型取值 100kΩ），连接至 V_{IN} 或 V_{OUT}（建议连接到 V_{OUT} 端）。如果器件处于关断模式、限流模式、热关断模式，或者如果它降至标称输出电压的 90% 以下，PG 管脚将立即变为低电平。如果不用电源良好功能，可将此管脚悬空或连接到地
8	V_{IN}	调节器输入电源。V_{IN} 至 GND 接 1μF 或更大的旁路电容
备注	EPAD	裸露焊盘。封装底部的裸露焊盘。EPAD 可增强散热性能，它与封装内部的 GND 形成电气连接。强烈建议将 EPAD 连接到板上的到地线层

需要提醒的是：

（1）由于调节器 ADP7104 设计时，采用节省空间的小型陶瓷电容，不过只要注意等效串联电阻（ESR）值的要求，也可以采用大多数常用电容。输出电容的 ESR 会影响 LDO 控制回路的稳定性。为了确保 ADP7104 稳定工作，推荐使用至少 1μF（选择 X5R 电容）、*ESR* 为 1Ω 或更小的电容。输出电容还会影响负载电流变化的瞬态响应。采用较大的输出电容值可以改善 ADP7104 对大负载电流变化的瞬态响应。输出电容应尽可能靠近 V_{OUT} 和 GND 管脚放置。

（2）在 V_{IN} 与 GND 之间连接一个 1μF 电容可降低电路对印刷电路板（PCB）布局的敏感性，尤其是输入走线较长或源阻抗较高的情况下。如果要求输出电容大于 1μF，应选用更高的输入电容。输入电容应尽可能靠近 V_{IN} 和 GND 管脚放置。

（3）ADP7104 提供一个电源良好管脚（PG），用来指示输出的状态。此开漏输出需要一个外部上拉电阻（典型取值 100kΩ），连接至 V_{IN} 或 V_{OUT}（建议连接到 V_{OUT} 端）。如果器件处于关断模式、限流模式或热关断，或者如果它降至标称输出电压的 90% 以下，电源良好管脚（PG）将立即变为低电平。软启动期间，电源良好信号的上升阈值为标称输出电压的 93.5%。当 ADP7104 有足够的输入电压来开启内部 PG 晶体管时，此开漏输出保持低电平。PG 晶体管通过一个接 V_{OUT} 或 V_{IN} 的上拉电阻端接。当此电压上升时，电源良好精度为调节器标称输出电压的 93.5%；当此电压下降时，跳变点为标称输出电压的 90%。如果 V_{OUT} 降至 90% 以下，则表明调节器输入电压关断或受到干扰，从而触发电源不良信号。当 V_{OUT} 降至 90% 以下时，正常关断将导致电源良好信号变为低电平。

3. ADC 电源 VIO 电源芯片选型

本例中，对于 SAR 型 ADC 的输入/输出接口数字电源，由于此管脚的标称电源与主机接口电源相同（1.8、2.5、3V 或 5V），因此，VIO 可以与 1.8～5.5V 的任何逻辑直接接口。为此，仍然选择 CMOS、低压差线性调节器 ADP7104（其型号为 ADP7104ACPZ-5.0-R7）。

4. ADC 电源 V_{DD} 电源芯片选型

转换器 AD7982 使用两个电源管脚：内核电源（V_{DD}）和数字输入/输出接口电源（VIO）。为减少所需的电源数，VIO 和 V_{DD} 管脚可以连在一起。AD7982 中 VIO 和 V_{DD} 的电源时序无关。此外，该器件在很宽的频率范围内对电源变化非常不敏感。为确保最佳性能，V_{DD} 应大致为基准输入电压 REF 的一半。例如，如果 REF 为 5.0V，V_{DD} 应设置为 2.5V（±5%）。为此，本例中，对于 SAR 型 ADC 的内核电源 V_{DD}。为此，仍然选择 CMOS、低压差线性调节器 ADP7104（其型号为 ADP7104ACPZ-2.5-R7）。

5. ADC 电源 REF 参考电源芯片选型

转换器 AD7982 的基准电压输入 REF，具有动态输入阻抗，因此应利用低阻抗源驱动，基准输入电压 REF 与 GND 管脚之间应有效去耦。利用极低阻抗源（例如使用 AD8031 或 AD8605 的基准电压缓冲器），驱动 REF 时，10μF（选择 X5R，0805 封装）陶瓷芯片电容可实现最佳性能。如果使用无缓冲基准电压，去耦值取决于所使用的基准电压源。例如，使用低温漂基准电压源 ADR43x 时，22μF（选择 X5R，1206 封装）陶瓷芯片电容可实现最佳性能。如果需要，可以使用低至 2.2μF 的基准电压去耦电容，它对性能的影响极小。

为确保最佳性能，V_{DD} 应大致为基准输入电压 REF 的一半。如上述，如果 REF 为 5.0V，V_{DD} 应设置为 2.5V（±5%）。权衡输入信号的范围、基准输入电压 REF 的范围，为此，对于基准电压输入 REF 而言，我们选择高精度、低功耗、低噪声基准电压源 ADR4550，输出电压 5.0V，最大初始误差为 ±0.02%，具有出色的温度稳定性和低输出噪声。基准电压源 ADR45XX 系列包括 ADR4520/ADR4525/ADR4530/ADR4533/ADR4540/ADR4550 器件，具体见表 7-12。它们采用 8 管脚 SOIC 封装，可提供较宽的输出电压范围，所有器件的额定温度范围均为 -40～+125℃扩展工业温度范围。

表 7-12　　　　　　　　　　　基准电压源 ADR45XX 系列典型芯片

型号	输出电压（V）
ADR4520	2.048
ADR4525	2.5
ADR4530	3.0
ADR4533	3.3
ADR4540	4.096
ADR4550	5.0

现将基准电压源 ADR45XX 系列芯片的典型特点，小结如下。

（1）最大温度系数（TCV_{OUT}）：2ppm/℃。

（2）输出噪声（0.1～10Hz）小于 1μV$_{p-p}$（V_{OUT}=2.048V，典型值）。

（3）初始输出电压误差：±0.02%（最大值）。

（4）输入电压范围：3～15V。

（5）输出电流：+10mA 源电流/−10mA 吸电流。

（6）低静态电流：950μA（最大值）。

（7）低压差：300mV（2mA，$V_{OUT} \geqslant 3V$）。

欲了解更多特性，请参考其数据手册。如图 7-16（a）所示的是基准电压源 ADR45 系列芯片的简化原理框图。它的管脚定义与功能描述小结见表 7-13。

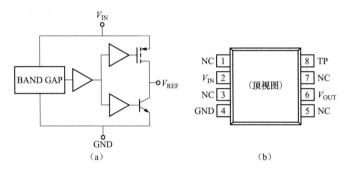

图 7-16　基准电压源 ADR45 系列芯片原理图与管脚封装

（a）原理框图；（b）8 管脚 SOIC_N 封装

表 7-13　　　　　　　基准电压源 ADR45 系列芯片的管脚定义及其功能描述

管脚编号	管脚名称	功　能　描　述
1	NC	不连接。此管脚不在内部连接
2	V_{IN}	输入电压连接
3	NC	不连接。此管脚不在内部连接
4	GND	地
5	NC	不连接。此管脚不在内部连接
6	V_{OUT}	输出电压
7	NC	不连接。此管脚不在内部连接
8	TP	测试管脚。不连接

对于正确使用基准电压源 ADR45 系列芯片，需要提醒的是：

（1）输入电容。在电源电压可能发生波动的应用中，可以将一个 1～10μF 电解质或陶瓷电容连接到输入端，以提高瞬态响应性能。此外还应并联一个 0.1μF 陶瓷电容，以降低电源噪声。

（2）输出电容。出于稳定性和滤除低电平电压噪声的考虑，需要使用一个输出电容。输出电容的最小值见表 7-14。此外可以并联一个 1～10μF 电解质或陶瓷电容，以提高瞬态响应性能，更好地应对负载电流的突变。不过，设计人员应注意，这样做会增加器件的开启时间。

（3）基准电压源在系统中的位置。基准电压源 ADR45 系列芯片，应尽可能靠近负载，使输出走线的长度最短，从而使压降导致的误差最小。流经 PCB 走线的电流会产生压降，走线较长时，这种压降可能达到数毫伏或更大，致使基准电压源的输出电压出现相当大的误差。1in 长、5mm 宽的 1 盎司的铜走线，在室温下的电阻约为 100mΩ，当负载电流为 10mA 时，将产生整整 1mV 的误差。

（4）为方便读者朋友对比选择基准电压源芯片，一些应用于类似场合的典型芯片小结见表 7-15。

表 7-14　　　　　　基准电压源 ADR45 系列芯片的输出电容 C_{OUT} 参数取值

产品型号	最小 C_{OUT} 值
ADR4520，ADR4525	1.0μF
ADR4530，ADR4533，	0.1μF
ADR4540，ADR4550	

表 7-15　　　　　　　　　　典型基准电压源列表

V_{OUT}（V）	低成本/低功耗	微功耗	超低噪声	高压、高性能
2.048	ADR360	REF191	ADR430	
	ADR3420		ADR440	
2.5	ADR3425	ADR291	ADR431	ADR03
	AD1582	REF192	ADR441	AD780
	ADR361			
5.0	ADR3450	ADR293	ADR435	ADR02
	AD1585	REF195	ADR445	AD586
	ADR365			

ARM 电源 3.3V 芯片选型。很多手机、便携式设备等对干扰敏感的设备很多都采用多路输出的 LDO 用作系统的电源芯片。当用在降压并且输入/输出电压很接近的场合，选用 LDO 稳压器是一种不错的选择，根据上文线性稳压器效率的分析可知，当输入/输出压差较小时，LDO 可以达到较高的效率。因此，在把锂离子电池电压转换为 3V 输出电压的应用中大多选用 LDO 稳压器。虽然电池的能量最后有 10%不能使用，LDO 稳压器仍然能够保证电池较长的工作时间，同时噪声较低。

此外，LDO 具有极高的信噪抑制比，非常适合用作对噪声敏感的小信号处理电路供电。同时，由于没有开关时大的电流变化所引发的电磁干扰，所以便于设计。很多手机、便携式设备等对干扰敏感的设备很多都采用多路输出的 LDO 用作系统的电源芯片。

7.2.8　滤波器设计

1．滤波器 1

如图 7-8 所示的电路中，采用 ADA4096-4 缓冲 4 个输入信号通道，输入针对±10V 典型低频工业信号设计。输入缓冲器为信号源提供高阻抗，并将输入与多路复用器开关瞬态隔离。滤波器 1 实际上是本测试系统的输入滤波器。该滤波器置于缓冲器的输入端，采用常规的 RC 网络，其截止频率 f_{C1} 为：

$$f_{C1} = \frac{1}{2\pi \times 100\Omega \times 10nF} \approx 159kHz \qquad (7\text{-}18)$$

该 RC 网络参数为：电阻=100Ω，电容=10nF，因此，带宽为 0.159MHz，具有高频噪声滤波功能。

2. 滤波器 2

在 ADA4096-4 输出端，设置了 RC 网络，即滤波器 2，如图 7-17 所示，可将缓冲器与多路复用器开关瞬态隔离，其截止频率 f_{C2} 为：

$$f_{C2} = \frac{1}{2\pi \times 470\Omega \times 0.01\mu F} \approx 33kHz \qquad (7\text{-}19)$$

该 RC 网络参数为：电阻=470Ω，电容=0.01μF，因此，带宽为 33kHz，具有中频噪声滤波功能。如图 7-17 所示的等效电路，输入电压 V_{IN} 必须对漏极电容 C_D 充电，才能切换至下一通道。通道间电压可高达 20V（由 10V→−10V），且多路复用器切换至下一通道时可产生瞬态电流。多路复用器 ADG1204 具有低漏极电容 C_D（<4pF），可最大程度减少反冲电荷。

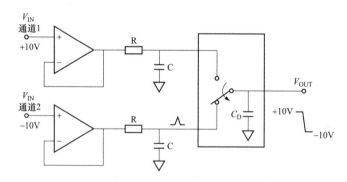

图 7-17　RC 反冲隔离电路

3. 滤波器 3

采用 ADA4898-1 运放缓冲多路复用器输出，以防载入开关导通电阻产生的误差。ADA4898-1 是一个单位增益稳定的器件，可在不到 85ns 时间内建立至 0.1%，输入电压噪声仅为 0.9nV/$\sqrt{Hz}$。在 ADA4898-1 的输入端，设置 RC 网络，其截止频率 f_{C3} 为：

$$f_{C3} = \frac{1}{2\pi \times 2.2k\Omega \times 0.01\mu F} \approx 7.2kHz \qquad (7\text{-}20)$$

该 RC 网络参数为：电阻=2.2kΩ，电容=0.01μF，因此，带宽为 7.2kHz，可用作宽带噪声滤波器。该滤波器的时间常数为 22μs，16 位建立时间约为 1.34μs。

4. 滤波器 4

采用 ADA4898-2 运放缓冲输出，作为驱动 ADC 的差分驱动器，在 ADA4898-2 的输出端，设置 RC 网络，其截止频率 f_{C4} 为：

$$f_{C3} = \frac{1}{2\pi \times 4.7k\Omega \times 0.1\mu F} \approx 340Hz \qquad (7\text{-}21)$$

该 RC 网络参数为：电阻=4.7kΩ，电容=0.1μF，因此，带宽为 340Hz，可用作低通滤波器。该滤波器的时间常数为 470μs。

7.2.9　信号幅值处理

采用 ADA4898-1 运放缓冲，作为多路复用器输出。由于本电路可以用于两种输入电压，即±5、±10V。为了后面讨论方便起见，我们以±10V 的输入电压为例进行分析。那么，ADA4898-1 运放缓冲的输出电压为±10V，采用电阻 R_1 和 R_2 分压得到±2.5V，即运放缓冲 ADA4898-2 的管脚 8 的电位为：V_{IN8}=±2.5V，运放缓冲 ADA4898-2 的管脚 2 的电位为：V_{IN2}=2.5V，那么，传送到 ADC 的差分输入电压为：

$$V_{ADC}=V_{IN+}-V_{IN-}=V_{IN2}-V_{IN8}=2.5V-(\pm2.5V)=0\sim5.0V \tag{7-22}$$

由于 ADC 的参考电压 REF 选择的是 5.0V，那么，满足 ADC 的输入电压的范围，即：

$$-5.0V=-V_{REF}\leqslant V_{ADC}=V_{IN+}-V_{IN-}\leqslant V_{REF}=5.0V \tag{7-23}$$

上述计算过程是以输入信号范围为±10V 为例进行设计的，如果输入信号范围为±5V 的话，假设不用修改该分压电阻 R_1 和 R_2 的取值，那么电阻 R_1 和 R_2 分压得到±1.25V，即运放缓冲 ADA4898-2 的管脚 8 的电位为：V_{IN8}=±1.25V，运放缓冲 ADA4898-2 的管脚 2 的电位为：V_{IN2}=2.5V，那么，传送到 ADC 的差分输入电压为：

$$V_{ADC}=V_{IN+}-V_{IN-}=V_{IN2}-V_{IN8}=2.5V-(\pm1.25V)=1.25\sim3.75V \tag{7-24}$$

由于 ADC 的参考电压 REF 选择的是 5.0V，因此，满足 ADC 的输入电压的范围。

7.2.10　与 ARM 接口

将 AD7982 的管脚 8（SCK）连接到 ARM（型号为 STM32F417）的管脚 41（SPI1_CLK），AD7982 的管脚 7（SDO）连接到 ARM 的管脚 42（SPI_MISO），AD7982 的管脚 6（CNV）连接到 ARM 的管脚 43（PA7/SPI_MOSI）。将 SDI 连接到 VIO 时，CNV 上的上升沿启动转换，选择/CS 模式，并强制 SDO 进入高阻态。转换完成时，SDO 从高阻态变为低阻态。结合 SDO 线路上的上拉，此转换可用作中断信号，以启动由 ARM 控制的数据读取。

7.2.11　引申

如图 7-8 所示的电路，是用于采集输入信号的范围为：±5、±10V 可选，那么如果要测试 0～20mA、4～20mA 的信号，就只需要在测试电路的入口处，增加采样电阻，同时将入口的跟随器电路修改为同相放大器电路即可，如图 7-18 所示。该同相放大器的倍数为：

$$k_G=\frac{\pm10V}{\pm0.2V}=50 \tag{7-25}$$

那么，根据同相放大器的原理，得知：

$$k_G=1+\frac{R_3}{R_4}=50 \tag{7-26}$$

如果电阻 R_4 取值 1.1kΩ（E192 电阻系列），那么，电阻 R_3 取值为 54.2kΩ（E192 电阻系列），增益 η_G 的相对误差为：

$$\eta_G=\frac{\dfrac{54.2k\Omega}{1.1k\Omega}-50}{50}\approx0.545\% \tag{7-27}$$

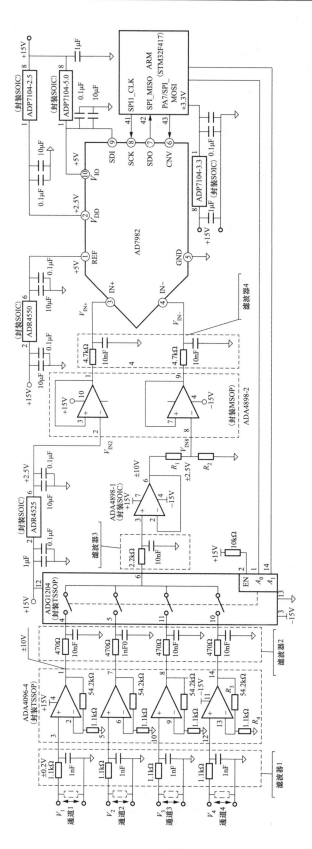

图 7-18 测试 0~20mA、4~20mA 信号的电路